湖南省职业教育“十二五”省级重点建设项目

安全猪肉生产与监控

刘 成　黄祥元　主编

中国农业科学技术出版社

图书在版编目（CIP）数据

安全猪肉生产与监控／刘成，黄祥元主编．—北京：中国农业科学技术出版社，2015.9

ISBN 978－7－5116－2209－9

Ⅰ.①安…　Ⅱ.①刘…②黄…　Ⅲ.①猪肉－食品加工　Ⅳ.①TS251.5

中国版本图书馆 CIP 数据核字（2015）第 170771 号

责任编辑　徐　毅
责任校对　李向荣

出 版 者　中国农业科学技术出版社
北京市中关村南大街 12 号　邮编：100081
电　　话　（010）82106631（编辑室）（010）82109702（发行部）
（010）82109709（读者服务部）
传　　真　（010）82106631
网　　址　http://www.castp.cn
经 销 者　各地新华书店
印 刷 者　北京富泰印刷有限责任公司
开　　本　787 mm×1 092 mm　1/16
印　　张　11.75
字　　数　270 千字
版　　次　2015 年 9 月第 1 版　2015 年 9 月第 1 次印刷
定　　价　30.00 元

《安全猪肉生产与监控》

编 委 会

主　　编　刘　成　黄祥元

副 主 编　燕君芳　陈平鸿　雷宁利　覃开权

编写人员（以姓氏笔画为序）

刘　凤（永州职业技术学院）

刘　成（永州职业技术学院）

李英明（永州市动物疫病预防控制中心）

邹方祥（北京资源亚太食品有限公司长沙分公司）

陈平鸿（湖南恒惠饲料有限公司）

罗　军（永州市畜禽水产品质量安全检测中心）

周顺武（湖南恒惠饲料有限公司）

秦平纯（湖南恒惠饲料有限公司）

唐礼德（湖南恒惠饲料有限公司）

唐　伟（永州职业技术学院）

黄祥元（永州职业技术学院）

梁文旭（永州职业技术学院）

雷宁利（杨凌本香农业产业集团有限公司）

廖关宇（湖南蓝山县畜牧水产局）

燕君芳（杨凌本香农业产业集团有限公司）

审　　稿　文利新（湖南农业大学动物医学院）

蒋艾青（永州职业技术学院）

内容提要

本书是农林类高等职业院校通用教材，是参照现有国家标准、相关行业标准和企业标准编写的。

本书根据饲料生产及加工、生猪养殖、生猪运输、屠宰加工、冷库贮藏、猪肉配送、猪肉销售等与猪肉生产密切相关的、具有上下游关系的所有功能环节，探索安全猪肉生产与全程监控编写而成，主要内容包括饲料生产及加工安全控制、生猪养殖与运输过程监测与安全控制、屠宰加工过程监测与安全控制、猪肉冷库贮藏监测与控制技术、猪肉配送监测与控制技术和猪肉销售安全控制。

本书以猪肉生产全产业链安全生产关键技术和质量控制关键技术为主线，将讲授内容与实训内容有机结合，理念上具有大胆的突破，实践上具有较强的针对性和可操作性，有利于学生理解、掌握与实践，并将近年来安全猪肉生产与监控方面的新规定、新方法、新技术、新成果融入教材，具有一定的前瞻性和创新性。通过对本书的学习，学生将具备安全猪肉生产产业链的质量监测岗位工作能力和饲料检验化验员及动物检疫检验员的职业能力。

本书适用于高等职业院校畜牧兽医、养殖类专业，也可作为成人教育、农民实用技术培训教材以及农村科普读物。

序　　言

生猪产业是我国主导产业之一，2012 年，中国生猪出栏达 69 628万头，猪肉总产量达到 5 335万 t，生猪产业和前后产业链产值高达 3 万亿以上。养猪也是湖南省畜牧业的优势和主导产业，年出栏生猪 7 000万头以上，湖南省人均猪肉占有量、生猪出栏率、活大猪和中仔猪出口量均居全国第一位。养猪业产值占湖南省畜牧业总产值的 75%、占农业总产值的 33% 左右，养猪业已成为湖南省重要支柱产业之一。

随着社会的发展，消费者对畜产品的需求已由数量转向质量，特别是近年来，食品安全问题受到全世界瞩目，食品安全已成为关系到人民健康和国计民生的重大问题，解决猪肉安全是全社会共同的愿望，合理利用我国特有的地方猪种资源，开发安全放心、健康营养、风味独特的高档猪肉产品，并使之品牌化，满足消费者的新需求是今后养猪业的发展趋势。同时，也对从业人员素养和人才培养提出挑战，急需大量高技能的专业技术人才。中共中央办公厅、国务院办公厅《关于加快高技能人才建设的意见》和国务院《关于加快发展现代职业教育的决定》均提出了加快发展现代职业教育，深入实施创新驱动发展战略，创造更大人才红利，对加快转方式、调结构、促升级具有十分重要的意义。近年来，永州职业技术学院在这方面做了有益探索，创新和完善了畜牧兽医专业“111”工学结合人才培养模式，即学生“1 阶段校内单项训练、1 阶段基地岗位轮训、1 阶段企业综合技能训练”的三阶段能力递进式教学模式，积极开展以岗位需求为主导，以职业能力培养为核心的理论与实践相融合的课程体系建设，突出学生实践技能和素质教育培养，实现校企“双主体”育人，打破了纯理论课程模式，设计出“课堂—生产岗位—课堂—生产岗位”循环式、“课堂教育—生产岗位—技能操作—技能训练”综合法教学、实行“工学结合”“工学交替”“岗位轮动”等多种人才培养模式，培养大量高技能专业技术人才，深受用人单位好评。

刘成、唐伟、覃开权、梁文旭、黄祥元等老师从事畜牧兽医教学和畜牧生产企业管理 20 余年，具有丰富的教学经验和企业实践管理经验。他们撰写的《安全猪肉生产与监控》一书，准确把握了生猪产业的发展趋势，回应全社会对猪肉安全的共同期盼，反映了当前高职高专课程改革的总体要求，突出了高职高专工学结合课程特色，贴近生猪产业实际，具有科学性、先进性、前瞻性、实用性。

总之，此书是一本与时俱进的好书，除了可用作高职高专畜牧兽医专业、农产品质量检测专业学生的教材，也可用作各畜牧行业、动物卫生防疫监督行业专业技术人员的参考书，更是各养殖大户必读的参考书。

湖南农业大学教授　文利新
2015 年 4 月

前　言

民以食为天，食以安为先，食品安全是21世纪食品发展的主题。随着人们生活水平的不断提高，对生活质量和健康水平提出了新的要求，人们越来越关心食品的安全性，对于肉食品，中国人几乎每天都离不开猪肉，猪肉成为老百姓大众食品。食品安全性问题（包括猪肉产品安全性问题）从古至今一直是困扰人类社会的重大难题，特别是近年，随着食品生产的工业化、畜禽养殖的规模化以及国际贸易的频繁，全球重大食品安全事件频发，如英国的“疯牛病”事件、比利时的“二噁英”事件、日本的雪印牛奶事件，我国境内的奶粉“三聚氰胺”事件、猪肉的“瘦肉精”事件，引起党和国家领导人以及全社会关注，让老百姓能吃上“安全肉”“放心肉”已成为人民群众的热切期盼！

根据《国务院关于加快发展现代职业教育的决定》（国发〔2014〕19号）和《教育部关于全面提高高等职业教育教学质量的若干意见》（教高〔2006〕16号）有关精神，按照《湖南省高等职业院校示范性特色专业建设基本要求》“对接产业、工学结合、提升质量，推动职业教育链深度融入产业链，有效服务经济社会发展”的指导思想，全面推行“工学交替”，积极探索灵活多样的教学组织模式发展思路，以学生获得职业行动能力和职业生涯可持续发展为目标，培养面向养猪生产第一线的高素质技能型人才。我们本着秉承“学习的内容是工作，工作的内容是学习”的教学理念，紧紧围绕与猪肉生产密切相关的具有上下游关系的全过程，编写了对接生猪产业的《安全猪肉生产与监控》工学结合教材。教材紧跟养猪产业结构升级的要求，瞄准湖南省养猪支柱产业和养猪业高端技术岗位对高素质技能型专门人才的需求，培养学生具备从事与安全猪肉生产密切相关的质量监测岗位职业能力。

考虑到本课程与其他专业课的内容交叉情况，本教程在内容选取和编排上，尽量避免与其他教材重复或脱节想象。本教材共分为6章，即饲料生产及加工安全控制、生猪养殖与运输过程监测与安全控制、屠宰加工过程监测与安全控制、猪肉冷库贮藏监测与控制技术、猪肉配送监测与控制技术和猪肉销售安全控制。

参加本教材编写的人员及分工为：第一章第一、第二节由陈平鸿编写，第一章第三、第四节由唐礼德编写，第一章第五、第六节由周顺武编写，第一章第七、第八节由秦平纯编写；第二章第一、第二节由覃开权编写，第二章第四节由唐伟编写，第二章第五、第六节由李英明编写，第二章第七节由廖光宇编写，第二章第八、第九节由刘成编写；第三章第一、第二节由雷宁利编写，第三章第三节由梁文旭编写，第三章第四节由邹方祥编写，第三章第五节由刘成编写；第四章第一、第二节由黄祥元编写，第四章第三节由燕君芳编写；第五章由燕君芳编写；第六章第一节由刘凤编写，第六章第二节由黄祥元编写。全书由刘成修改并统稿，由湖南农业大学动物医学院文利新教授、永州职业技术学院蒋艾青教授审定，在此表示衷心感谢。

由于编者水平有限，加之时间仓促，教材中难免有疏漏、不足、甚至错误之处，恳请同行及专家批评指正。

编　者

2015 年 4 月

目　录

第一章　饲料生产及加工安全控制 ……………………………… (1)
第一节　饲料安全及其特性 ……………………………… (1)
一、饲料质量的重要性及其基本内涵 ……………………………… (1)
二、饲料安全的概念及其特性 ……………………………… (2)
第二节　饲料卫生安全与控制 ……………………………… (3)
一、饲料和猪肉品质的关系 ……………………………… (3)
二、生猪药物残留的危害及控制 ……………………………… (4)
三、重金属残留的危害与控制 ……………………………… (7)
四、其他有毒有害成分及其控制 ……………………………… (9)
第三节　饲料中真菌和真菌毒素分析 ……………………………… (12)
一、饲料中真菌总数的测定 ……………………………… (12)
二、饲料中黄曲霉毒素 B_1 的测定 ……………………………… (14)
第四节　饲料中违禁激素分析 ……………………………… (17)
一、饲料中盐酸克伦特罗的检测——酶联免疫吸附法（筛选法） ……………… (17)
二、饲料中莱克多巴胺的测定——高效液相色谱法 ……………………………… (19)
第五节　饲料中重金属分析 ……………………………… (21)
一、饲料中汞含量的测定 ……………………………… (21)
二、饲料中铅含量的测定——原子吸收光谱法 ……………………………… (24)
三、饲料中总砷的测定——银盐法 ……………………………… (26)
第六节　安全猪肉生产中绿色饲料添加剂的选择和使用 ……………………………… (29)
一、饲料添加剂行业存在的问题 ……………………………… (29)
二、饲料添加剂滥用的危害 ……………………………… (30)
三、安全猪肉生产中绿色饲料添加剂的选择和规范使用 ……………………………… (31)
第七节　全价配合饲料的安全使用与贮存 ……………………………… (35)
一、全价配合饲料的安全使用 ……………………………… (35)
二、饲料的安全贮存 ……………………………… (37)
第八节　饲料质量的安全管理与控制 ……………………………… (38)
一、原料质量的安全管理 ……………………………… (38)
二、产品质量安全控制 ……………………………… (39)
第二章　生猪养殖与运输过程监测及安全控制 ……………………………… (42)
第一节　生猪养殖过程安全饲养管理 ……………………………… (42)

一、哺乳仔猪生产过程安全饲养管理 …………………………………… (42)
二、断奶仔猪饲养过程安全饲养管理 …………………………………… (46)
三、断奶仔猪育肥过程的安全饲养管理 ………………………………… (47)
第二节　猪病与药物对安全猪肉生产的影响 ……………………………… (49)
一、猪病的影响 ……………………………………………………………… (49)
二、药物添加剂的影响 ……………………………………………………… (50)
第三节　养猪场安全生产防疫体系的建设 ………………………………… (51)
一、猪场环境控制 …………………………………………………………… (51)
二、猪场免疫程序的制定 …………………………………………………… (55)
三、猪场保健方案与实施 …………………………………………………… (61)
四、猪场消毒程序的制定 …………………………………………………… (64)
第四节　影响猪肉安全的常见疫病及防治 ………………………………… (69)
一、主要病毒性疫病的防治 ………………………………………………… (69)
二、主要细菌性疫病的防治 ………………………………………………… (72)
三、人畜共患寄生虫病的防治 ……………………………………………… (75)
第五节　生猪产地检疫 ……………………………………………………… (77)
一、产地检疫的概念、分类和要求 ………………………………………… (77)
二、产地检疫实施 …………………………………………………………… (78)
第六节　生猪体内激素残留的尿液检测 …………………………………… (79)
一、盐酸克伦特罗尿液残留快速检测法 …………………………………… (79)
二、莱克多巴胺尿液残留快速检测法 ……………………………………… (81)
三、盐酸克伦特罗、莱克多巴胺、沙丁胺醇三联快速检测法 …………… (82)
第七节　生猪运输过程安全管理 …………………………………………… (83)
一、运输前的安全管理 ……………………………………………………… (84)
二、汽车运输 ………………………………………………………………… (84)
第八节　生猪养殖与运输过程安全风险来源及控制 ……………………… (86)
一、生猪养殖安全风险来源 ………………………………………………… (86)
二、生猪运输安全风险来源 ………………………………………………… (88)
三、生猪养殖安全风险控制 ………………………………………………… (89)
四、生猪运输安全风险控制 ………………………………………………… (90)
第九节　生猪养殖过程可追溯系统的建立 ………………………………… (91)
一、可追溯系统的概念 ……………………………………………………… (91)
二、生猪养殖过程可追溯系统的建立 ……………………………………… (92)
第三章　屠宰加工过程监测与安全控制 ………………………………… (109)
第一节　屠宰加工企业猪肉品质安全控制 ………………………………… (109)
一、影响猪肉质量的主要因素 ……………………………………………… (109)
二、生猪屠宰前的安全管理 ………………………………………………… (110)
三、宰前检疫 ………………………………………………………………… (111)

第二节 屠宰加工过程的检验 …………………………………………… (112)
一、生猪屠宰加工工艺 ……………………………………………… (112)
二、宰后检验 ………………………………………………………… (116)
第三节 安全猪肉的检测 ……………………………………………… (118)
一、猪肉中激素残留的检测 ………………………………………… (118)
二、猪肉中重金属的检测 …………………………………………… (123)
第四节 屠宰加工安全风险来源及控制 ……………………………… (136)
一、屠宰加工安全风险来源 ………………………………………… (136)
二、屠宰加工安全风险控制 ………………………………………… (137)
第五节 猪肉质量安全可追溯系统的建立 …………………………… (139)
一、屠宰加工过程危害分析 ………………………………………… (139)
二、屠宰加工过程的可追溯系统操作 ……………………………… (141)
第四章 猪肉冷库贮藏监测与控制技术 ……………………………… (146)
第一节 猪肉的冷却 …………………………………………………… (146)
一、冷却猪肉概念 …………………………………………………… (146)
二、肉类冷库贮藏的原理 …………………………………………… (147)
三、猪肉冷却过程安全管理 ………………………………………… (147)
第二节 猪肉品质感官检验及检测 …………………………………… (148)
一、感官检验 ………………………………………………………… (148)
二、金属探测检验 …………………………………………………… (149)
三、挥发性盐基氮的测定（半微量凯氏定氮法） ………………… (149)
第三节 冷库贮藏环节的安全风险来源及控制 ……………………… (150)
一、冷库贮藏的安全风险来源 ……………………………………… (150)
二、冷库贮藏的安全风险控制 ……………………………………… (152)
第五章 猪肉配送监测与控制技术 …………………………………… (154)
第一节 猪肉配送的安全管理 ………………………………………… (154)
一、运输工具的选择与卫生要求 …………………………………… (154)
二、猪肉配送可追溯管理子系统信息录入 ………………………… (155)
第二节 猪肉配送的安全风险来源与控制 …………………………… (156)
一、猪肉配送的安全风险来源 ……………………………………… (156)
二、猪肉配送的安全风险控制 ……………………………………… (157)
第六章 猪肉销售安全控制 …………………………………………… (159)
第一节 猪肉销售的质量控制 ………………………………………… (159)
一、目前我国生鲜猪肉超市或专卖店销售现状 …………………… (159)
二、猪肉销售环节的安全监控 ……………………………………… (159)
第二节 猪肉销售环节的安全风险来源与控制 ……………………… (160)
一、猪肉销售环节的安全风险来源 ………………………………… (160)
二、猪肉销售环节的安全风险控制 ………………………………… (161)

三、猪肉销售可追溯系统应用 ……………………………………………………………… (162)
附录一 饲料、饲料添加剂的卫生指标及试验方法 ………………………………… (165)
附录二 禁止使用的药物，在动物性食品中不得检出 ……………………………… (167)
附录三 允许作治疗用，但不得在动物性食品中检出的药物 ……………………… (168)
附录四 食品中重金属限量标准 ……………………………………………………… (169)
附录五 畜禽标志和养殖档案管理办法 ……………………………………………… (170)
主要参考文献 …………………………………………………………………………… (174)

第一章　饲料生产及加工安全控制

本章学习目标

【能力目标】

掌握饲料中真菌总数的测定，黄曲霉毒素 B_1 的测定，盐酸克伦特罗的检测（酶联免疫吸附法），莱克多巴胺的测定（高效液相色谱法），饲料中汞、铅和总砷的测定，绿色饲料添加剂的选择和规范使用，原料质量的安全管理，饲料产品的质量安全控制。

【知识目标】

（1）理解饲料质量的基本内涵，饲料安全的概念及特性，药物残留的定义，饲料中重金属残留、真菌、细菌和特征性有害物的控制，全价配合饲料的安全使用，饲料的安全贮存。

（2）了解药物残留的危害，造成药物残留的原因，重金属残留来源与危害，饲料添加剂行业存在的问题，饲料添加剂滥用的危害和饲料以及猪肉品质的关系。

第一节　饲料安全及其特性

一、饲料质量的重要性及其基本内涵

（一）饲料质量的重要性

饲料是人类的间接食品，是生猪赖以生存的基础，其不仅占养猪业总成本的70%左右，而且饲料安全直接影响猪肉安全，因此，饲料质量及其安全具有重要意义。

饲料质量的好坏，不仅直接关系到生猪健康、生产性能的发挥和养猪业的经济效益，关系到猪肉产品的数量与质量，关系到环境保护和资源的有效利用，而且还关系到人类的安全与健康。随着养猪业的集约化、工厂化和现代化发展，饲料质量的安全性问题比以前任何时候都更为突出，受到了国内外科研、生产乃至政府部门普遍关注。

现代饲料生产的根本目的是满足生猪生产的需求，为快速生长的生猪提供生长发育、维持、繁殖所必需的全部营养，并要求各种营养素有充足的数量、最佳的比例和最好的利用效率。因此，为动物提供高质量营养品质的饲料是一直人们普遍关注和孜孜以求的目标。多年来，从单一饲料到配合饲料，从钙、磷、维生素、微量元素、氨基酸的添加到酶制剂、抗氧化剂、防霉剂和益生素等许多新型添加剂的应用，从饲料抗营养因

子的控制、抑制到营养素的生物有效性，再到计算机配方技术以及制粒、挤压膨化工艺的运用，无一不是人们围绕提高饲料品质作出的努力。有人统计，现代养猪业与50年前相比，猪的日增重提高了160%，而饲料消耗降低了25%，饲料转化率越来越高。如此巨大的进步不仅与良种选育、养猪饲养管理水平的提高有关，同时，也与饲料技术及质量的提高分不开。

（二）饲料质量的基本内涵

从20世纪60年代起，一系列恶性事件的发生，如英格兰10万火鸡的黄曲霉毒素中毒死亡、英国的疯牛病、比利时的二噁英、西班牙等国发生的β－激动剂（瘦肉精）中毒以及许多国家发生的儿童性早熟和世界范围内致病菌对抗生素抗性菌株的出现与扩大等，都是通过饲料引发的，让人们深切地感到饲料安全、食品安全和生态环境安全是密不可分的，要提高饲料质量，绝不能不考虑其卫生与安全方面的属性。饲料原料中固有的、次生的或外来污染的许多有机的、无机的或生物的有毒有害物质，或是添加剂的超量使用、超范围使用或滥用等，不仅会造成生猪的急性中毒，而更有可能大量表现为对生猪食欲、健康、正常生长等产生长期的慢性负面影响，其对生猪生产的效果、效益和资源的利用方面造成的影响和损失，常常比急性中毒来得更大、更严重。同时，这些物质还会在生猪体内残留、蓄积，通过食物链对人类健康和生存环境造成威胁。

饲料质量的基本内涵包括饲料的营养性能和卫生、安全品质两个基本属性，它们缺一不可，相互区别，但又不能完全割裂，这不单是由于两者对生猪代谢和实际生产中的交互作用，而且因为“营养素”和“有毒有害物质”并不总是具有清晰界限的。在此，且不提像硒这样生猪生长所必需，却安全使用范围很窄的营养素，也不提不同形态的铬（三价铬和六价铬）对生猪截然不同的作用，就是大家公认的生猪所必需的营养元素如维生素、氮、磷、锌等，当用量超过一定的限度，也会对环境造成负面影响，对人的健康造成危害，目前，已成为西方先进发达国家饲料安全指标的控制对象。

二、饲料安全的概念及其特性

（一）饲料安全的概念

饲料安全有3个方面的含义，一是指饲料供给安全；二是指饲料对生猪和人的安全；三是指饲料对环境的安全。一般认为饲料安全是指饲喂生猪的饲料中，不含有对生猪的生产性能和健康有不利影响的物质，其成分不会在猪肉产品中残留、蓄积和转移而危害人体健康或对人类的生存环境造成危害。

评价一种饲料产品的优劣，应该依照如下3个标准：一是应有利于促进生猪的生长发育，同时，人食用了此饲料产品饲喂的猪肉产品后，能为人提供必要的营养而不会对人的健康造成影响；二是应有利于促进养殖提升效率，促进经济和社会发展，有益于技术进步；三是应有利于环境保护，不破坏环境。但目前按照这些标准，饲料安全是根本不可能做到的。因为，目前世界上还没有任何一种天然物质或人工生产的产品，能够同时完全达到上面提到的3条标准，只能达到或基本上达到其中部分条件，绝对达到是不可能的。因此，饲料安全只是个相对的概念，是在一定情况下的最佳选择，是在一定的自然环境中，在一定的科学技术水平下，人类在总结社会经验的基础上的一种社会规范，是一种要求和标准。

我国已基本建立了一套结构合理、功能配套的饲料工业标准化体系。迄今为止已发布国家标准和行业标准近300项，其中，国家标准100余项。国家标准中有9项为强制性标准，包括《饲料标签》《饲料卫生标准》和7项饲料添加剂标准。与饲料安全有关的标准或法规包括《饲料卫生标准》《饲料中盐酸克伦特罗的测定》《无公害畜产品生猪饲养饲料使用准则》《饲料和饲料添加剂管理条例》《饲料药物添加剂使用规范》《动物食品中兽用药物最高残留限量》和《禁止在饲料和动物饮水中使用的药物品种目录》《饲料质量安全管理规范》等，目前，正在制订《饲料生物安全标准》。这些法规和标准，是实施饲料使用数字化监测预警的主要限值来源。

（二）饲料安全的特性

1. 隐蔽性

饲料安全的隐蔽性在于，一般情况下饲料的使用对象不能够直接反映或表达所受危害，相反，有时候对生猪的生长速度还会加快，商品率还会提高，但不安全的因素却会通过生猪的产品转移到人体内，对人造成危害；还会通过排泄物排到体外，污染环境，又进而对人造成危害。因此，饲料安全问题有其隐蔽性。

2. 累积性

饲料中的不安全因素，如重金属（相对密度≥4或5）汞、镉、铅等有毒、有害物质。一是会通过生猪的产品或器官累积，人食用了这些猪肉产品或器官以后会影响人体健康甚至造成中毒或死亡；二是会通过排泄物排到体外，污染周边环境，进而污染水源等，对人的健康造成危害。

3. 复杂性

造成饲料安全问题的因素一是数量多，二是变化大，这就决定了饲料安全问题的复杂性。如比利时发生的“二噁英”事件是工业污染造成的，英国的“疯牛病”事件是饲料原料使用不当造成的。所以，工业污染、农药污染、饲料原料保存不当发生霉变以及饲料添加剂使用不当等都会造成饲料安全问题。

4. 长期性

由于饲料不安全因素的隐蔽性，有毒有害物质可以在环境中累积，造成饲料不安全的因素复杂多变，致使人们不能够在短时间内解决这些问题，这就决定了饲料安全问题具有长期性。

第二节　饲料卫生安全与控制

一、饲料和猪肉品质的关系

饲料对于猪肉的品质有很大的影响，包括体脂肪的硬度、色泽、猪肉的脂肪含量等，如黄脂肉在很大程度是由饲料造成的（黄脂或黄膘肉主要原因与长期饲喂天然含有丰富的黄色素饲料如胡萝卜等，或体内VE缺乏、黄曲霉毒素中毒等）。长期饲喂超过30%以上的DDGS等不饱和脂肪酸含量高的饲料原料就可能产生软脂猪肉，而软脂猪肉生产的火腿会变软，不能制成优质产品。不仅如此，猪肉软脂，在生产加工火腿过程中，由于熏腌而使油脂遭受损失，收缩大，成品率低，成本高。

在许多国家对于软的体脂肪问题，进行了不少研究，还研究了饲料与生产软的体脂肪的关系，根据这些研究，猪肉中由饲料内的蛋白质和碳水化合物经过营养代谢转化为脂肪形成的体脂肪的熔点和硬度均高；如果使用较大量的玉米油、花生油、米糠油等不饱和脂肪酸含量高的油脂类能量原料或含有以上油脂量较高的原料时，其体脂肪很容易形成软脂，表现形式是猪肉的肥膘部分硬度不够，这类产品一般不受消费者欢迎。因此，饲料与猪肉的品质具有密切关系，在进行饲料配方设计时，一定要掌握这些基础的知识。

二、生猪药物残留的危害及控制

（一）药物残留的定义

药物残留是造成我国猪肉产品安全问题的重要原因之一。根据联合国粮农组织和世界卫生组织（AFO/WHO）食品中药物残留的定义，药物残留是指动物产品的任何可食部分所含药物的母体化合物及（或）其代谢物以及与药物有关的杂质。在药物动物体内残留量与药物种类、给药方式及器官和组织的种类有很大关系，在一般情况下，对药物有代谢作用的脏器，如肝脏、肾脏，其药物残留量高。由于代谢和排泄出体外，进入动物体内药物的量随着时间推移而逐渐减少，动物种类不同则药物代谢的速率也不同。药物残留种类很多，按其用途分类主要包括：抗生素类、合成抗生素类、抗寄生虫类药、生长促进剂和杀虫剂等，其中，抗生素和抗生素统称为抗微生物药物，是最主要的药物添加剂和药物残留，约占药物添加剂的60%。

（二）药物残留的危害

生猪体内药物残留不仅对人体健康造成直接危害，而且对养猪业和生态环境也造成很大威胁，同时，也影响经济的可持续发展和对外贸易。药物残留对人体的危害体现在以下方面。

1. 毒性作用

药物残留是口中的“定时炸弹”，人体的“隐形杀手”。多数药物残留不会产生急性毒性作用。但某些药物毒性大或药理作用强，再加上对添加药物没有严格的控制，出现少数人因吃了含有药物残留的生猪产品而发生急性中毒的报道，如1997年香港人因吃了含有盐酸克伦特罗“瘦肉精”的猪肺而发生急性中毒。许多药物或药物性添加剂都有一定的毒性，长期食用含有这些药物的动物源食品，药物不断蓄积体内，达到一定量后，就会对人体产生慢性中毒。如磺胺类药物可能引起肾脏损害。

2. “三致”即致癌、致畸、致突变

现已发现许多药物有“三致”作用，如丙咪哇类抗蠕虫药残留对人体潜在危害是致畸和致突变作用。雌激素、砷制剂、喹噁啉类、硝基呋喃类和硝基咪唑类药物证明有“三致”作用，磺胺二甲嘧啶等一些磺胺类药物连续给药，可诱发啮齿动物甲状腺增生，引发肿瘤倾向。链霉素有潜在的致畸作用，引发动物体细胞突变，可对生育及后代造成危害，诱发遗传疾病。

3. 过敏反应

经常食用含低剂量抗菌药物残留的食品，能使易感的个体出现过敏反应，常有青霉素类、四环素类、磺胺类和某些氨基糖苷类抗生素药物等引起人过敏反应，严重者可休克。

4. 细菌耐药性

动物经常反复接触某种抗菌药物后，机体内敏感菌株将受到选择性抑制，易产生耐药性。经常食用含药物残留的动物源食品，一方面可能引起人畜共患病的耐药性病原菌大量增加；另一方面带有药物抗性的耐药因子可传递给人类病原菌，给人的临床疾病治疗造成困难。

5. 对人类胃肠道微生物的影响

众多研究认为，有抗菌药物残留的动物源食品，可对人类胃肠道的正常菌群产生不良影响，部分敏感菌受到抑制或被杀死，致使菌群的生态平衡受到破坏，某些条件性致病菌可能会大量繁殖，损害人类的健康。如四环素、土霉素、金霉素，使肠道菌群平衡破坏后，造成二重感染，导致人中毒性胃肠炎或全身感染。

(三) 造成药物残留的原因

为预防或治疗疾病，促进生猪健康生长和提高饲料利用效率，必然在饲料中或治疗中使用一些化学控制物质来改善饲喂或养殖效果。由于种种原因，引起添加量的不足或过剩，常造成药物残留于生猪机体组织中，对人的健康和环境具有直接或间接的危害。究其原因，既有药物质量，也有违规使用，同时，涉及生产者、经营者和使用者的多种因素。从使用者的角度来看，造成我国兽药药物残留的主要原因如下。

1. 药物使用不规范

动物疫病防治用药与饲料添加剂用药有许多区别，对食品安全影响不尽相同。动物治疗、预防用药一般是阶段性的，而饲料添加剂用药是在一定的生长阶段内持续普遍使用的，累积量大。因此，把治疗药物当添加剂长期使用，很容易造成药物残留量超标。

2. 使用违禁或淘汰药物

有的养猪场受经济利益驱动，将不允许使用的药物当添加剂使用，或使用已受污染或已过保质期的药物，造成药物残留量大，残留期长，对人体危害严重。

3. 不按规定执行休药期

生猪屠宰前或生猪产品出售前需按照规定停药，停药的时间期限要根据使用的药物品种来定，长的达到21～40d。但某些养猪者不懂或不按规定执行，一直到生猪出售前仍在饲喂含有药物的添加剂饲料，这是造成药物残留最主要的原因。

4. 用药方法错误或未做用药记录

在用药剂量、途径、部位和动物的种类方面未按用药规定，有可能延长药物在动物体内的时间，导致药物残留发生。我国中小型养猪场由于没有用药记录而重复用药的现象也较普遍。

5. 药物残留检测不力

尽管我国规模化猪场建设速度加快，但目前养猪业集中度仍然不高，国家和有关部门对药物残留实施监管难度大，监管力度不够且缺乏药物残留快速检验机构和必要的检测设备，当然，药物残留检测标准也不够完善。

（四）猪肉安全生产的监测措施

猪肉产品的药物残留，是生猪养殖过程中多数养猪场没有贯彻执行休药期制度造成的。休药期是生猪从停止给药到许可屠宰的间隔时间。我国《无公害食品生猪饲养兽药使用准则》规定生猪饲养过程中许可使用的17种抗寄生虫药物、79种抗菌药物及《无公害食品生猪饲养饲料使用准则》，允许在无公害生猪饲料中使用的13种药物饲料添加剂的休药期，见表1－1。

表1－1　生猪饲养中抗寄生虫药、抗菌药及药物饲料添加剂的休药期

抗寄生虫药		抗菌药		药物饲料添加剂	
种类	休药期（d）	种类	休药期（d）	种类	休药期（d）
6	≥28	40	≥28	3	≥28
6	14～27	9	14～27	7	1～7
4	3～13	27	1～13	3	0
1	0	3	0		

我国生猪养殖结构中，肉猪主要的来源有以下途径：一是种猪选育场，在生产纯种种猪的同时，一般也生产占总出栏头数50%以上的不合格种猪及淘汰种猪作为肉猪；二是种猪扩繁场，在生产父母代种猪的同时，生产占本场总出栏头数50%以上的肉猪及淘汰种猪；三是自繁自养的专业户和商品猪场，在提供生长育肥猪的同时，也产生一定量的淘汰种猪作为肉猪；四是肉猪散养农户，主要饲养生长育肥猪，通过猪贩进入屠宰场，占我国总肉猪市场的70%～80%。据调查，多数猪场技术员并没有认识到休药期制度，更不知道各自猪场使用兽药相应的休药期为多少天，自然也谈不上执行休药期了；而对饲料厂的调查也表明，仍有少数饲料厂没有执行休药期制度。而我国大量的散养户由于缺乏相应的组织管理、检查监督和有效奖惩机制，休药期制度的执行也无从谈起。因此，我国肉猪生产中药物残留问题仍是一个重要问题。

欧美养猪发达国家由于已经进入后工业化时代，农民经济组织经过100多年的建设已经非常完善，对养猪生产流通等也形成了成熟的产供销体系，而且政府对养猪生产提供了大量的补贴，在解决猪肉安全问题的措施中，制定了极其严厉的相关法律法规、采用无抗饲料、建立产品可追溯制度、执行严格的休药期制度、实现订单合同生产等。

我国自改革开放以来，通过学习国外经验，先后采取了一些措施来解决猪肉安全生产监测问题，主要措施有：一是定点屠宰措施，目前，全国有肉猪屠宰场5万多个，其中，屠宰能力在10万～50万头的有1 500余家，50万～100万头的有300余家，超过100万头的有100余家，很大程度上解决了私屠滥宰问题，从而有效预防了猪肉的人畜共患病及猪肉微生物感染问题，但对药物残留问题没法解决。二是行政检查制度，采用抽样检测，目前，主要局限于部分规模化猪场，且主要集中在个别社会上比较敏感的指标，如瘦肉精等违禁药物，而其他大量指标无法进行全面监测。三是市场准入制，主要是超市面向屠宰企业，屠宰企业面向猪场和养猪协会，这种措施在部分地区可行，如内地向香港出口肉猪，由于供猪企业都是生产管理水平较高的集约化猪场，基本上可以保证肉猪的安全，但前提是肉猪收购价格显著比一般市场价格高，这在内地大多数地方没法实行。四是可追溯制度，通过条形码、信息网络和电子耳标技术，实行产品的生产、加工、销售环节的信息链接；由于客户的认知及需求还不是很迫切，加上企业加工过程成本、基础建设及农户科技素质等因素制约，这个措施在相当长时间内我国无法大规模实施。五是产业化措施，我国发展产业化养猪已有20多年历史，除极少数企业外，大多数企业在产业链的不同环节并不能实现相互促进、平衡利益，因此，也解决不了药物残留问题，特别是“公司十农户”的产业化模式，具有很大的安全漏洞。

总之，这些措施在一定程度、一定规模上解决了猪肉安全生产监测问题，但由于我国养猪业规模大、经营结构以散养农户为主、从业人员多且素质总体低下、农村合作组织基础差，同时，安全猪肉涉及的监测指标多、监测成本高等客观现实，无法多覆盖面的有效建立安全猪肉监测体系。

三、重金属残留的危害与控制

饲料中重金属超标对养猪业的危害，也是不能忽视的问题。长期食用重金属超标的猪肉，毫无疑问会引发许多疾病。多年来，饲料中重金属和猪肉重金属超标现象比较普遍，研究表明，猪日粮对铜的正常需求量仅为5～10mg/kg，而猪对铜的最高承受量为250mg/kg，超过这个量猪就可能中毒，然而，为了促进猪的生长速度和外观效果，许多养殖户在饲料厂或“专家”的引导下，纷纷使用高铜饲料，其铜含量往往达到125～250mg/kg，超过正常需求数十倍，严重者甚至超过250mg/kg。饲料中铜含量越高，猪粪中的铜含量会急剧增加，而且90%的铜将随粪便排泄，这种排泄物将严重污染环境，令土壤成为无法耕种的死亡之地。而人若长期食用铜含量超标的猪肉或猪内脏，相当于慢性服毒。当铜添加量达到250mg/kg时，猪肝中的铜沉淀达到正常水平的10倍，添加量达到500mg/kg时，猪肝中的铜沉淀量超过正常水平的50倍，可以直接使人中毒。正所谓添加过量铜元素，伤猪伤人伤环境。

目前，有关部门对饲料和生猪的抽检主要针对瘦肉精3项（盐酸克伦特罗、莱克多巴胺、沙丁胺醇），基本没有检测重金属。而在食品安全检测中，残留的过量重金属包含许多种，均对人体有害。

（一）常见重金属残留来源与危害

1. 猪肉中汞的来源与危害

鱼粉营养丰富，含有大量动物性蛋白质和钙、磷等矿物质，是最好的动物性饲料原料。被汞污染的鱼类是饲料中汞的主要来源。

汞有金属汞和汞的化合物两种存在形态，其化合物又可分为无机汞化合物和有机汞化合物。金属汞中毒常以汞蒸气的形式引起，通过呼吸道进入肺泡，经血液循环至全身，导致头痛、头晕、运动失调等。甲基汞在人体肠道内极易被吸收，大部分蓄积在肝和肾中，分布于脑组织中的约占15%，但脑组织受损害先于其他组织。日本著名的公害病——水俣病，即为甲基汞慢性中毒症。

2. 猪肉中铅的来源与危害

猪肉中的铅污染主要来源于饲料中铅的污染。日常生活中含铅物品的使用，造成了铅对环境以及饲料原料的污染，进入食物链进而污染了猪肉。铅不仅可以引起饲养动物机体产生贫血、免疫功能障碍等急慢性病变，还可以影响哺乳动物的生殖系统和消化系统等。铅含量达到一定量时可使鱼类致死，还可破坏水体自净作用。铅是对人体有害的元素，人食用了被铅污染的猪肉食品后，可能会引起末梢神经炎、运动和感觉障碍等。

3. 猪肉中砷的来源与危害

环境中的砷化合物如不超过人体负荷量不会造成危害。有些砷化合物在农业上作为杀菌剂和杀虫剂，在其使用过程中，可进入植物体内，从而对一些饲料原料造成污染，长期饲喂猪会引起慢性中毒。慢性中毒主要表现为末梢神经炎和神经衰弱症状。由于超量添加砷制剂会使猪表现出皮肤红润、皮毛光亮，于是一些饲料厂家在饲料中超剂量添加砷制剂。但砷制剂是有毒的，不但对环境造成污染，并经食物链危害人体健康。人体长期食入高砷含量的猪肉，可引起急性砷中毒或慢性中毒，在无公害养殖的饲料中已经明确规定不得使用砷制剂。

4. 猪肉中镉的来源与危害

镉是一种对生猪和人类健康危害严重的重金属。环境受到镉污染后，镉可在生物体内富集，例如，鱼粉中，通过食物链进入人体，引起慢性中毒：生猪体内的镉含量，主要受摄入饲料中镉含量的影响。饲料中镉含量在非污染条件下是比较低的，但在镉污染区或饲喂高镉含量的饲料时，可导致生猪体内及猪肉中镉的残留。镉被人体吸收后，形成镉蛋白，选择性蓄积于肾和肝，其中，肾是镉中毒的“靶器官”。镉在体内影响肝、肾酶系统的正常功能，使骨骼代谢受阻，造成骨质疏松、萎缩、变形等。

由于生猪体内缺乏超量控制的机制及有效保持平衡的机制，生猪不能自动排泄镉，不能阻止体内镉过多沉着。镉的生物半衰期很长，长达 20 ~ 30 年，具有体内蓄积性。猪肉中镉污染最为严重，且我国的国家标准比国际食品法典委员会（CAC）的标准低，控制和预防猪肉镉残留也是重中之重。

5. 猪肉中铬的来源与危害

工业“三废”中含铬量高的情况下，将会导致铬污染周围环境，可引起在该环境中的生猪中毒。铬以两种最主要的形式值得关注，分别是三价铬及六价铬，三价铬无毒，且经常作为有益的饲料添加剂形式来用于对饲料性能的改善，而六价铬对动物及人是有毒的，值得关注。据报道，经口腔摄入的六价铬有 10% 被机体吸收，其中，10% 可能在人体内停留达 5 年之久。摄入超大剂量的铬会导致胃肠道、肾脏和肝脏损伤，甚至死亡。而在规模化生猪养殖中，三价铬因其在改善繁殖性能、提高胴体品质等方面均有作用，被广泛用作添加剂，且往往过量添加，但因此也带来了负面影响：一是增加了猪肉产品中的铬残留，对人体有潜在危害；二是铬在周围土壤、水源或环境中不断增多，达到一定量时也会破坏环境，引起人和动物中毒。

（二）重金属残留的控制

1. 加强工业“三废”的治理与产地环境的控制

猪肉中的重金属污染主要来自工业“三废”的污染。在重工业城市及其近郊，环境污染严重的地方，尤其要重视产地环境中的重金属污染问题。建议对包括农户在内的规模化养猪场，建立养殖环境污染监测机构（体系），督促生产者对生猪产地合理选址，严格检测产地的环境，不合格的坚决不准其进行生猪的生产经营。对于工业“三废”的治理，应严格控制重金属的排放；利用先进的科学技术，减少排放，提高回收利用率；依靠先进的技术，如嗜重金属的微生物、植物，来治理已被重金属污染的环境，包括土壤、水体等。

产地环境的控制是进行源头控制的重要组成部分。对于生猪粪尿以及养殖过程中产生的主要污染物，可依靠以下措施来控制，即合理建设生猪养殖场、采用先进的清粪工艺、应用先进的绿色环保技术、场区内合理绿化、应用新能源技术沼气工艺等。建议将养殖环境污染治理纳入法律法规。各地政府应当建立养殖环境保护责任制度，实行管理者和生产者共同承担责任。强制推行无公害农产品产地认证，对不符合无公害农产品产地认证标准的规模养猪场，应进行整改或停止生产。

2. 饲料中重金属污染的预防

加强饲料原料与饲料生产中重金属的监控。农作物、天然饲料中存在着不容忽视的不安全因素，如土壤被重金属元素污染，重金属元素就可能向农作物、天然饲料体内迁移和累积。而现在各养猪场自己种植的农作物、饲料，并未纳入国家饲料重金属监测中。重金属元素具有富集性与累积性，其存在的潜在危害性不容忽视。建议有关部门将生猪养殖场农作物、天然饲料的质量监控，纳入国家计划中。

在工业化生产饲料中，预防重金属污染的关键控制点：一是加强饲料原料的重金属监控，在收购饲料原料时，加强监测，将潜在风险在源头降到最小；二是饲料加工工具和加工环境的质量控制，如限制使用含重金属元素的饲料加工工具、管道等，定期监测饲料加工环境，杜绝在生产过程中引入风险；三是运输过程中的重金属控制，如限制使用含重金属元素的运输工具。

对饲料添加剂的生产控制。严格按照《饲料和饲料添加剂管理条例》来执行，严格控制重金属元素汞、铅、砷、镉和铬的添加量，严禁超标。在生猪饲料中禁止添加氨苯胂酸、洛克沙胂等砷制剂类药物饲料添加剂，禁止超量添加铬制剂、矿物性添加剂。开发使用可代替普通添加剂的绿色添加剂。绿色添加剂包括微生态制剂、中草药添加剂（如甘草煎剂）、糖萜素等，这些绿色添加剂不仅有利于消除重金属对生猪的危害，还能提高生猪的生产性能。有资料显示，采用由矿物质原料组成的吸附剂，来降低镉和铅在猪体内的毒性作用，其效果是明显的。

规范使用配合饲料和添加剂。由于养猪者大多受教育程度较低，对非合理使用配合饲料及添加剂的危害性缺乏足够的认识，而且他们追求利益心切，往往造成生猪养殖过程中忽视了配合饲料及添加剂使用的规范性。尤其是一些添加剂的过量使用，不仅造成了添加剂的浪费，有可能造成重金属污染，也使得添加剂的效用没有最好地发挥出来。所以，应该大力向养猪者宣传科学养猪的知识，管理者应该帮助生产者规范合理地使用配合饲料和添加剂。

四、其他有毒有害成分及其控制

饲料中有毒有害物质超标的现象，给猪肉产品安全造成隐患。这些有毒有害物质以某种单一化合物或多种化合物存在于饲料中，在猪体内，这些有毒成分可能转化为具有更大活性和毒性的物质，从而起到毒性作用或致癌、致畸作用。更为严重的是，这些有毒有害物质，不仅会引起猪肉产品质量和产量下降，而且还会在猪的体内蓄积和残留，并通过食物链传给人，对人的身体健康造成严重危害，同时，使猪肉产品出口受阻，造成不应有的损失，严重影响了养猪业的发展。

（一）猪饲料中真菌的控制

由于真菌产生一些有毒代谢产物（真菌毒素），不但导致猪的急慢性中毒，而且残留在猪肉和内脏中，真菌毒素通过食品传入人体。因此，加强饲料生产中的防霉去毒工作，是控制饲料及猪肉食品中有毒有害物质残留必不可少的部分。要使原料生产到配合饲料被生猪食入这个过程的各个环节，充分发挥协同作用，才能防止饲料被真菌及真菌毒素污染。

1. 严格控制饲料及原料中的水分、湿度、温度

首先要控制湿度，即控制饲料中水分和贮存环境的相对湿度。对谷物饲料的防霉措施，关键在于收获后迅速使其含水量在短时间内降到安全水分范围内。一般谷物含水量在13%以下，玉米在12.5%以下，花生仁在8%以下，真菌即不易繁殖，故这种含水量称为安全水分。各种饲料的安全水分不尽相同。此外，安全水分也与贮存温度有关，两者呈负相关。将饲料及其原料的环境温度控制在12℃以下，能有效地控制真菌繁殖和产毒。同时，要利用机械及化学防治等方法处理粮仓贮藏害虫，并注意防鼠，因为，虫害或鼠咬损伤粮粒使真菌易于繁殖而引起霉变。

2. 改善贮藏条件

主要方法有改进仓库结构和卫生状况，降低水分、温度、氧浓度等。

3. 使用防霉剂或真菌毒素吸附剂

饲料用防霉剂是指能抑制饲料中微生物的数量、控制微生物的代谢和生长、抑制真菌毒素的产生，预防饲料贮存期营养成分的损失，防止饲料发霉变质并延长贮存时间的饲料添加剂。而真菌毒素吸附剂是通过其特有的结构，对已经产生的真菌毒素进行吸附而达到降低毒素对动物危害的措施。真菌毒素吸附剂分为有机和无机的，分别对不同的真菌毒素有效，使用时要根据原料不同年份、不同产地、不同毒素含量的具体情况而选择性的使用。

饲料已经被真菌毒素污染后，应设法将毒素破坏或去除，常用方法如下。

（1）剔除霉粒。毒素主要集中在霉坏、破损、变色及虫蛀的粮粒中，如将这些粮粒挑选出去，可使毒索含量大为降低。用机械或人工方法先对饲料进行挑选，剔除霉变饲料，然后将霉变的饲料进一步干燥，以达到去毒防霉变的目的。

（2）热处理法。对于饼粕类原料，在150℃温度下焙烤30min，或用微波加热8～9min，可将48%～61%的黄曲霉毒素 B_1 和32%～40%的黄曲霉毒素 B_1 破坏。

（3）水洗法。用清水反复浸泡漂洗，可除去水溶性毒素。对玉米、大豆等颗粒状原料，可在粉碎后用清水漂洗，或用2%的石灰水进行反复漂洗，即能除去真菌毒素。

（4）吸附法。活性炭、硅铝酸盐类（蒙脱石、云母等）、酵母细胞提取物等能吸附真菌毒素，减少胃肠道对其吸收。

（5）原料使用前过筛处理。由于真菌毒素多数附着在破碎粒及尘土中，所以，对饲料原料进行过筛处理，可以有效去除大部分真菌毒素。

（二）猪饲料中细菌的控制

1. 原料与成品、半成品隔离

饲料原料生产企业在加工前的生原料处理区域，应与加工后的成品、半成品处理清洁区域严密隔离。原材料与半成品、成品生产设备、器材专用，原料的处理者与加工处理者作业分担。

2. 防沙门氏菌污染

配合饲料生产企业主要应防止原材料或半成品、成品从环境中带来的沙门氏菌污染。即原料的保管、加工、制造过程、成品保管、输送等应防止沙门氏菌污染，包括防止蝇、蟑螂等害虫，以及鼠、犬、猫、鸟类等动物的侵入；限制外来者的出入，并使作业人员的作业区明确分开；定期清扫、消毒环境、设备等。

3. 快速干燥是保证发酵饲料安全的有效措施

发酵饲料企业在发酵面粉、酵母蛋白、菜籽饼等，要通过严格筛选的特殊性菌株，在适宜的工艺条件下，可抑制杂菌的生长，使发酵饲料中有害细菌很少或无。但目前国内一些小型发酵饲料厂，在简陋的条件下，发酵中杂菌高，又无快速干燥工艺，靠天然晾干，极易滋生杂菌或有害细菌。因此，发酵中应减少杂菌，快速干燥是保证发酵饲料安全的有效措施。

4. 饲料的物理或化学处理

（1）将饲料制成颗粒状。将 120～150℃的热蒸汽吹入饲料成分中，并经过成型机制成粒状。此时，由于粒状原粒在数秒至 1min 以内保持在 80～90℃下，故对抵热力弱的沙门氏菌或大肠杆菌，有较强的抑制和杀灭作用。

（2）在饲料内添加乙酸、醋酸、丙酸等有机酸，0.6%～6%的浓度对饲料中常见的沙门氏菌等有害细菌，有杀灭作用。

（3）用环氧乙烷气体杀菌，但此种气体杀菌需要特殊的设备，而且此种气体的毒性或引火性很强，在处理上必须多加留意。

（三）猪饲料中特征性有害物的控制

1. 棉籽饼中有毒成分的控制

棉籽饼粕中对动物有毒的主要物质为棉酚、棉酚素、棉酚青色素和棉绿素等。其中，以棉酚的含量相对较高，而且毒性较大，其他毒素均是棉酚的衍生物。

（1）控制添加量。根据棉籽饼中游离棉酚的含量和饲喂的对象，控制配合料中棉籽饼的添加量。

（2）棉籽饼去毒。取草木灰 9～12kg 或生石灰 0.5～1kg 加入 100kg 清水中搅拌均匀，沉淀后取上清液浸泡棉籽饼，饼液比例为 1：2，浸泡 24h 后再用清水淘洗 3～4 遍；或在 100kg 土榨棉籽饼中加硫酸亚铁 12～15kg。若用机榨棉籽饼，只需加硫酸亚铁 0.3～0.4kg，再以适量清水浸泡 24h，冲洗后即可饲用；也可用 15%的纯碱溶液 24kg，喷洒在 100kg 棉籽饼上，充分拌匀，然后用塑料薄膜密封闷 5h，然后蒸 50min，晾干；或用 1%的氢氧化钠溶液浸泡 3～4h，然后沥去溶液，用清水冲洗干净，晾干。

2. 菜籽饼粕中有毒成分的控制

菜籽饼粕中的毒素主要是硫葡萄糖苷及其降解产物异硫酸盐、噁唑烷硫酮、氰、芥子碱、植酸、单宁等。根据菜籽粕中毒素的含量和饲喂对象及产品的敏感性，控制配合饲料中菜饼粕的用量。菜籽经粉碎、热水处理后，用密度计量筛分离出纤维素及脂蛋白悬浮物，再经碱化离心分离得到脂蛋白沉淀物和废液（芥子苷进入废液）。

3. 大豆饼粕中有害成分的控制

大豆饼粕中含有的毒素为胰蛋白酶抑制因子、皂角苷、脂氧化酶以及抗维生素因子。其有害成分的主要控制方法是：将大豆及其饼粕中有害物质改炖，即大豆作饲料时必须经过烘烤或膨胀化处理，对热压或预压萃取生产的大豆饼粕可直接利用，而萃取法生产中应注意其中的蒸、烘烤工艺。对于冷压或简易浸提产生的大豆饼，应进行热化处理。

第三节　饲料中真菌和真菌毒素分析

饲料的生物性污染中以真菌及其毒素的危害最大，据估计，全世界每年大约有25%的粮食、饲料等农产品遭受真菌和真菌毒素的侵蚀和污染。饲料霉变不仅会降低饲料营养价值和饲料适口性，影响动物生长和饲料转化率，而且在真菌生长过程中还会产生有毒有害的次生代谢产物——真菌毒素。真菌毒素常常导致生猪的急、慢性中毒和免疫抑制等，影响生猪健康和生产效益，部分毒素如黄曲霉毒素还会残留于畜产品肌肉、内脏或乳中，通过食物链对人类造成危害。

一、饲料中真菌总数的测定

（一）原理与范围

根据真菌生理特性，选择适宜于真菌生长而不适宜于细菌生长的培养基，采用平皿计数方法，测定真菌数。本方法适用于饲料中真菌总数的测定。

（二）设备及材料

天平（感量1g，最大称量1 000g）、显微镜（1 500倍）、温箱［（25～28）±1℃］、冰箱（普通冰箱）、高压灭菌器、干燥箱（可控温至±1℃）、水浴锅（可控温至±1℃）、振荡器（往复式）、微型混合器（2 900r/min）、电炉、酒精灯、接种棒（镍铬丝）、温度计［（100±1）℃］、载玻片、盖玻片、乳钵、试管架、玻璃三角瓶（250mL，500mL）、试管（15×150mm）、平皿（直径9cm）、吸管（1mL，10mL）、玻珠（直径5mm）、广口瓶（100mL，500mL）、金属勺、刀、橡皮乳头等。

（三）培养基和稀释液

除特殊规定外，本方法所用化学试剂为分析纯或化学纯；生物制剂为细菌培养用；水为蒸馏水。高盐察氏培养基、稀释液、实验室常用消毒药品。

1. 高盐察氏培养基

取硝酸钠2g、磷酸二氢钾1g、七水合硫酸镁.0.5g、氯化钾0.5g、硫酸亚铁

0.01g、氯化钠 60g、蔗糖 30g、琼脂 20g，加蒸馏水 1 000mL，加热溶解，分装后，115℃高压灭菌 30min。必要时，可酌量增加琼脂。

2. 稀释液

加热溶解 8.5g 氯化钠于 1 000mL 蒸馏水，分装后，121℃高压灭菌 30min。

（四）试样制备

按照 GB/T 14699.1 方法进行采样，采样时必须特别注意试样的代表性和避免采样时的污染。首先准备好灭菌容器和采样工具，如灭菌牛皮纸袋或广口瓶、金属勺和刀，在卫生学调查基础上，采取有代表性的试样，粉碎过 0.45mm 孔筛，用四分法缩减至 250g。试样应尽快检验，否则，应将样品放在低温干燥处。

（五）分析步骤

真菌检验的基本程序，如图 1－1 所示。

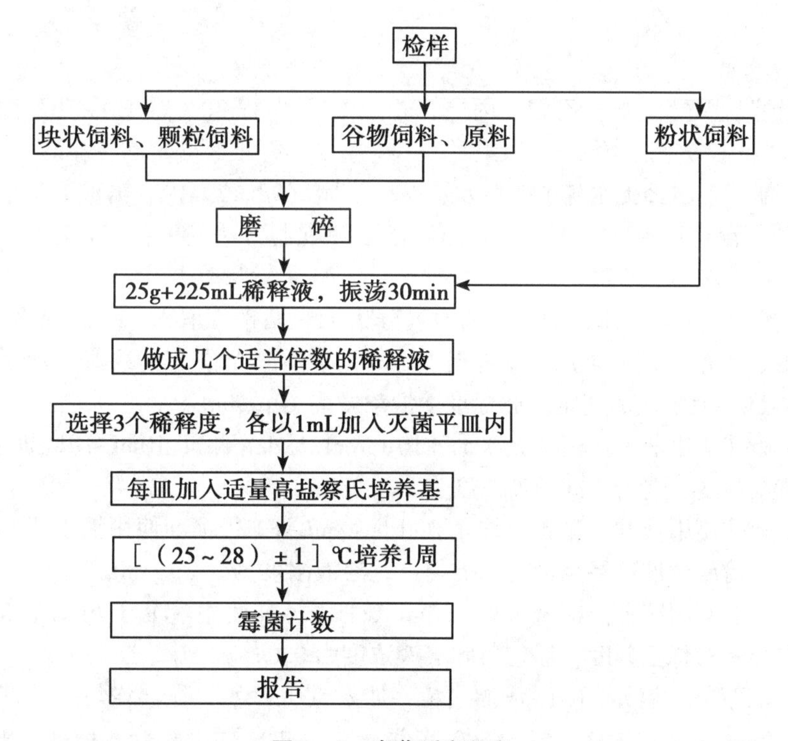

图 1－1　真菌测定程序

（1）以无菌操作称取试样 25g（或 25mL），放入含有 225mL 灭菌稀释液的玻璃塞三角瓶中，置振荡器上，振摇 30min，即为 1∶10 的稀释液。用灭菌吸管吸取该液 10mL，注入带玻璃珠的试管中，置微型混合器上混合 3min，或注入试管中，另用带橡皮乳头的 1mL 灭菌吸管反复吹吸 50 次，使真菌孢子分散开。

（2）取 1mL 1∶10 稀释液，注入含有 9mL 灭菌稀释液试管中，另换一支吸管吹吸 5 次，制成 1∶100 稀释液。如此操作顺序作 10 倍递增稀释液，每稀释一次，换用一支 1mL 灭菌吸管。

（3）根据对试样污染情况的估计，选择 3 个合适稀释度，分别在作 10 倍稀释的同时，吸取 1mL 稀释液于灭菌平皿中，每个稀释度作两个平皿，然后将凉至 45℃左右的高盐察氏培养基注入平皿中，充分混合，待琼脂凝固后，倒置于（25～28）±1℃温箱中，培养 3d 后开始观察，应培养观察一周。

（六）计算

通常选择菌落数在 10～100 个的平皿进行计数，同稀释度的 2 个平皿的菌落平均数乘以稀释倍数，即为每克（或 mL）试样中所含真菌总数。

二、饲料中黄曲霉毒素 B_1 的测定

（一）原理

试样中黄曲霉毒素 B_1 经有机溶剂提取，浓缩、净化以及薄层分离前处理后，在波长 365nm 紫外光下产生蓝紫色荧光，根据其在薄层板上显示荧光的最低检出量来测定含量。

（二）试剂

三氯甲烷、甲醇、苯、乙腈、丙酮；正己烷（沸程 30～60℃）或石油醚（沸程 60～90℃）。

无水乙醚或乙醚经无水硫酸钠脱水；苯－乙腈（98：2）混合溶液：量取 98mL 苯，加 2mL 乙腈，混匀；甲醇－水（55：45）溶液：配制方法同上；三氟乙酸、无水硫酸钠、氯化钠；硅胶 G：薄层色谱用。

$AFTB_1$ 标准溶液的制备：用 1% 的微量分析天平精密称取 1～1.2mg$AFTB_1$ 标准品，先加入 2mL 乙腈溶解后，再用苯稀释至 100mL。然后避光置于 4℃冰箱中保存。最后进行 $AFTB_1$ 标准溶液浓度的测定。此标准溶液浓度为 10μg/mL。

$AFTB_1$ 标准使用液Ⅰ：精密吸取 1mL10μg/mL 标准溶液于 10mL 容量瓶中，加苯－乙腈混合液至刻度，混匀。此溶液浓度为 1μg/mL。

$AFTB_1$ 标准使用液Ⅱ：精密吸取 1.0mL1μg/mL$AFTB_1$ 标准使用液Ⅰ于 5mL 容量瓶中，加苯－乙腈混合液稀释至刻度，摇匀。此溶液浓度为 0.2μg/mL。

$AFTB_1$ 标准使用液Ⅲ：精密吸取 1.0mL$AFTB_1$ 标准使用液Ⅱ于 5mL 容量瓶中，加苯－乙腈混合液稀释至刻度，摇匀。此溶液浓度为 0.04μg/mL。

50g/L 次氯酸钠溶液：取 100g 漂白精，加入 500mL 水，搅拌均匀。另将 160g 工业用碳酸钠（$Na_2CO_3 \cdot 10H_2O$）溶于 500mL 温水中，再将两液混合，搅拌，澄清后，再过滤即可。

（三）仪器和用具

小型粉碎机、样筛、电动振荡器；全玻璃浓缩器、电子恒温水浴锅、薄层板涂布器；玻璃板：5cm×20cm；展开槽：内长 25cm，宽 6cm，高 4cm；紫外光灯：100～125W，带有波长 365nm 滤光片；微量进样器、蒸发器：50mL。

（四）分析步骤

1. 试样提取、净化

试样去壳去皮粉碎后，称取 20g 粉碎过筛试样，置于 250mL 具塞锥形瓶中，加

30mL 正己烷或石油醚和 100mL 甲醇水溶液，在瓶塞上涂上一层水，盖严防漏。振荡 30min，静置片刻，以叠成折叠式的快速定性滤纸过滤于分液漏斗中，等下层甲醇水溶液分清后，放出甲醇水溶液于另一具塞锥形瓶中。取 20.0mL 甲醇水溶液提取液（相当于 4g 样品）置于另一个 125mL 分液漏斗中，加 20mL$CHCl_3$，振摇 2min，静置分层（如出现乳化则可滴加甲醇使其分层），放出 $CHCl_3$ 层，经盛有约 10g 先用 $CHCl_3$ 湿润的无水硫酸钠的慢速定量滤纸过滤于 50mL 蒸发皿中，分液漏斗中再加 5mL$CHCl_3$ 重复振摇提取，$CHCl_3$ 层一并滤于蒸发皿中，最后用少量 $CHCl_3$ 洗滤器，洗液并于蒸发皿中。将蒸发皿放在通风橱内于 65℃ 水浴上通风挥干，然后放在冰箱内冰却 2～3min 后，准确加入 1mL 苯－乙腈混合液（或将 $CHCl_3$ 用浓缩蒸馏器减压吹干蒸干，然后再准确加入 1mL 苯－乙腈混合液）。用带橡皮头的滴管的管尖将残渣充分混合，如果有苯的结晶析出，则将蒸发皿取下，继续溶解、混合，晶体则立即消失，再用此滴管吸取上清液转移于 2mL 具塞试管中。

2. 试样的测定（单向展开法）

（1）薄层板的制备。称取约 3g 硅胶 G，加入相当于硅胶量 2～3 倍左右的水，用力研磨 1～2min 至成糊状后立即倒入涂布器内，推成 5×20cm，厚度约 0.25mm 的薄层板 3 块。在空气中干燥大约 15min 后，放入 100℃ 烘箱内活化 2h，取出在干燥器中保存。一般可保存 2～3d，若放置时间较长，可再进行干燥活化后使用。

（2）点样。将薄层板边缘附着的吸附剂刮净，在距薄层板下端 3cm 处做一个基线，然后在基线上用微量注射器滴加样液。一块板可滴加 4 个点，点距边缘和点间距约为 1cm，点直径约为 3mm。要求在同一块板上滴加点的大小应一致，可用吹风机冷风边吹边加。滴加的样点如下。

第一点：10μL、0.04μg/mL$AFTB_1$ 标准使用液。

第二点：20μL 试样溶液。

第三点：20μL 样液＋10μL　0.04μg/mL$AFTB_1$ 标准使用液。

第四点：20μL 样液＋10μL　0.2μg/mL$AFTB_1$ 标准使用液。

（3）展开与观察。加入 10mL 无水乙醚于展开槽内，预展 12cm，取出挥干。再于另一展开槽内加入 10mL 丙酮：三氯甲烷（8：92）溶剂，展开 10～12cm，取出在紫外光下观察结果，方法如下。

第一点滴加 10μL$AFTB_1$ 标准使用液，其中，含 $AFTB_1$0.04μg/mL（最低检出量 5μg/kg）。可作为检验薄层板好坏及色谱是否合适，能检出最低检出量。如果展开后此点无荧光，则说明薄层板或色谱条件存在问题。

第三点和第四点上滴加了样液和 $AFTB_1$ 标准液，可使样液中的 $AFTB_1$ 荧光点和标液 $AFTB_1$ 荧光点重叠。加以认证。第三点是用来检验最低检出量在样液中是否能正常呈现，如果第一点呈阳性，第三点呈阴性则说明样品的提取存在问题，可能存在荧光猝灭剂，应重新提取。第四点主要是起定位作用。$AFTB_1$ 的 Rf 值约 0.6。

第二点起判断作用。如果第二点（样液）在 $AFTB_1$ 标准点的相应位置（Rf≈0.6）处呈阴性，而其他各点均呈阳性，则说明样品中 $AFBT_1$ 的含量在 5μg/kg（最低检出量）以下，如果第二点在其相应位置上呈阳性，则需进行确证试验。

(4) 确证试验。为了证明在薄层板上样液呈现的荧光确系由 $AFTB_1$ 产生的，则在样点上滴加三氟乙酸，产生 $AFTB_1$ 的衍生物，继续展开后，此衍生物的 Rf 值约为 0.1 左右。方法如下。

依次在薄层板左边滴加两个点：

第一点：10μL0.04μg/mL$AFTB_1$ 标准使用液。

第二点：20μL 样液。

在以上两点处各加一小滴三氟乙酸盖于其上，经反应 5min 后，用电吹风机吹热风 2min，热风吹到薄层板上的温度不得高于 40℃，再于薄板右边滴加以下两点。

第三点：10μL0.04μg/mL$AFTB_1$ 标准使用液。

第四点：20μL 样液。

同前展开后，在紫外光下观察样液是否产生与 $AFTB_1$ 标准点相同的衍生物。第三点和第四点，可作为样液与标准衍生物的空白对照。

(5) 稀释定量。样液中的 $AFTB_1$ 荧光点的荧光强度与 $AFTB_1$ 标准点（最低检出量）的荧光强度一致，则表示样品 AFTB1 含量在 5μg/kg；如样液中荧光强度比最低检出量强，则根据其强度估计减少点样量或将样液稀释后再点样，直至样液点的荧光强调与最低检出量的荧光强度一致为止，滴加样式如下。

第一点：10μg/mL $AFTB_1$ 标使液。

第二点：根据具体情况点 10μL 样液。

第三点：根据具体情况点 15μL 样液。

第四点：根据具体情况点 20μL 样液。

(6) 计算。试样中 $AFTB_1$ 的含量按式（1-1）计算

$$X = 0.0004 \times \frac{V_1 \times D}{V_2 \times m} \qquad (1-1)$$

式中，X——试样中 $AFTB_1$ 的含量（μg/kg）；

V_1——稀释前样液的体积（mL）；

V_2——出现同样最低荧光强度时滴加样液的点样量（μL）；

D——样液的总稀释倍数；

m——稀释前相当样品的质量（g）；

0.0004——$AFTB_1$ 的最低检出量（μg）。

(五) 注意事项

(1) 本法的灵敏度较高，容易产生误差。如薄层板制作不平整、不均匀，点样的间距太小等，都会产生误差。

(2) $AFTB_1$ 标准储备液应密封于具塞试管中，在 4℃冰箱中避光保存。如果在保存期间体积明显减少，应及时补充溶剂。使用前，应对其测定标准液的浓度。

(3) AFT 是一种剧毒和强致癌性物质，因此，在使用时特别注意其安全保护。如实验时应佩戴口罩，配标液时应戴乳胶手套。如被标液污染时应及时用 50g/L 次氯酸钠溶液浸泡消毒。试验结束后，应做好清洗消毒工作，对于剩余的 AFT 标液以及呈阳性样液，应先用 50g/L 次氯酸钠处理后方可倒在指定的地方。试验所用玻璃器皿消毒后再

进行清洗（用50g/L次氯酸钠浸泡5min）。

第四节　饲料中违禁激素分析

目前，通过饲料途径威胁肉品安全的违禁激素主要有盐酸克伦特罗、莱克多巴胺、沙丁胺醇和雌激素等。本节重点介绍了盐酸克伦特罗、莱克多巴胺分析方法。

一、饲料中盐酸克伦特罗的检测——酶联免疫吸附法（筛选法）

（一）原理

利用免疫学抗原抗体特异性结合和酶的高效催化作用，通过化学方法将植物辣根过氧化物酶（HRP）与盐酸克伦特罗结合，形成酶偶联盐酸克伦特罗。将固相载体上已包被的抗抗体（羊抗兔IgG抗体）与特异性的抗盐酸克伦特罗抗体结合，然后加入待测盐酸克伦特罗和酶偶联盐酸克伦特罗，它们竞争性地与盐酸克伦特罗抗体结合，洗涤后加底物，根据有色物的变化计量待测盐酸克伦特罗量。若待测盐酸克伦特罗量多，则被结合的酶偶联盐酸克伦特罗量少，有色物量就少，反之亦然。用目测法或比色法测定样品中的盐酸克伦特罗含量，比色的最佳波长为450nm，参比波长应大于600nm。

（二）试剂与材料

以下所用的试剂和水，除特别注明者外均为分析纯，水为符合GB/T 6682中规定的三级水。

1. 盐酸克伦特罗酶联免疫法测试盒组成

（1）包被羊抗兔IgG抗体的聚苯乙烯微量反应板，24孔、48孔或96孔。

（2）盐酸克伦特罗抗体，多抗或单抗。多抗可以由兔或羊血清获得，效价应大于5 000（间接ELISA法），或有效抗体含量应大于0. 05rng/mL；特异性应大于5 000（间接抑制ELISA法）。单抗由鼠腹水获得，效价应大于15 000（间接ELISA法），或有效抗体含量应大于0. 5mg/mL，特异性应大于5 000（间接抑制ELISA法）。

（3）盐酸克伦特罗的标准溶液，6个梯度：0、100ng/L、300ng/L、900ng/L、2 700ng/L、8 100ng/L。

（4）酶偶联盐酸克伦特罗。盐酸克伦特罗与过氧化物酶的交联物，交联比为6 :（1 ~12）:1，浓溶液，使用前需用缓冲溶液（f.）稀释。

（5）底物液。过氧化氢邻苯二胺溶液，过氧化氢浓度为0. 3%。

（6）缓冲液。0. 01 ~0. 05mol/L pH值7. 5磷酸钠缓冲液（PBS），加入0. 05%吐温-20和0. 1%牛血清蛋白（BSA）。

（7）显色剂液。用pH值5. 0乙酸钠柠檬酸缓冲液配制0. 2g/L的四甲基联苯胺溶液。

（8）终止液。2mol/L硫酸溶液。

2. 甲醇

3. 盐酸溶液（0. 1mol/L）

4. 氢氧化钠溶液（1mol/L）

（三）仪器设备

实验室常用仪器、设备；分析天平（感量0.0001g）；酶标仪，带有450nm滤光片；离心机，5 000 r/min；振荡器；超声波发生器；微量移液器，20μL，50μL，100μL，200μL。

（四）试样的制备

取具代表性的饲料试样，用四分法缩减，分取200g左右，粉碎过0.45mm孔径（40目）的筛，充分混匀，装入磨口瓶中备用。

（五）分析步骤

1. 试样处理

称取约1g试样（精确到0.0001），放入15mL离心管中，加入1mL 0.1mol/L盐酸溶液，混匀，加入9mL水，混匀，在超声波发生器中超声20min。在离心机上2 000r/min离心20min。取0.5mL上清液置于15mL离心管中用1mol/L氢氧化钠溶液调pH值7～9。

对于矿物质预混料等偏酸性样品，可用更浓的氢氧化钠溶液调pH值7～9，避免中和用碱液体积过大。加水定容至10mL，混匀；2 000r/min离心20min，取2mL上清液置于10mL试管中，加入3mL水，混匀，为待测样液。

2. 限量测定

（1）准备包被抗体的聚苯乙烯微量反应板。根据待测试样数量和标准试样（每个试样2个平行），决定微孔的使用量。将微孔板从冰箱中取出，放在室温（25±4）℃下回温90～120min。

（2）每个微孔中加入100μL盐酸克伦特罗的抗体，室温下放置15min，将微孔内液体垂直倒掉，在滤纸上用力垂直磕掉残留在壁上的液体3次以上。加入250μL蒸馏水，垂直倒掉微孔洗涤液，再重复2次以上。每个微孔加入20μL盐酸克伦特罗标准溶液或待测样液，再加入100μL酶偶联盐酸克伦特罗，在室温下放置30min，将微孔内液体垂直倒掉，后在滤纸上用力垂直磕掉残留在壁上的液体3次以上。加入250μL蒸馏水，垂直倒掉微孔洗涤液，再重复2次以上。每个微孔加入5μL底物液和50μL显色剂，混合后在黑暗中室温下放置15min。然后每个微孔加入100μL终止液。

（3）结果判定。

①定性方法：先比较阴性对照孔和阳性对照孔的颜色，两者颜色应有明显差异（前者深后者浅）。如果待测试样的颜色与阴性对照孔接近或更深，则判定该试样不含盐酸克伦特罗；如果待测试样的颜色比阴性对照孔浅，比限量孔深，则判定该试样含有盐酸克伦特罗，但浓度低于限量；如果待测试样的颜色比阳性对照孔浅，则判定该试样含有盐酸克伦特罗且浓度高于限量；如果待测试样的颜色与阳性对照孔相同或接近，则判定该试样含有盐酸克伦特罗且浓度等于限量。

②定量方法：用酶标仪在λ_{450nm}处用空气做参比调零点后测定标准孔及试样孔的吸光度A。$A_{阴性对照}$与$A_{阳性对照}$间差值至少大于0.2；若$A_{待测样品} \geq A_{阴性对照}$，则判定该试样不含CL；若$A_{阴性对照} > A_{待测样品} > A_{阳性对照}$，则判定该试样含有盐酸克伦特罗，但浓度低于限

量；若 $A_{待测样品}$ < $A_{阳性对照}$，则判定该试样含有盐酸克伦特罗且浓度高于限量；若 $A_{待测试样}$ = $A_{阳性对照}$，则判定该试样含有盐酸克伦特罗且浓度等于限量。

3. 定量测定

将 6 个梯度的盐酸盐酸克伦特罗标准溶液（0、100ng/L、300ng/L、900ng/L、2 700ng/L、8 100ng/L）按限量法测定步骤测定得到相应的吸光度值。以 0 浓度的 A_0 值为分母、其他标准浓度的 A 值为分子的比值再乘以 100，获得吸光度的百分比。以此吸光度百分比为纵坐标，对应的 5 个盐酸克伦特罗标准浓度为横坐标，在半对数坐标上绘制标准曲线。该定标模型在 200 ~ 2 000ng/L 范围内是线性的。待测试样根据其吸光度在曲线中获得盐酸克伦特罗量，按式（1-2）计算出试样中盐酸克伦特罗含量。

$$X = \frac{rVN}{m} \tag{1-2}$$

式中，X——试样中盐酸克伦特罗含量（μg/kg）；

r——从标准曲线上查得的试样提取液中盐酸克伦特罗含量（ng/mL）；

V——试样提取液体积（mL）；

N——试样稀释倍数；

m——试样的质量（g）。

（六）重复性对于定量分析

每个试样应取 2 份平行样进行分析，结果间的相对偏差在试样盐酸克伦特罗含量 >1 000μg/kg，平行样间相对偏差 <10%，试样盐酸克伦特罗含量 ≤1 000μg/kg，平行样间相对偏差 < 15%；试样盐酸克伦特罗含量 ≤ 100μg/kg，平行样间相对偏差 <20%。

二、饲料中莱克多巴胺的测定——高效液相色谱法

饲料中莱克多巴胺含量的高效液相色谱（HPLC）方法适用于配合饲料、浓缩饲料和添加剂预混合饲料中莱克多巴胺含量的测定，定量限为 0.5μg/g。

（一）原理

用酸性甲醇－水提取试样中莱克多巴胺，二氯甲烷和正己烷萃取净化，以 2% 冰乙酸－乙腈－水作为流动相，用高效液相色谱—荧光检测法分离测定。

（二）试剂和溶液

除非另有说明，所用试剂均为分析纯；水为去离子水，符合 GB/T 6682 二级水的规定。

有机溶剂：乙腈（色谱纯）、甲醇（色谱纯）、二氯甲烷、正己烷；乙酸溶液：取 5mL 冰乙酸加水至 250mL；提取液：取 900mL 甲醇加水到 1 000mL，再加 2mL 浓盐酸，混匀；流动相：取 320mL 乙腈加水到 1 000mL，再加 20mL 冰乙酸和 0.87g 戊烷磺酸钠，混匀。

莱克多巴胺标准液

（1）莱克多巴胺标准贮备液。准确称取 0.1000g 莱克多巴胺标准品（纯度 ≥ 99%），置于 100mL 容量瓶中，用甲醇溶解，定容，其浓度为 1 000μg/mL，置 4℃冰箱

中，可保存 3 个月。

（2）莱克多巴胺标准工作液。分别准确吸取一定量的标准贮备液，置于 10mL 容量瓶中，用 2% 冰乙酸稀释、定容，配制成浓度为 0.01μg/mL、0.1μg/mL、0.2g/mL、0.5μg/mL、1.0μg/mL、2.0μg/mL 的标准溶液，分别进行 HPLC 检测。

（三）仪器和设备

实验室常用仪器、设备；高效液相色谱仪：配荧光检测器；离心机、振荡器、玻璃具塞三角瓶（250mL）、微孔滤膜（0.45μm）、涡旋混合器。

（四）试样制备

按 GB/T 14699.1 规定，取有代表性的试样，四分法缩减，取约 200g，经粉碎，全部过 1mm 孔筛，混匀装入磨口瓶中备用。

（五）分析步骤

1. 试样提取

称取一定量的试样（10.0g 配合饲料，或 5.0g 浓缩饲料，或 1.0g 添加剂预混合饲料），置于 250mL 具塞玻璃三角瓶中，加入 100mL 提取液，振荡 30min。静置 20min，取上清液 1mL 于离心管中，45℃下氮气吹干，加入 4mL 乙酸溶液溶解，涡动 30～60s；又加入 2mL 二氯甲烷萃取，涡动 30s，3 000r/min 离心 10min，取上层乙酸相于另一离心管中，加入 2mL 正已烷，涡动 30s，1 000r/min 离心 5min，弃去上层，用 0.45μm 微孔有机滤膜过滤作为样品制备液，供高效液相色谱分析。

2. HPLC 色谱条件

色谱柱：C_{18} 柱，长 250mm，内径 4.6mm，粒径 5μm；柱温：室温；流动相流速：1.0mL/min；检测波长：激发波长 226nm；发射波长 305nm；样量：50μL。

3. HPLC 测定

取适量样品制备液和相应浓度的标准工作液，做单点或多点校准，以色谱峰面积积分值定量。

（六）结果计算与表述

试样中莱克多巴胺的含量按式（1－3）计算：

$$X = \frac{m_1}{m} n \qquad (1-3)$$

式中，X——试样中莱克多巴胺的含量（μg/g）；

m_1——HPLC 试样色谱峰对应的莱克多巴胺的质量（μg）；

m——试样质量（g）；

n——稀释倍数。

测定结果用平行测定的算术平均值表示，精确至小数点后 1 位。

（七）精密度

（1）重复性实验室内平行测定间的变异系数不大于 10%。

（2）再现性实验室间测定的变异系数不大于 20%。

第五节 饲料中重金属分析

目前，威胁饲料安全的重金属有铅、砷、汞、镉、铬和铜等元素。重金属不能被生物降解，相反却能通过食物链生物富集，最后，威胁人类健康。因此，开展重金属的检测，对确保食品安全具有重要意义。本节重点介绍了汞、铅、砷的分析方法。

一、饲料中汞含量的测定

（一）冷原子吸收光谱法

1. 原理和范围

在原子吸收光谱中，汞原子对波长为253.7nm的共振线有强烈的吸收作用。试样经硝酸-硫酸消化使汞转为离子状态，在强酸中，氯化亚锡将汞离子还原成元素汞，以干燥清洁空气为载体吹出，进行冷原子吸收，与标准系列比较定量。

2. 试剂和材料

除特殊规定外，本方法所用试剂均为分析纯，水为重蒸馏水或相应纯度的水。浓酸均为优级纯（硝酸、硫酸、盐酸）。10%氯化亚锡溶液、混合酸液（10mL硫酸，加入10mL硝酸，慢慢倒入50mL水中，冷后加水稀释至100mL）、汞标准溶液（制备或购置浓度为1mg/mL的汞标准贮备液，准确吸取1mL该贮备液于100mL容量瓶中，用混合酸液稀释至刻度，制成浓度为10μg/mL的汞标准中间液，再吸取该中间液，用混合酸液稀释，制成浓度为0.1μg/mL汞标准工作液）。

3. 仪器和设备

分析天平（感量0.0001g）、实验室用样品粉碎机或研钵、消化装置、测汞仪，带有还原瓶（50mL）、三角烧瓶（250mL）、容量瓶（100mL）。

4. 分析步骤

（1）试样处理。称取1～5g试样，精确到0.001g，置于三角烧瓶中，加玻璃珠数粒，加25mL硝酸，5mL硫酸，转动三角烧瓶并防止局部炭化，装上冷凝管，小火加热，待开始发泡即停止加热，发泡停止后，再加热回流2h。放冷后从冷凝管上端小心加20mL水，继续加热回流10min，放冷，用适量水冲洗冷凝管，洗液并入消化液。消化液经玻璃棉或滤纸滤于100mL容量瓶内，用少量水洗三角烧瓶和滤器，洗液倒入容量瓶内，加水至刻度，混匀。

取试样相同量的硝酸、硫酸，同法做试剂空白试验。

若为石粉，称取约1g试样，精确到0.001g，置于三角烧瓶中，加玻璃珠数粒，装上冷凝管后，从冷凝管上端加入15mL硝酸，用小火加热15min，放冷。用适量水冲洗冷凝管，移入100mL容器瓶内，加水至刻度，混匀。

（2）标准曲线绘制。吸取0mL、0.10mL、0.20mL、0.30mL、0.40mL、0.50mL汞标准工作液（相当于0μg、0.01μg、0.02μg、0.03μg、0.04μg、0.05μg的汞），置于还原瓶内，各加10mL混合酸液，加2mL氯化亚锡溶液后立即盖紧还原瓶2min，记录

测汞仪读数指示器最大吸光度。以吸光度为纵坐标，汞浓度为横坐标，绘制标准曲线。

（3）测定。加10mL试样消化液于还原瓶内，加2mL氯化亚锡溶液后立即盖紧还原瓶2min，记录测汞仪读数指示器最大吸光度。

5. 结果计算

试样中汞的含量按式（1－4）计算公式

$$X = \frac{(A_1 - A_0) \times 1\,000}{m \times \frac{V_2}{V_1} \times 1\,000} = \frac{V_1(A_1 - A_0)}{mV_2} \qquad (1-4)$$

式中，X——试样中汞的含量（mg/kg）；

A_1——测定用试样消化液中汞的质量（μg）；

A_0——试剂空白液中汞的质量（μg）；

M——试样质量（g）；

V_1——试样消化液总体积（mL）；

V_2——测定用试样消化液体积（mL）。

（二）原子荧光光谱分析法

1. 原理和范围

试样经酸加热消解后，在酸性介质中，试样中汞被硼氢化钾（KBH_4）或硼氢化钠（$NaBH_4$）还原成原子态汞，由载气（氩气）带入原子化器中，在特制汞空心阴极灯照射下，基态汞原子被激发至高能态，在去活化回到基态时，发射出特征波长的荧光，其荧光强度与汞含量成正比，与标准系列比较定量。本方法适用于配合饲料、浓缩饲料、预混合饲料及饲料添加剂中汞的测定。原子荧光光谱分析法：检出限0.15μg/kg，标准曲线最佳线性范围0～60μg/L；冷原子吸收的检出限：压力消解法为0.4μg/kg，其他消解法为10μg/kg。

2. 试剂和材料

除非另有说明，在分析中仅使用确认为分析纯的试剂，水为去离子水或相当纯度的水；硫酸、硝酸（优级纯）、30%过氧化氢、混合酸溶液［硫酸＋硝酸＋水＝1＋1＋8：量取10mL硝酸和10mL硫酸，缓缓倒入80mL水中，冷却后小心混匀］、硝酸溶液（量取50ml硝酸，缓缓倒入450mL水中，混匀）、氢氧化钾溶液（5g/L）、硼氢化钾溶液［5g/L，称取5.0g硼氢化钾（KBH_4），溶于5.0g/L的氢氧化钾溶液中，并稀释至1 000 mL，混匀，现用现配］、汞标准溶液［1 000μg/mL的标准贮备液，按GB/T 602—2002中规定进行配制，或者选用国家标准物质—汞标准溶液（GBW 08617）；准确吸取汞标准贮备液1mL于100mL容量瓶中，用硝酸溶液稀释至刻度，混匀，此溶液浓度为10μg/mL，再分别吸取10μg/mL，汞标准溶液1mL和5mL于两个100mL容量瓶中，用硝酸溶液稀释于刻度，混匀，制成浓度分别为100ng/mL和500ng/mL测定低浓度和高浓度试样的标准工作液溶液］。

3. 仪器和设备

分析天平（感量0.0001g）、高压消解罐（100mL）、微波消解炉、实验室用样品粉碎机或研钵、消化装置、原子荧光光度计。

4. 测定步骤

（1）试样消解。

① 高压消解法：称取0.5～2.00g试样（精确到0.0001g），置于聚四氟乙烯塑料罐中，加10mL硝酸，混匀后放置过夜，再加15mL过氧化氢，盖上内盖放入不锈钢外套中，旋紧密封。然后将消解罐放入普通干燥箱（烘箱）中加热，升温至120℃后保持恒温2～3h至消解完全，冷却至室温，将消解液用硝酸溶液定量地转移50mL容量瓶中并定容，摇匀。同时，做试剂空白试验，待测。

② 微波消解法：称取0.20～1.00g试样，精确到0.0001g，置于消解罐中，加入2～10mL硝酸，2～4mL过氧化氢，盖好安全阀后，将消解罐放入微波炉消解系统中，根据不同种类的试样设置微波炉消解系统的最佳分析条件（表1－2和表1－3），至消解完全，冷却后用硝酸溶液定量地转移至50mL容量瓶中并定容（低含量试样可定容至25mL容量瓶），混匀待测。同时，做试剂空白试验。

表1－2 饲料试样微波消解条件

步骤	1	2	3
功率（%）	50	75	90
压力（kPa）	343	686	1 096
升压时间（min）	30	30	30
保压时间（min）	5	7	5
排风量（%）	100	100	100

表1－3 鱼油、鱼粉试样微波消解条件

步骤	1	2	3	4	5
功率（%）	50	70	80	100	100
压力（kPa）	343	514	686	959	1 234
升压时间（min）	30	30	30	30	30
保压时间（min）	5	5	5	7	5
排风量（%）	100	100	100	100	100

（2）标准系列配制。

① 低浓度标准系列：分别吸取100ng/mL汞标准工作液0.10mL、1.00mL、2.00mL、4.00mL、5.00mL于50mL容量瓶中，用硝酸溶液稀释至刻度，混匀。其汞浓度分别为1.0ng/mL、2.0ng/mL、4.0ng/mL、8.0ng/mL、10.0ng/mL。此标准系列适用于一般试样测定。

② 高浓度标准系列：分别吸取500ng/mL汞标准使用液0.50mL、1.00mL、2.00mL、3.00mL、4.00mL于50mL容量瓶中，用硝酸溶液稀释至刻度，混匀。其汞浓度分别为5.0ng/mL、10.0ng/mL、20.0ng/mL、30.0ng/mL、40.0ng/mL。此标准系列适用于鱼粉及含汞量偏高的试样测定。

（3）测定。

① 仪器参考条件：光电倍增管负高压：260V；汞空心阴极灯电流：30mA；原子化器：温度300℃，高度8.0mm；载气流速：氩气500mL/min，屏蔽气1 000mL/min，测量方式：标准曲线法；读数方式：峰面积；读数延迟时间：1.0s；读数时间：10.0s；硼氢化钾（KBH_4）溶液加液时间：8.0s；标准或样液加液体积：2mL。仪器稳定后，测标准系列，至标准曲线相关系数 $r \geqslant 0.999$ 后测试样。

② 测定：设定好仪器最佳条件，逐步将炉温升至所需温度后，稳定10～20min后开始测量。连续用硝酸溶液进样，待读数稳定后，转入标准系列测量，绘制标准曲线。转入试样测量，先用硝酸溶液进样，使读数基本回零，再分别测定试样空白和试剂消化液，从标准曲线查出（求出）对应的汞含量。

注意：每测不同的试样前都应清洗进样器。

5. 结果与重复性

（1）计算。试样中汞的含量计算按式（1－5）进行计算

$$W = \frac{(C - C_0)V \times 1\,000}{m \times 1\,000 \times 1\,000} \tag{1-5}$$

式中，W——为试样中汞的含量（mg/kg）；

C——为试样消化液中汞的含量（ng/mL）；

C_0——为试样空白液中汞的含量（ng/mL）；

V——为试样消化液总体积（mL）；

m——为试样质量（g）。

每个试样取两份试料进行平行测定，以其算术平均值为结果，结果表示到0.001mg/kg。

（2）重复性。同一分析者对同一试样同时或快速连续地进行两次测定，所得结果之间的差值，在汞含量≤0.020mg/kg时，不得超过平均值的100%；在汞含量>0.020mg/kg而<0.100mg/kg时，不得超过平均值的50%；在汞含量>0.100mg/kg时，不得超过平均值的20%。

二、饲料中铅含量的测定——原子吸收光谱法

（一）原理和范围

1. 干灰化法

将饲料在马弗炉（550±15）℃温度下灰化之后，酸性条件下溶解残渣，沉淀和过滤，定容制成试样溶液，用火焰原子吸收光谱法，测量其在283.3nm处的吸光度，与标准系列比较定量。

2. 湿消化法

饲料中的铅在酸的作用下变成铅离子，沉淀和过滤去除沉淀物，稀释定容，用原子吸收光谱法测定。

本方法适用于配合饲料、浓缩饲料、单一饲料、添加剂预混料中铅的测定。干灰化法，适用于含有有机物较多的饲料原料、配合饲料、浓缩饲料中铅的测定。湿消化法分

盐酸消化法和高氯酸消化法。盐酸消化法，适用于不含有机物质的添加剂预混料和矿物料中铅的测定。高氯酸消化法，适用于含有有机物质的添加剂预混料中铅的测定。

（二）试剂和材料

除特殊规定外，本方法所用试剂均为分析纯。试验用水符合二级水的规定。稀盐酸溶液（0.6mol/L）、盐酸溶液（6mol/L）、硝酸溶液（6mol/L，吸取43mL硝酸，用水定容至100mL）、乙炔（符合GB 6819—2004的规定）。铅标准溶液（准确称取1.598g硝酸铅，加6mol/L硝酸溶液10mL，全部溶解后，转入1 000mL容量瓶中，加水至刻度，该溶液为含铅1mg/mL的标准贮备液，贮于聚乙烯瓶中，4℃保存。准确吸取1.0mL铅标准贮备液，加入100mL容量瓶中，加水至刻度，此溶液为含铅10μg/mL的标准工作液。工作液当天使用当天配制）。

警告：各种强酸应小心操作，稀释和取用均在通风橱中进行，使用高氯酸时注意不要烧干，小心爆炸。

（三）仪器和设备

马弗炉［温度能控制在（550±15）℃］、分析天平（精度到0.0001g），实验室用样品粉碎机、原子吸收分光光度计（附测定铅的空心阴极灯）、无灰（不释放矿物质的）滤纸、瓷坩埚（内层光滑没有被腐蚀）、可调电炉、平底柱型聚四氟乙烯坩埚（$60cm^2$）。

注：所用的容器在使用前用稀盐酸煮。如果使用专用的灰化皿和玻璃器皿，每次使用前不需要用盐酸煮。

（四）试样的制备

选取有代表性的样品，至少500g，四分法缩分至100g，粉碎，过1mm尼龙筛，混匀装入密闭容器中，低温保存备用。

（五）分析步骤

1. 试样溶解

（1）干灰化法。称取约5g制备好的试样（精确到0.001g），置于瓷坩埚中。将瓷坩埚置于可调电炉上，100～300℃缓慢加热炭化至无烟，要避免试料燃烧。然后放入已在550℃下预热15min的马弗炉，灰化2～4h，冷却后用2mL水将灰化物润湿。如果仍有少量炭粒，可滴入6mol/L硝酸溶液，使残渣润湿，将坩埚放在水浴上干燥，然后再放到马弗炉中灰化2h，冷却后加2mL水。

取6mol/L盐酸溶液5mL，开始慢慢一滴一滴加入到坩埚中，边加边转动坩埚，直到不冒泡，然后再快速放入，再加入6mol/L硝酸溶液5mL，转动坩埚并置水浴上加热，直到消化液只剩2～3mL时取下（注意防止溅出），分次用5mL左右的水转移到50mL容量瓶。冷却后，用水定容至刻度，用无灰滤纸过滤，摇匀，待用。同时制备试样空白溶液。

（2）湿消化法。

① 盐酸消化法：依据预期含量，称取1～5g制备好的试样，精确到0.001g，置于瓷坩埚中。用2mL水将试样润湿，取6mol/L盐酸5mL，开始慢慢一滴一滴加入到坩埚

中，边加边转动坩埚，直到不冒泡，然后再快速放入，再加入6mol/L硝酸5mL，转动坩埚并用水浴加热直到消化液2~3mL时取下（注意防止溅出），分次用5mL左右的水转移到50mL容量瓶。冷却后，用水定容至刻度，用无灰滤纸过滤，摇匀，待用。同时，制备试样空白溶液。

② 高氯酸消化法：称取1g试样（精确至0.001g），置于聚四氟乙烯坩埚中，加水湿润样品，加入10mL硝酸（含硅酸盐较多的样品需再加入5mL氢氟酸），放在通风柜里静置2h后，加入5mL高氯酸，在可调电炉上垫瓷砖小火加热，温度低于250℃。待消化液冒白烟为止。冷却后，用无灰滤纸过滤到50mL的容量瓶中，用水冲洗坩埚和滤纸多次，加水定容至刻度，摇匀，待用。同时，制备试样空白溶液。

2. 标准曲线绘制

分别吸取0.00mL、1.00mL、2.00mL、4.00mL、8.00mL铅标准工作液，置于50mL容量瓶中，加入盐酸溶液1mL，加水定容至刻度，摇匀，导入原子吸收分光光度计，用水调零，在283.3nm波长处测定吸光度。以吸光度为纵坐标，浓度为横坐标，绘制标准曲线。

3. 测定

按绘制标准曲线步骤测定试样溶液和试剂空白，测出相应吸光值与标准曲线比较定量。

（六）结果计算

样品中铅的含量X（mg/kg）用式（1-6）计算：

$$X=\frac{(p_1-p_2)V_1\times1000}{m\times1000}=\frac{(p_1-p_2)V_1}{m} \tag{1-6}$$

式中，p_1——测定用试料消化液的铅含量（μg/mL）；

p_2——空白试液的铅含量（μg/mL）；

V_1——试料消化液总体积的数值（mL）；

m——试料的质量（g）。

每个试样取两个试料样进行平行测定，以其算术平均值为结果，结果表示到0.01mg/kg。

同一分析者对同一试样同时或快速连续地进行两次测定，所得结果之间的差值，在铅含量≤5mg/kg时，不得超过平均值的20%；在铅含量>5mg/kg，≤15mg/kg时，≤平均值的15%；铅含量>15mg/kg，≤30mg/kg时，≤平均值的20%；在铅含量>30mg/kg时，≤平均值的5%。

三、饲料中总砷的测定——银盐法

（一）原理与范围

试样经酸消解或干灰化破坏有机物，使砷呈离子状态存在，经碘化钾、氯化亚锡将高价砷还原为三价砷，然后被锌粒和酸产生的新生态氢还原为砷化氢。在密闭装置中，被二乙基二硫代氨基甲酸银（Ag-DDTC）的三氯甲烷溶液吸收，形成黄色或棕红色银溶胶（见下述反应式），其颜色深浅与砷含量成正比，用分光光度计比色测定。此方法最低检测浓度为0.04mg/kg。本方法适用于各种配（混）合饲料、浓缩饲料、预混合饲料及饲料原料。

$$AsH_3 + 6Ag(DDTC) = 6Ag + 3H(DDTC) + As(DDTC)_3$$

（二）试剂和材料

除特殊规定外，所用试剂均为分析纯，水符合GB/T 6682二级用水要求。硝酸、硫酸、高氯酸、盐酸、抗坏血酸、无砷锌粒［粒度（3.0±0.2）mm］、混合酸溶液（HNO_3：H_2SO_4：$HClO_4$=23：3：4）、乙酸铅溶液（200g/L）、硫酸溶液（60mL/L）、盐酸溶液（1mol/L）、盐酸溶液（3mol/L）、硝酸镁溶液（150g/L）、碘化钾溶液（150g/L）、酸性氯化亚锡溶液（400g/L）、氢氧化钠溶液（200g/L）、乙酸铅棉花（将医用脱脂棉在乙酸铅溶液中浸泡约1h，压除多余溶液，自然晾干，或在90~100℃烘干，保存于密闭瓶中）、二乙氢基二硫代氨基甲酸银（Ag-DDTC）-三乙胺-三氯甲烷吸收溶液［2.5g/L，称取2.5g（精确到0.0002g）Ag-DDTC于干燥的烧杯中，加适量三氯甲烷待完全溶解后，转入1 000mL容量瓶中，加入20mL三乙胺，用三氯甲烷定容，于棕色瓶中存放在冷暗处。若有沉淀应过滤后使用］、砷标准溶液［（1.0mg/mL）：精确称取0.6600g三氧化二砷（110℃，干燥2h），加200g/L氢氧化钠溶液5mL使之溶解，然后加入25mL硫酸溶液（60mL/L）中和，定容至500mL，制成含砷1.00mg/mL的标准贮备液，于塑料瓶中冷贮。准确吸取5.00mL该贮备液于100mL容量瓶中，加水定容，此溶液含砷50μg/mL。准确吸取50μg/mL砷标准溶液2.00mL，于100mL容量瓶中，加1mL盐酸，加水定容，摇匀，制成砷浓度为1.0μg/mL的标准工作溶液］。

（三）设备

实验室常用仪器设备以及砷化氢发生及吸收装置、分光光度计、分析天平（感量0.0002g）、可调温电炉（六联和二联各一个）、瓷坩埚（30mL）、高温炉。

（四）试样制备

选择有代表性试样1kg，用四分法缩减至250g，过0.42mm孔筛，存于密封瓶中，备用。

（五）分析步骤

1. 试样溶液的制备

（1）混合酸消解法。配合饲料及植物性单一饲料，宜采用硝酸－硫酸－高氯酸消解法。称取试样3~4g（精确到0.001g），置于250mL凯氏瓶中，加水少许湿润试样，加30mL混合酸溶液，放置4h以上或过夜，置电炉上从室温开始消解。待棕色气体消失后，提高消解温度，至冒白烟数分钟（务必赶尽硝酸），此时，溶液应清亮无色或淡黄色，瓶内溶液体积近似硫酸用量，残渣为白色。若瓶内溶液呈棕色，冷却后添加适量硝酸和高氯酸，直至消解完全。冷却，加1mol/L盐酸溶液10mL并煮沸，稍冷，转移到50mL容量瓶中，洗涤凯氏瓶3~5次，洗液并入容量瓶中，然后定容，摇匀，待测。

试样消解液含砷小于10μg时，可直接转移到砷化氢发生器中，补加7mL盐酸，加水使瓶内溶液体积为40mL，然后进行还原反应与比色测定。

（2）盐酸溶样法。磷酸盐、碳酸盐和微量元素添加剂不宜加硫酸，应用盐酸溶样。

称取试样1～3g（精确到0.0002g）于100mL高型烧杯中，加水少许湿润试样，慢慢滴加3mol/L盐酸溶液10mL，待激烈反应过后，再缓慢加入8mL盐酸，用水稀释至约30mL，煮沸。转移到50mL容量瓶中，洗涤烧杯3～4次，洗液并入容量瓶中，定容，摇匀，待测。

试样消解液含砷小于1μg时，可直接在发生器中溶样，用水稀释到40mL并煮沸，然后进行还原反应与比色测定。

另外，少数矿物质饲料富含硫，严重干扰砷的测定，可用盐酸溶解样品后，往高型杯中加入5mL乙酸铅溶液并煮沸，静置20min，形成的硫化铅沉淀过滤除之，滤液定容至50mL，然后进行还原反应与比色测定。

（3）干灰化法。预混料、浓缩饲料（配合饲料）可选择干灰化法。

称取试样2～3g（精确至0.0002g）于30mL瓷坩埚中，加入5mL硝酸镁溶液，混匀，于低温或沸水浴中蒸干，然后转入高温炉于550℃恒温灰化3.5～4h。取出冷却，缓慢加入3mol/L盐酸溶液10mL，待激烈反应过后，煮沸并转移到50mL容量瓶中，洗涤坩埚3～5次，洗液并入容量瓶中，定容，摇匀，待测。

所称样含砷小于10μg时，可直接转移到发生器中，补加8mL盐酸，加水至40mL左右，加入1g抗坏血酸溶解后，然后进行还原反应与比色测定。

同时，于相同条件下，做试剂空白试验。

2. 标准曲线绘制

准确吸取砷标准工作溶液（1.0μg/mL）0.00mL，1.00mL，2.00mL，4.00mL，6.00mL，8.00mL，10.00mL于发生瓶中，加10mL盐酸，加水稀释至40mL，从加入碘化钾起，以下按规定的步骤操作，测其吸光度，求出回归方程各参数或绘制出标准曲线。

当更换锌粒批号或者新配制Ag-DDTC吸收液、碘化钾溶液和氯化亚锡溶液后，均应重新绘制标准曲线。

3. 还原反应与比色测定

从上述方法制备好的待测液中，准确吸取适量溶液（含砷量应≥1.0ug）于砷化氢发生器中，补加盐酸至总量为10mL，并用水稀释到40mL，使溶液中盐酸浓度为3mol/L，然后向试样溶液、试剂空白溶液，标准系列溶液各发生器中，加入150g/L碘化钾溶液2mL，摇匀，加入1mL氯化亚锡溶液，摇匀，静置15min。

准确吸取Ag-DDTC吸收液5.00mL于吸收瓶中，连接好发生吸收装置（勿漏气，导管塞有蓬松的乙酸铅棉花）。从发生器侧管迅速加入4g无砷锌粒，反应45min，当室温低于15℃时，反应延长。反应中轻摇发生瓶2次，反应结束后，取下吸收瓶，用三氯甲烷定容至5mL，摇匀（避光时溶液颜色可稳定2h）。以原吸收液为参比，在520nm处，用1cm比色皿测定。

注：Ag-DDTC吸收液系有机溶剂，凡与之接触器皿务必干燥。

（六）结果计算与表述

1. 计算

饲料试样中砷含量按式（1-7）计算：

$$\omega = \frac{A_1V_1 \times 1000}{mV_2 \times 1000} \quad (1-7)$$

式中，ω——饲料试样中砷含量（mg/kg）；

V_1——试样消解液总体积（mL）；

V_2——测定时分取试液体积（mL）；

A_1——试样液中砷含量（ug）；

m——试样质量（g）。

若样品中砷含量很高，可用式（1-8）计算：

$$\omega = \frac{A_2V_1V_3 \times 1000}{mV_2V_4 \times 1000} \quad (1-8)$$

式中，ω——饲料样品中的砷含量（mg/kg）；

V_1——试样消解液总体积（mL）；

V_2——分取试液体积（mL）；

V_3——分取液再定容体积（mL）；

V_4——测定时分取 V_3 的体积（mL）；

A_2——测定用试液中含砷量（μg）；

m——试样质量（g）。

2. 结果表示

每个试样应做双样，以其算术平均值为分析结果，并表示至小数点后两位。当试样中含砷量≥1.0μg 时，结果取 3 位有效数字。

第六节　安全猪肉生产中绿色饲料添加剂的选择和使用

一、饲料添加剂行业存在的问题

饲料添加剂是指在饲料生产加工、使用过程中添加的少量或微量物质，在饲料中用量很少但作用显著。饲料添加剂是现代饲料工业必然使用的原料，对强化基础饲料营养价值、提高生猪生产性能、保证生猪健康、节省饲料成本、改善猪肉品质等方面有明显的效果。

随着养猪业和饲料工业的迅速发展，饲料添加剂的使用越来越广泛，已成为全价配合饲料中不可缺少的组成部分。饲料添加剂是养猪饲料中的一部分，而猪肉产品是人类的食物，所以饲料添加剂也是人类的间接食品，饲料添加剂的安全与人们的身体健康是息息相关的。作为肉猪的饲料添加剂至少应该满足安全、有效、不污染环境 3 个基本条件。但目前我国很多饲料添加剂却达不到这个基本条件，其滥用和超量使用更引发了一连串的食品安全事件，如近年来的瘦肉精等事件，使很多无辜的生命受到威胁，给广大消费者造成的身心危害至今挥之不去，人们对猪肉安全非常担忧。

当前中国饲料工业面临的主要难题：一是技术含量高、拥有排他性知识产权垄断和占有优势市场地位的重要添加剂主要依赖进口；二是猪肉产品药物残留引起的健康、社会、贸易等问题备受关注。养猪业成本70%来自于饲料，而饲料的核心技术在添加剂。因此，选择既保持养猪生产性能，又无安全隐患的新型安全产品，尤其是饲料添加剂，是我国养猪业科学发展的基础。

（一）使用抗生素替代饲料添加剂时存在的问题

近年来，猪肉安全越来越受到人们的关注，抗生素滥用现象十分严重，这不仅威胁到猪肉安全，也关系到人们的生命安全，为此，人们研究开发出了饲用微生物制剂、饲用酶制剂、酸化剂、抗菌肽、寡聚糖、中草药以及有机金属微量元素等抗生素替代品。生产实践中，可以通过使用多种替代物减少抗生素的使用，然而抗生素替代物的使用存在一些问题，抗生素替代物应安全、高效、便利、价廉。因此，非抗生素时代应该加强生产管理，安全、正确地使用替代物。

虽然酶制剂主要来源于微生物，但通常使用的不是酶的纯品，制品中的有关成分（包括微生物的某些代谢产物，有的是有害产物）有可能随食物链而影响人的健康。因此，需要对酶制剂包括菌种进行安全评价。只有来自曲霉、黑曲霉、根霉、枯草杆菌和地衣形芽孢杆菌等的菌种，可以直接用作饲用饲料添加剂。若使用含抗生素因子的基因工程菌和具有抗生素抗性的细菌用作微生态制剂的菌种，其结果将会和滥用抗生素一样，给人类造成不可估量的损害。

研究表明，在生猪（尤其是仔猪）日粮中添加寡聚糖，可以促进生猪生长，减少疾病发生，提高饲料利用率。但也有一些实验表明，在日粮中添加寡聚糖对生猪生产性能没有影响，说明寡聚糖饲料添加剂的添加效果与许多因素有关，如生猪养殖环境、年龄、日粮中寡聚糖固有的水平与饲料中寡聚糖的添加量等。有人认为，寡聚糖过高会增加腹泻率，因此，建议寡聚糖用量在1.0%以下。

（二）饲料添加剂的检测问题

许多饲料添加剂都有一个共性，就是效果无法量化（检验不代表效果），这一问题一直困扰着养猪业。因为，它的无法量化给了很多不良企业可乘之机，也给一些专业化企业带来无限困扰。微生态制剂就存在这样的评价问题，大多数企业不存在评价能力，好在一些专业化的企业已经做到了，他们有一套完整的评判方法：从菌种、产品、实验室检测、养殖终端实验都加以完善且系统化，这样正好解决了目前市面上很多不太规范无法评估的现状。

二、饲料添加剂滥用的危害

没有安全的饲料添加剂，就没有安全的猪肉产品，饲料添加剂不安全造成的危害是不可逆转的，它关系着整个人类的健康发展。

（一）药物饲料添加剂的滥用和超量使用直接危害人类健康

药物添加剂进入生猪体内，大多数经肾脏过滤随尿液排出体外，少量没排出的就残留在生猪体内。大多数药物添加剂都有残留，有害残留物在生猪体内富集，人吃了这种猪肉产品给人体的生理机能造成破坏，如致残、致敏、致畸、致癌和遗传突变等疾病，严重危害人类健康。长期超剂量使用药物添加剂还会使生猪体内病原微生物出现耐药性，给人类抗生素治疗带来极大的困难。据美国“新闻周刊”报道，仅1992年全美就有33万名患者死于抗生素耐药性细菌感染。在我国，生猪日粮长期使用磺胺类、四环素类、卡那霉素等药物，已在生猪生产中产生抗药性，临床效果越来越差，使用剂量也是大幅度增加，长此下去对整个人类的发展，将是致命的隐患。

（二）饲料添加剂的滥用给环境造成了严重危害

目前，为了使生猪长得快，提高经济效益，人们在生猪养殖过程中大剂量使用铜、锌、砷制剂，这些元素通过生猪粪便排放，直接污染周围环境的土壤、水源和空气。

（三）饲料添加剂滥用导致我国出口贸易受阻

发达国家对饲料卫生安全及药物残留危害十分重视，目前，已提出禁用兽药、激素、农药、杀虫药等达上百种。我国存在的猪肉产品安全问题直接影响了出口创汇，制约着我国养猪业发展。2001年11月8~22日，欧盟考察团对我国的兽药管理体制、兽药残留监控计划的制订和实施、检测实验室质量控制、兽药的分销、使用等方面进行了详细的询问和检查。欧盟最终的结论是：“目前中国无法向欧盟充分保证向欧盟出口的动物源性食品不含有害兽药残留和其他有害物质”。由此，2002年1月31日欧盟官方公报发布第2002/69/EC号欧盟委员会决议：自1月31日起禁止从中国进口供人类消费或用作动物饲料的动物源性产品。由于欧盟的禁令，美国和日本等国也高度关注我国动物源性产品的质量，宣布对我国动物产品实施严格的检查，并公布了多种药物的残留限量。所以，现在我国猪肉几乎不能出口欧盟，美国等发达国家。仅能出口中国香港及俄罗斯、新加坡等少数国家。

三、安全猪肉生产中绿色饲料添加剂的选择和规范使用

（一）绿色饲料添加剂的选择

饲料添加剂包括营养类饲料添加剂和非营养类饲料添加剂（图1-2）。绿色饲料添加剂需要具备3种要素：一是在生猪生产过程中无药物残留，不产生毒副作用，对生猪生产不构成危害，其猪肉产品对人类健康无害；二是生猪排泄物不污染环境；三是结合生猪育种技术，使用绿色饲料添加剂的猪肉产品被具有第三方公证地位的机构检验，并经有关主管部门认定和被消费者广泛公认，且具有原始风味和独特适口性。

1. 营养类绿色添加剂

营养类添加剂包括氨基酸添加剂、矿物质（微量元素）添加剂、维生素添加剂、非蛋白氮添加剂。这类添加剂的主要作用是平衡生猪日粮的营养，补充天然饲料之不足，保持生猪机体各组织细胞的生长和发育，改善猪肉产品的质量。其添加方式采取的是“少什么添什么，少多少添多少”的办法。

2. 药物饲料添加剂

主要有抗生素添加剂、激素类添加剂、驱虫剂、抗菌促长剂、生菌剂等。国内禁止使用激素类、镇静剂类等作用饲料添加剂，绝不允许使用以提高肉猪瘦肉率为目的的β-兴奋剂类。药物饲料添加剂的功效，主要在于增强机体免疫力，促进生长，提高经济效益。欧盟对抗生素的使用有严格的规定，我国也禁止滥用，须严格按《饲料和饲

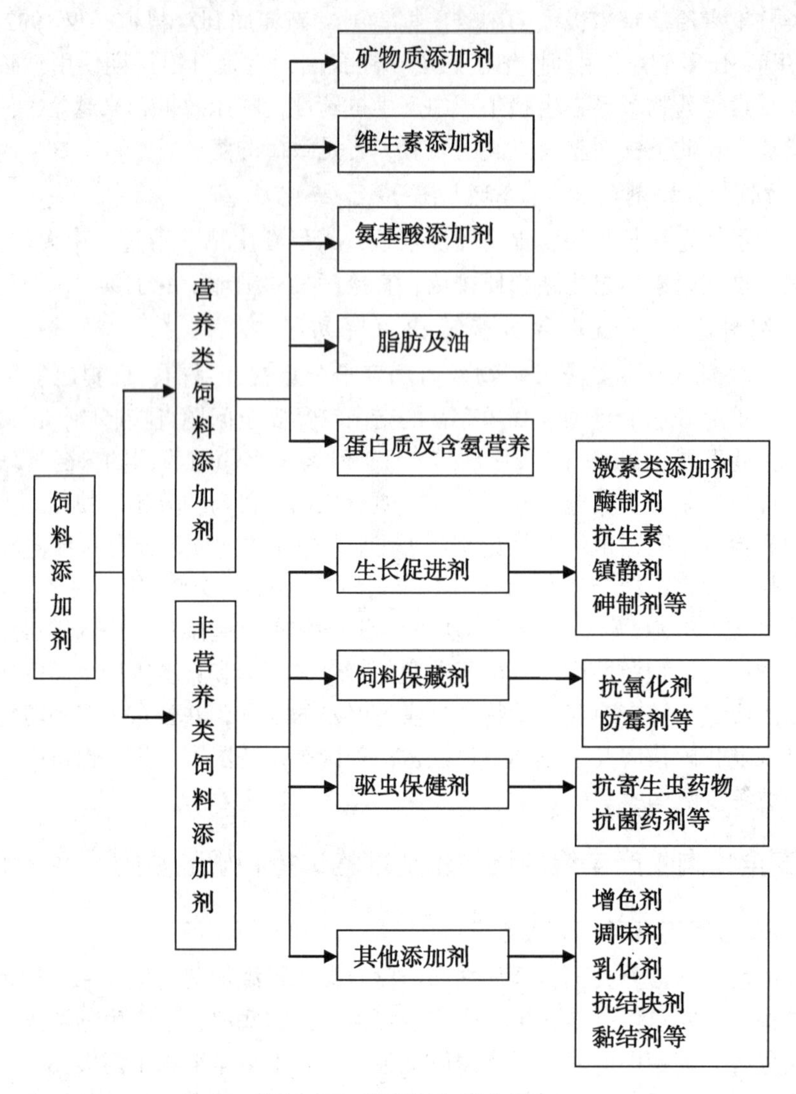

图 1-2 饲料添加剂分类

料添加剂管理办法条例》执行。

3. 改善饲料质量添加剂

主要有抗氧化剂、中草药添加剂、酶制剂、防霉剂、调味剂等。选择添加剂一定根据猪的生理特点及生长需要进行选择，有些厂家过分夸大添加剂的效果，因此，用户一定本着科学严谨的态度进行选择，先小规模地进行试验比较，效果好后再进行全场推广使用。同时，选择太多种类的添加剂或者过量使用，都会造成养殖成本增加。

（1）抗氧化剂。抗氧化剂主要用于脂肪含量高的饲料，以防止脂肪氧化酸败变质。也常用于含维生素的预混料中，它可防止维生素的氧化失效。乙氧基喹啉（EMQ）是目前应用最广泛的一种抗氧化剂，为黏滞的橘黄色液体，不溶于水，溶于植物油。由于其液体形式难以与饲料混合，常制成25%的添加剂，国外大量用于鱼粉。其他常用的还有二丁基羟基甲苯（BHT）和丁基羟基茴香醚（BHA）。BHT常用于油脂的抗氧化剂，适用于长期保存且不饱和的脂肪含量较高的饲料。

（2）中草药添加剂。中草药添加剂属纯天然物质，具有与食物同源、同体、同用的特点，是一种较理想的生态饲料添加剂，主要有效成分为多糖、苷类、生物碱，含有丰富的维生素、矿物质、蛋白质，可增强机体抗菌、抗病毒和抗氧化能力，有些中草药可刺激内分泌系统和免疫系统。中草药饲料添加剂不存在抗生素的抗药性，不存在耐药性及药物残留问题，可补充营养，提高生猪的生产性能，改进猪肉产品质量。大量研究表明，中草药添加剂对大肠杆菌病、葡萄球菌病、曲霉菌病等细菌性传染病有防治效果。目前，投放市场的天然植物及其提取物饲料添加剂大部分为粉剂或散剂，其生产工艺落后，生产设备简陋，加工粗糙简单，品种单一，使用剂量普遍偏大。

（3）酶制剂。自 1965 年在无锡成立第一个酶制剂厂以来，经过 40 多年的努力，我国酶制剂产品不断增加，质量不断提高，目前，已开发出 α-淀粉酶、β-淀粉酶、蛋白酶、脂肪酶、纤维素酶、果胶酶、β-葡聚糖酶、甘露糖酶、植酸酶等上百个产品。目前最常用的酶制剂饲料添加剂分为两大类：一类是以降解多糖和生物大分子物质为主，主要包括蛋白酶、脂肪酶、淀粉酶、糖化酶、纤维素酶、木聚糖酶、甘露聚糖酶，主要功能是破坏植物细胞壁（植物细胞壁由蛋白质、脂肪、多聚糖苷键连接成网状结构），使细胞内容物充分释放出来；另一类是以降解植酸、β-葡聚糖、果胶等抗营养因子为主，主要包括植酸酶、β-葡聚糖酶、果胶酶，它能降解细胞壁木聚糖和细胞间质的果胶成分，提高饲料的利用率。

（4）酸化剂。酸化剂可分为有机酸和无机酸。有机酸主要有柠檬酸、延胡索酸等；常用的无机酸为磷酸。生猪胃为酸性环境，其中的细菌多为产酸菌和耐酸菌，仔猪分泌胃酸能力较弱，而使外来菌容易存活和繁殖。使用酸化剂可以提高胃液酸性，促进乳酸菌等耐酸菌大量繁殖，使之在胃中保持优势菌的地位，而大肠杆菌等外来菌则不能适应酸性环境，并受到乳酸菌等的“排挤”而不能定植存活，因此，可以降低生猪病理性腹泻的发生率。酸化剂还能帮助机体调整免疫系统反应，增强生猪的抗病力。酸化日粮还可抑制或防止肠道中大肠杆菌或其他有害微生物的寄居和繁殖，预防肠道疾病的发生，还可提高动物抗应激的能力。

（5）防霉剂。防霉剂的种类较多，包括丙酸盐及丙酸、山梨酸及山梨酸钾、甲酸、富马酸及富马酸二甲酯等。主要使用的是苯甲酸及其盐、山梨酸、丙酸与丙酸钙。丙酸及其盐是工人的经济而有效的防霉剂，常用的有丙酸钠和丙酸钙。饲料中的丙酸钠的添加量为 0.1%，丙酸钙为 0.2%。防霉剂发展的趋势是由单一型转向复合型，如复合型丙酸盐的防霉效果优于单一型丙酸钙。

（6）饲料品质改善剂。饲料品质改善剂可有效改善饲料品质，主要包括防结块剂、黏结剂、调味剂、乳化剂、香料。防结块剂如硅藻土、高岭土、沸石等，其主要作用是保持饲料疏散，均匀进入搅拌机，保证饲料成分均匀分布，也含有部分矿物质，有补充饲料营养物质的作用。黏结剂可增加颗粒饲料的黏聚力，常用黏结剂有膨润土、淀粉等，它们也含有营养成分。甜菜碱、糖分、食盐等作为调味剂使用。

（二）添加剂的规范使用

1. 注意使用对象，重视生物学效价

饲料添加剂的应用效果受生猪饲养阶段、饲料加工方法及使用方法等因素的影响。在生猪处于出生、断奶、转群、外界环境变化等应激时，活菌制剂能发挥最佳的饲用效果。而在制粒或膨化过程中，高温高压蒸汽明显地影响微生物的活性，制粒过程可使10%～30%孢子失活，90%的肠杆菌损失。在60℃或更高温度下，乳酸杆菌几乎全部被杀死，酵母菌在70℃的制粒过程中活细胞损失达90%以上。选择添加剂时，还应关注其可利用性，选用生物效价好的添加剂。

2. 正确选用产品，确定适宜的添加量

当前，添加剂市场可供选择的添加剂品种繁多，而且质量也参差不齐，每一种添加剂都有其不同的特点和作用。在选择时，一定要事先充分了解此添加剂的各种性能，根据生猪生理阶段、饲养目的等选用，同时，要考虑经济效益。由于各地区的自然条件不同，饲料资源状况也不同，因此，选用添加剂产品也需因地而异。一般在添加剂生产中，为方便配方设计，便于产品的商业流通，往往不考虑各种配合饲料各组分中含有的物质量，而将其作为安全质量，使用时要按其标签说明，确定适宜的添加量，而不可随意变换添加量。

3. 注意理化特性，防止拮抗

应用添加剂时，应注意各种物质的理化特性，防止各种活性物质、化合物间、元素间的相互拮抗。

（1）常量元素与微量元素间的拮抗作用。钙与铜、锰、锌、铁、碘存在拮抗作用；硫与硒有拮抗作用，饲粮中硫酸盐可减轻硒酸盐的毒性，但对亚硒酸盐无效；提高饲粮中钙、磷含量会增加仔猪对锰的需要量；提高铁含量会增加仔猪对磷的需要量；锰和镁有拮抗作用；锰能减轻镁元素过剩时的不良作用，镁在饲粮中过多时，可在消化道中形成磷酸镁，从而阻碍磷的吸收。

（2）微量元素之间的拮抗作用。锌和镉有拮抗作用，锌能减轻镉的毒性，锌与铁、氟与碘、铜与钼、硒与镉有拮抗作用；铜与锌、锰也有拮抗作用；肠道中钴与铁具有共同的载体物质，两元素通过竞争载体而影响对方的吸收。

（3）蛋白质与微量元素之间的作用。饲料蛋白质全价性差时会影响铁的吸收；缺锌将导致动物对蛋白质的利用率下降；氨基酸是动物消化道中潜在的具有络合性质的物质，可影响微量元素的吸收。

（4）微量元素与维生素之间的作用。硒和维生素E均具抗氧化作用，维生素E在一定条件下可替代部分硒的作用，但硒不能代替维生素E；饲粮中维生素缺乏时能阻碍动物体对碘的吸收；血清铜离子浓度随维生素缺乏症发生而降低；铜和维生素A能促进动物体对锌的吸收和利用；维生素C有促进铁在肠道内吸收的作用，如饲粮中铜过量，补喂维生素C能减轻因饲粮内铜过量而引起的疾病。

（5）益生素与其他物质之间的作用。益生素的生物学括性受到pH值、抗生素、磺胺类药物、不饱和脂肪酸、矿物质等因素的影响。抗生素与化学合成的抗菌剂对益生素有较强的杀灭作用，一般不能与这类物质同时使用。

4. 加强技术管理，采用科学生产工艺

添加剂的产品质量直接关系到使用安全性及畜牧生产的经济效益，必须予以重视，采用科学的生产工艺，严格管理。添加剂的混合均匀度是一个十分重要的加工质量指标，添加剂所占比例很小，搅拌不均会造成其中一部分饲料中过量、一部分饲料中不足的现象，这势必会影响添加剂的应用效果，严重者可能造成动物中毒。加工生产添加剂应选用性能好的混合机组，复配前要有准确的称量系统做保证。添加时应采用逐级扩大的方法，保证与饲料原料充分混合，搅拌均匀，其均匀度变异系数应控制在4%以内。

加工细度与添加剂产品质量关系密切，粉碎细度只有达到一定标准，才便于矿物元素在饲料中均匀分布，尤其是矿物元素的相对密度大于一般饲料原料，极易在转运中分级，只有达到一定细度要求，才有利于载体承载，防止分级发生。

5. 重视配合比例，提高有效利用率

矿物元素的有效吸收利用受许多因素的影响，矿物元素之间的比例是否平衡就是其中的一个重要问题，在复配矿物元素添加剂时，必须重视各元素的配合比例，防止因某种元素的增量而造成另一元素的吸收利用不良。如饲粮中钙磷比例过大、脂肪过多等使钙在动物消化道中形成钙皂，影响钙的吸收与利用。

6. 注意贮运条件，及时使用产品

选用饲料添加剂要考虑价格、饲养对象、适口性、产品理化特性及质量标准。大多数添加剂具吸湿性，不耐久贮，在运输及贮存过程中要防潮避光，防止产品结块，并在产品的保质期限内使用。有些化合物不稳定，易氧化，有些化合物间会发生化学反应，添加剂的生物学效价或有效物质含量常常随贮存时间的延长而下降，因此，贮存超期的产品不宜使用。如维生素添加剂的稳定性受多种因素的影响，商品维生素制剂对氧化、还原、水分、热、光、金属离子、酸碱度等因素具有不同程度的敏感性。维生素添加剂应在避光、干燥、阴凉、低温环境条件下分类贮藏。维生素在全价配合饲料中的稳定性，也取决于贮存条件，在高剂量矿物元素、氯化胆碱及高水分存在时，维生素添加剂易被破坏。

第七节　全价配合饲料的安全使用与贮存

一、全价配合饲料的安全使用

（一）全价配合饲料的优势

全价配合饲料因为营养全面，直接用来饲喂生猪，使用方便，因此，越来越受到养猪业的青睐。与自配料相比，全价配合饲料在原料购买、质量检验、配方制作、加工工艺方面及成品使用均存在一定的优势。

1. 使用方便

对生猪养殖来说，全价配合饲料最大的优势就是使用方便，可以直接饲喂生猪，减少养殖过程中的劳动力投入，从而节省了部分劳动力成本。

2. 原料采购价格偏低

目前，国内大型全价配合饲料企业往往都是大批量购买原料，并与供应商签订购买合同，要求保证原料质量，同时，因为购买量大，在价格上也相对较低，具有一定的原料成本优势。

3. 原料和成品都经过检验，质量得到保证

大型配合饲料厂一般都设置完善的质量化验室，有专业人员对原料和成品进行质量检验，不合格的原料不准入厂，不合格的成品不准出厂，因此，饲料厂的全价配合饲料在质量上有所保证。同时，有专业的配方师制作饲料配方，配方师会根据不同情况调整配方，因此，饲料品质更有保障，饲料中的配方技术含量更高。

4. 高温调质

全价配合颗粒饲料一般都经过80℃左右的高温调质过程，原料如玉米等经过高温熟化，使其带有很好的谷香味，适口性得到改善，消化利用率更高，降低猪的料肉比，提高猪的生长速度，缩短猪的出栏时间。同时，在高温调质过程中也可以将原料中的有害微生物杀死，减少猪病的发生。

（二）全价配合饲料安全使用因素

标准化规模猪场饲料成本占70%左右，是养猪能否获得高效益的一个关键。养猪场的饲料来源主要分为两种，即一种是从配合饲料厂直接购买全价配合颗粒饲料；另一种是购买预混料，然后配合玉米粉、豆粕、麸皮等原料制成配合粉料。很多养猪户都有个疑惑，究竟哪一种料能够给自己带来最好的经济效益？

1. 从质量方面分析

饲料厂每进一种原料都要经过肉眼和化验室的严格检验，要每个指标均合格才能进厂使用，而一般的养猪户大部分都是凭感观或批发商提供的指标去进货，并无准确的检验数据。某公司曾经在市场抽取过几种豆粕样板，经检验室测试结果只含有30%的蛋白质，未检测前就连很有经验的采购和仓管员都认为豆粕品质很好，更何况是一般的饲料店老板和普通养猪户，甚至有极少数原料供应商，有意或无意挑选一些超水分或发霉变质的玉米粉或掺低价值的原料，如麸皮掺石粉、沸石粉、统糠等，而养猪户根本无法分辨。很多养猪户有这样的经历：用同一预混料，猪养得时好时坏，多数人都怀疑预混料不稳定，其实很大程度是出在所选的原料上。相反，绝大多数成熟的饲料厂和预混料厂，都不会采用此类短期行为。

2. 从加工工艺及过程分析

养猪户自行配料时通常在猪舍旁的饲料仓库进行，设备简陋及卫生条件差，场地及设备都极少消毒，水分难以检测和控制，再加上基本都不添加防霉剂、脱霉剂等，极易引起变质，从而影响粉料质量。而全价料的质量比粉料要稳定得多。有些中小猪场的粉碎机、混合机等饲料生产设备比较落后，达不到饲料质量要求，这样相比大型饲料厂的生产设备在粉碎粒度、混合均匀度上要差一些。用自配料的养猪户通常自己随意调整配方，在营养平衡方面肯定比不上专业配方师的水准，再加上原料来源不固定，经常出现缺少某种原料而被迫改用其他原料的现象，如无麸皮改用米糠等，因此质量经常出现波动。另外，全价颗粒料经过高温熟化，一般的细菌都被杀死，对疾病方面的控制应比粉

料好；而粉料粉尘较大，易引起猪的呼吸道疾病，且未经熟化杀菌，又易引起肠道疾病；吸收利用率也比粉料要高。用粉料的养猪户通常会认为用预混料，再通过自己采购原料，成本肯定要比购买全价料低，从以上几方面分析，其实养殖成本要比全价料高，用自配料可说是平买贵用。

3. 从价值方面分析

一般饲料厂每吨全价颗粒料的利润为 20 ~ 30 元，预混料厂每吨预混料的利润为 800 元左右。按 4% 的用量计算，每吨预混料可配出 25t 粉料，而 25t 全价粒料的利润为 500 ~ 750 元。两组数据一对比，粒料成品和利润还比不上配合粉料的其中一种成分"预混料"的利润。其次，饲料厂采购大宗原料如玉米、豆粕等都是几千吨或几万吨的量，而一般自配料户的采购量都是几吨十几吨地进货，价格方面应该会比饲料厂要贵。单从配方成本方面分析，全价料比粉料要低。

二、饲料的安全贮存

（一）饲料原料的安全贮存

1. 动物蛋白质类饲料的贮存

动物蛋白质饲料如蚕蛹、肉骨粉、鱼粉、骨粉等用量不大，一般可采用塑料袋贮存。为防止受潮发生热霉变，用塑料袋装好后封严，放置在干燥、通风的地方。保存期间要勤加检查，对发热现象要早发现、早处理，以规避不应有的损失。

2. 饼粕类饲料的贮存

饼粕类饲料包括菜籽饼、花生饼、糠饼等，饼粕富含蛋白质、脂肪等营养成分，表层无自然保护层，因此，易发霉变质，耐贮性差。大量饼状饲料贮存时，一般采用堆垛方法存放。堆垛时，先平整地面，并铺一层油毡，也可垫 20cm 厚的干沙防潮。饼垛应堆成透风花墙式，每块饼相隔 20cm，第二层错开茬位，再按第一层摆放的方法堆码，堆码一般不超过 20 层。刚出厂的饼粕水分含量高于 5%，堆垛时要堆 1 层油饼铺垫 1 层隔物如干高粱秸或干稻草等，也可每隔 1 层加 1 层隔物，以通风、干燥、散湿、吸潮。饼类饲料因精加工后耐贮性下降，因此，生产中要随即粉碎随即使用。

（二）配合饲料的安全贮存

1. 配合饲料贮存水分和湿度的控制

配合饲料贮存中的水分一般要求在 12% 以下，如果将水分控制在 10% 以下，则任何微生物都不能生长。配合饲料的水分大于 12%，或空气湿度大，配合饲料在贮存期间必须保持干燥，包装要用双层袋，内用不透气的塑料袋，外用编织袋包装。注意贮存环境特别是仓库要经常保持通风、干燥。

2. 配合饲料贮存温度的控制

温度低于 10℃ 时，真菌生长缓慢，高于 30℃ 则生长迅速，使饲料质量迅速变坏，饲料中不饱和脂肪酸在温度高、湿度大的情况下，也容易氧化变质。因此，配合饲料应贮于低温通风处。库房应具有防热性能，防止日光辐射热量透入，仓顶要加刷隔热层；墙壁涂成白色，以减少吸热。仓库周围可种树遮阴，以改善外部环境，调节室内小气候，确保贮藏安全。

3. 配合饲料贮存中虫害、鼠害的预防

贮存中影响害虫繁殖的主要因素是温度、相对湿度和饲料含水量。一般贮粮害虫的适宜生长温度为26～27℃，相对湿度为10%～50%。一般蛾类吃食饲料表层，甲虫类则全层为害。为避免虫害和鼠害，在贮藏饲料前，应彻底清除仓库内壁、夹缝及死角，堵塞墙角漏洞，并进行密封熏蒸处理，以有效地防控虫害和鼠害，最大限度地减少其造成的损失。

（三）不同品种配合饲料的安全贮存

1. 全价颗粒饲料的贮存

全价颗粒饲料因用蒸汽调制或加水挤压而成，大量的有害微生物和害虫被杀死，且间隙大，含水量低，糊化淀粉包住维生素，故贮藏性能较好，只要防潮、通风、避光贮藏，短期内不会霉变，维生素破坏较少。但全价粉状饲料的缺点是表面积大，孔隙度小，导热性差，容易返潮，脂肪和维生素接触空气多，易被氧化和受到光的破坏，因此，要注意贮存期不能太长。

2. 浓缩饲料的贮存

浓缩饲料富含蛋白质，含有微量元素和维生素，其导热性差，易吸湿，微生物和害虫容易滋生繁殖，维生素也易被光、热、氧等破坏失效。浓缩料中应加入防霉剂和抗氧化剂，以增加耐贮存性。一般贮存3～4周就要及时销售或在安全期内使用。

（四）产品贮存仓储管理制度的建立

（1）仓储管理制度。包括库位规划、堆放方式、垛位标志、出入库、库房盘点、环境要求、虫鼠防范、库房安全等内容。

（2）出入库记录。包括饲料产品名称、规格或等级、生产日期、入库数量和日期、出库数量和日期、保管人员等信息。

（3）垛位标志卡。包括饲料产品名称或代号、生产日期或批号、检验状态等信息。

（4）不同产品的垛位之间应当保持适当距离。

（5）不合格产品和过期产品应当隔离存放并有清晰标志。

第八节　饲料质量的安全管理与控制

一、原料质量的安全管理

（一）原料验收

（1）饲料生产加工企业（以下简称“企业”）建立原料验收制度，规定原料的验收流程、查验要求、检验要求、原料验收标准、不合格原料处置、查验记录等内容。

（2）原料验收标准规定原料的通用名称、主成分指标验收值、卫生指标验收值等内容，卫生指标验收值符合有关法律法规和国家、行业标准的规定。

（3）企业逐批查验许可证明文件编号和产品质量检验合格证，填写并保存查验记录；查验记录包括原料通用名称、生产企业、生产日期、查验内容、查验结果、查验人等信息；无许可证明文件编号和产品质量检验合格证的，或者经查验许可证明文件编号不实的，不得使用。

(4) 企业对进口单一饲料、饲料添加剂、药物饲料添加剂、添加剂预混合饲料或浓缩饲料应逐批查验进口许可证明文件编号，填写并保存查验记录；查验记录包括原料通用名称、生产企业、生产日期、查验内容、查验结果、查验人等信息；无进口许可证明文件编号的，或者经查验进口许可证明文件编号不实的，不得使用。

(5) 企业进购不需行政许可的原料的，依据原料验收标准逐批查验供应商提供的该批原料的质量检验报告；无质量检验报告的，逐批对原料的主成分指标进行自行检验或者委托检验；不符合原料验收标准的，不得接收、使用；原料质量检验报告、自行检验结果、委托检验报告应当归档保存。

(6) 企业应当每3个月至少选择5种原料，自行或者委托有资质的机构对其主要卫生指标进行检测，根据检测结果进行原料安全性评价，保存检测结果和评价报告；委托检测的，应当索取并保存受委托检测机构的计量认证、或者实验室认可证书及附表复印件。

(二) 建立原料仓储管理制度

(1) 原料仓储管理制度内容包括库位规划、堆放方式、垛位标志、库房盘点、环境要求、虫鼠防范、库房安全、出入库记录等内容。

(2) 出入库记录包括原料名称、包装规格、生产日期、供应商简称或者代码、入库数量和日期、出库数量和日期、库存数量、保管人等信息。

(三) 原料仓储管理

(1) 饲料生产加工企业按照“一垛一卡”的原则对原料实施垛位标志卡管理，垛位标志卡应当标明原料名称、供应商简称或者代码、垛位总量、已用数量、检验状态等信息。

(2) 企业应当对维生素、微生物和酶制剂等热敏物质的贮存温度进行监控，填写并保存温度监控记录。监控记录包括设定温度、实际温度、监控时间、记录人等信息。监控中发现实际温度超出设定温度范围的，需有效措施及时处置。

(3) 危险化学品管理的亚硒酸钠等饲料添加剂的贮存间或者贮存柜设立清晰的警示标志，采用双人双锁管理。

(4) 根据原料种类、库存时间、保质期、气候变化等因素建立长期库存原料质量监控制度，填写并保存监控记录。

① 质量监控制度包括监控方式、监控内容、监控频次、异常情况界定、处置方式、处置权限、监控记录等内容。

② 监控记录包括原料名称、监控内容、异常情况描述、处置方式、处置结果、监控日期、监控人等信息。

二、产品质量安全控制

(一) 建立现场质量巡查制度

(1) 现场质量巡查制度包括巡查位点、巡查内容、巡查频次、异常情况界定、处置方式、处置权限、巡查记录等内容。

（2）现场质量巡查记录包括巡查位点、巡查内容、异常情况描述、处置方式、处置结果、巡查时间、巡查人等信息。

（二）建立检验管理制度

（1）规定人员资质与职责、样品抽取与检验、检验结果判定、检验报告编制与审核、产品质量检验合格证签发等内容。

（2）根据产品质量标准实施出厂检验，填写并保存产品出厂检验记录；检验记录应当包括产品名称或者编号、检验项目、检验方法、计算公式中符号的含义和数值、检验结果、检验日期、检验人等信息。产品出厂检验记录保存期限不得少于2年。

（3）根据仪器设备配置情况，建立分析天平、高温炉、干燥箱、酸度计、分光光度计、高效液相色谱仪、原子吸收分光光度计等主要仪器设备操作规程和档案，填写并保存仪器设备使用记录。

① 仪器设备操作规程包括开机前准备、开机顺序、操作步骤、关机顺序、关机后整理、日常维护、使用记录等内容。

② 仪器设备使用记录包括仪器设备名称、型号或者编号、使用日期、样品名称或者编号、检验项目、开始时间、完毕时间、仪器设备运行前后状态、使用人等信息。

③ 仪器设备实行“一机一档”管理，档案包括仪器基本信息表（名称、编号、型号、制造厂家、联系方式、安装日期、投入使用日期）、使用说明书、购置合同、操作规程、使用记录等内容。

（三）建立产品留样观察制度

（1）留样观察制度包括留样数量、留样标志、贮存环境、观察内容、观察频次、异常情况界定、处置方式、处置权限、到期样品处理、留样观察记录等内容。

（2）留样观察记录包括产品名称或者编号、生产日期或者批号、保质截止日期、观察内容、异常情况描述、处置方式、处置结果、观察日期、观察人等信息。根据国家饲料生产许可证现场审查的要求，留样保存时间超过产品保质期2个月。

（四）建立不合格品管理制度

（1）不合格品管理制度包括不合格品的界定、标志、贮存、处置方式、处置权限、处置记录等内容。

（2）不合格品处置记录应当包括不合格品的名称、数量、不合格原因、处置方式、处置结果、处置日期、处置人等信息。

思考与自测

（一）名词解释

饲料安全　黄脂肉　盐酸克伦特罗　莱克多巴胺　药物残留　饲料添加剂

（二）填空题

1. 饲料质量的基本内涵包括________和________。

2. 饲料安全具有________、________、________和________的特性。

3. “三致”即________、________和________。

4. 常见残留的重金属有________、________、________、________和________对人体具有很大伤害。

5. 重金属一般指相对密度大于________的金属。

6. 饲料被真菌毒素污染后将毒素破坏或去除的常用方法有________、________、________和________。

7. 饲料添加剂包括________和________。

8. 肉猪的饲料添加剂至少应该满足________、________、________3 个基本条件。

9. 改善饲料质量添加主要有________、________、________、________、________等。

10. 绿色饲料添加剂需要具备 3 种要素，一是____________，二是____________，三是____________。

（三）简答题

1. 药物残留对人体的危害体现在哪些方面？

2. 造成药物残留的原因有哪些？

3. 我国自改革开放以来先后采取了哪些措施来解决猪肉安全生产监测问题？

4. 饲料中重金属污染的预防有哪些？

5. 简述饲料中黄曲霉毒素 B_1 测定的原理。

6. 简述饲料中黄曲霉毒素 B_1 测定的注意事项。

7. 简述饲料中盐酸克伦特罗检测的酶联免疫吸附法原理。

8. 简述饲料中莱克多巴胺含量测定的原理。

9. 简述饲料中汞含量冷原子吸收光谱测定法的测定原理和范围。

10. 简述饲料中汞含量原子荧光光谱分析法的测定原理和范围。

11. 简述饲料中铅含量原子吸收光谱法的测定原理和范围。

12. 简述饲料中总砷银盐法的测定原理和范围。

13. 简述饲料添加剂滥用的危害。

14. 添加剂的规范使用包括哪些方面？

15. 使用全价配合饲料有哪些优势？

（四）论述题

1. 试述原料质量的安全管理。

2. 试述饲料产品质量安全控制。

第二章　生猪养殖与运输过程监测及安全控制

本章学习目标

【能力目标】

掌握移动智能识读器（PDA）的使用，生猪产地检疫的实施，盐酸克伦特罗尿液残留和莱克多巴胺尿液残留快速检测法，生猪养殖过程可追溯系统溯源关键信息的确定与录入，生猪养殖及运输过程可追溯系统的操作。

【知识目标】

（1）熟悉哺乳仔猪生产过程、断奶仔猪饲养过程和断奶仔猪育肥过程的安全饲养管理，猪场免疫程序的制定，猪场保健方案与实施，猪场消毒程序的制定，主要病毒性疫病、细菌性疫病和人畜共患寄生虫病的防治，产地检疫的概念，生猪运输前的安全管理，生猪养殖与运输安全风险控制。

（2）了解猪病和药物添加剂的影响，生猪养殖、运输安全风险来源，可追溯系统的概念、用户范围、关键需求任务和应具备的功能，生猪养殖过程HACCP分析，无线射频识别（RFID）技术。

第一节　生猪养殖过程安全饲养管理

一、哺乳仔猪生产过程安全饲养管理

从出生到断奶阶段（3～4周）的仔猪称为哺乳仔猪。仔猪出生后，生活条件发生了巨大变化。由原来通过胎盘进行气体交换、摄取营养和排出废物，而转化为自行呼吸、采食和排泄，直接受自然条件和人为环境的影响。同时，由于哺乳仔猪生长发育快和生理上不成熟，如果饲养管理不当，就会影响哺乳仔猪的生长发育，甚至造成死亡。哺乳仔猪的安全饲养管理过程是养猪生产的基础阶段。哺乳仔猪的好坏直接影响生猪饲养期猪的生长速度，关系到养猪的经济效益。哺乳仔猪安全饲养管理的最终目的，是为了提高哺乳仔猪的成活率和断奶窝重。根据哺乳仔猪的生理特点，对哺乳仔猪实行科学的安全饲养管理，是养猪成功的基本保障。

（一）哺乳仔猪出生到第7日龄的安全管理

1. 接产

用消毒好的用具接产，清除口腔、鼻及全身黏液，使仔猪呼吸畅通。对羊水已破、

收缩无力及产程较长的母猪，可肌肉注射 20～50IU 催产素。

2. 断脐

仔猪出生后，将脐带内血液向腹部挤压，在离腹部 4～6cm 处掐断脐带，伤口用碘酒消毒。

3. 断尾、剪犬齿

仔猪常咬尾，造成局部感染致病。可在出生后 24h 内用已消毒过的剪齿钳，将仔猪上下颚两边 8 个尖锐的犬齿剪短 2/3，小心不要伤害到齿龈部位，以免引起颚部脓肿、感染。用消毒过的平钳剪断尾巴，留两个手指的宽度，切面用碘酒消毒。

4. 固定乳头，吃足初乳

7 日龄内仔猪，缺乏先天性免疫力，容易生病，必须从初乳中获得保护。母猪分娩后 3d 内分泌的乳汁称为初乳。初乳中含丰富的免疫球蛋白，可提高仔猪抗病力，提高成活率。初乳最初几小时每 100mL 含 9 000～10 500 μg 免疫球蛋白，3d 后降到每 100mL 含 500μg。因此，应尽可能保证仔猪生后 2h 内吃到初乳。母猪乳头分泌乳汁，前面多，后面少。为保证所有仔猪发育均匀，提高成活率，要尽量把弱小猪固定在前面靠母猪胸部的乳头吃奶，强壮的猪放在后面乳头上，其他猪放在中间。操作上，首先在吃初奶前向口中喷人益生素糊浆，以人工帮助建立肠道有益微生物菌群，减少下痢发生。然后，彻底清洗消毒乳房、奶头，人工帮助固定奶头，让所有仔猪都能吃足初乳，产生免疫力，提高成活率。开奶前先挤掉一些被污染的奶汁后再让仔猪吸吮。然后，大约每 2h 哺乳 1 次，哺乳的间隔期应把仔猪圈在保温区，并持续到小猪喜欢躺在保温区，自动哺乳，自动躺卧在保温区。

5. 补铁

铁是血液中合成血红蛋白的必要元素，缺铁会造成贫血。仔猪在 1～2 日龄肌注补铁 150mg，以防止贫血、下痢，提高仔猪生长速度和成活率。

6. 寄养

初产母猪以带仔 8～10 头为宜，经产母猪可带仔 10～12 头。由于母猪产仔有多有少，经常需要匀窝寄养。寄养时产期应尽量接近，最好不超过 4d。后产的仔猪向先产的窝里寄养时，要挑体重大的寄养，而先产的仔猪向后产的窝里寄养时，则要挑体重小的寄养，以避免仔猪体重相差较大，影响体重小的仔猪发育。

7. 保温防压

初生仔猪皮下脂肪层薄、被毛稀疏、体温调节能力差，所以保温是提高仔猪成活率的关键性措施。仔猪最适宜的环境温度是：1～7 日龄 32～28℃，8～15 日龄 28～25℃，15～28 日龄 23～25℃。可在产栏内设置仔猪保温箱，内吊 1 只 250W 的红外线灯泡或铺电热板。另外，在产栏内安装护仔栏，防止仔猪被母猪踩死、压死。

8. 去势

6～7 日龄小公猪去势，方法是用左手将仔猪完全固定，先用肥皂洗净手术部位及其周围，再用 75% 酒精棉花擦拭后涂 5% 碘酊消毒，手术时以左手拇指与食指压紧阴囊，右手执手对睾丸位置，切开一长 1～2cm 创口，割除另一睾丸，用同样方法割除另一睾丸，手术后用 5% 碘酊消毒创口及其周围，伤口处塞入磺胺结晶粉灭菌。创口部分不必缝合。去势时要彻底，切口不宜太大。

（二）哺乳仔猪第7日龄到断奶的安全饲养管理

1. 开食补料

母猪泌乳高峰在产后3周左右，3周以后泌乳逐渐减少，而乳猪的生长速度越来越快，为了保证3周龄后仔猪能大量采食饲料以满足快速生长所需的营养，必须给仔猪尽早开食补料。6～7日龄的仔猪开始长臼齿，牙床发痒，常离开母猪单独行动，特别喜欢啃咬垫草、木屑等硬物，并有模仿母猪的行为，此时，开始补料效果较好。在仔猪出生后6～7日龄开始用教槽料料进行补料，补料的目的在于训练仔猪认料，锻炼仔猪咀嚼和消化能力，并促进胃酸的分泌，避免仔猪啃食异物，防止下痢。

2. 免疫接种

仔猪出生后第10d可进行猪瘟疫苗、猪蓝耳病疫苗、口蹄疫疫苗等的免疫接种工作，具体的免疫安排要根据各个猪场实际情况进行。

3. 断奶

当保护性母源抗体仍然处于高水平时，早期断奶可以避免疾病由大猪传给小猪的垂直传播。断奶日龄越早，仔猪感染的病越少。早期断奶日龄视各场条件而定，对于少数技术水平高、猪舍条件好的猪场，可实行21日龄断奶，甚至17～21日龄断奶；对其他的28日龄达到旺食期、膘情好、被毛光亮的养猪场，可在25～28日龄断奶。断奶前1周，母猪饲料应渐减，使泌乳量减少，防止乳房炎的发生。断奶以冬天中午、夏天晚上为好，有利于母猪合圈，同时，尽量使仔猪在原来环境中留栏1周，然后原窝转入仔猪保育舍饲养。

4. 佩戴二维条形码耳标及信息采集与记录

根据我国《畜禽标志和养殖档案管理办法》规定畜禽标志实行一畜一标，选用二维条形码耳标（图2－1）对新出生仔猪在生后30d内加施个体标志，猪在左耳中部佩戴二维条形码耳标加施标志。

图2－1　猪二维条形码耳标

畜禽标志编码由畜禽种类代码、县级行政区域代码、标志顺序号共15位数字及专用条码组成，编码形式为：×（种类代码）××××××（县级行政区域代码）××××××××（标志顺序号）。其中，1为猪种类代码，接着的6位数字代表养殖场或散养户所在县市区域的行政区划代码，从第8～15位共8位代表在同一行政区域内同一品种如猪的出栏顺号。仔猪佩戴了二维条形码耳标后标志着取得了合法的“身份证”，信息上传中央数据库后即被确认。二维码耳标是生猪标志及疫病可追溯体系的基本信息载体，贯穿生猪从出生到屠宰历经的防疫、检疫、监督环节，通过可移动智能识读器（PDA）（图 2－2）等终端设备把生产管理和动物卫生执法监督数据汇总到数据中心，实现从生猪出生到屠宰全过程的数据网上记录（图 2－3），是可追溯体系三大业务系统（生猪标志系统、生猪生命周期各环节全程监管系统、生猪产品质量安全追溯系统）的数据轴心。而移动智能识读器（PDA）的存储功能则依靠溯源智能 IC 卡，溯源智能 IC 卡分为 3 种：一是规模场卡（图 2－4）用于存储规模养殖场的耳标信息，由动物防疫员或规模场驻场技术员持有，在耳标佩戴环节通过移动智能识读器（PDA）存储耳标信息，便于在防疫登记、产地检疫环节读取；二是散养户卡（图 2－5）用于存储散养户的耳标信息，由乡（镇）或村级防疫员持有，在耳标佩戴环节通过移动智能识读器（PDA）存储耳标信息，便于在防疫登记、产地检疫环节读取；三是用于存储动物出县境检疫和动物产品出县境检疫信息（图 2－6）。

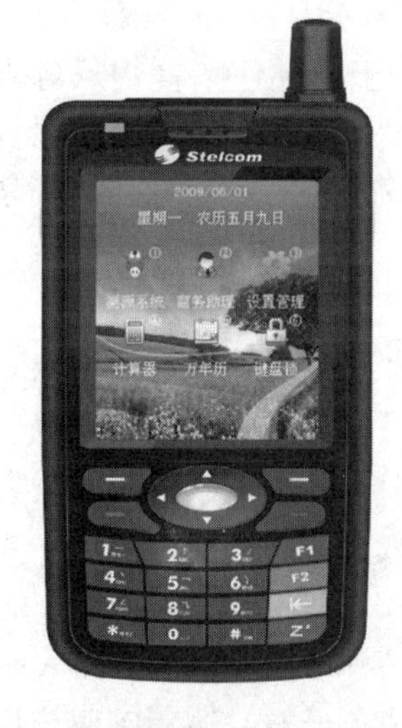

图 2－2　智能识读器（PDA）

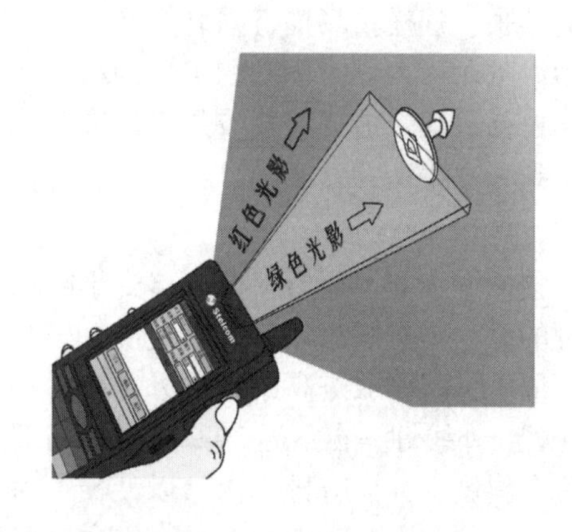

图 2－3　扫描耳标

图 2－4　规模厂卡（存放耳标信息）

图 2－5　散养户卡（存放耳标信息）

图2-6 流通卡（存放证章信息）

二、断奶仔猪饲养过程安全饲养管理

近年来，规模猪场推行哺乳仔猪21～28日龄断奶。由于哺乳仔猪食物从母乳突然改变为以玉米、大豆为基础的干燥饲料，往往会引起仔猪断奶综合征，造成阶段性生长停滞和拉稀，甚至造成僵猪或死亡。因此，断奶仔猪的饲养管理，重点是抓好仔猪从依靠母猪到独立生活的过渡。

（一）分群过渡

仔猪原圈饲养1周后，全部移到小圈饲养管理，条件好的可以在高床网上培育。高床培育的好处是可减少仔猪采食粪便，减少与病原体接触，保证棚舍清洁、干燥，改善生活环境。仔猪刚放进高床时，可在床内一角放一块木板床（60cm×1cm）。上方吊一盏250W红外线灯，在室温20℃时增加局部环境温度，以减少仔猪的应激反应。高床下地面稍有斜度，并设有排粪沟，以便定时冲洗，减少臭味。仔猪在高床上养到60～70日龄后再分群并圈。并圈饲养时，应注意仔猪个体大小、品种、健康状况基本一致，一般将体重和口龄基本相近的组成一群，尽量做到把同胎猪关在一栏。体弱的应挑出单独加强饲喂避免强欺弱，最好用新圈，以免熟欺生，减少争斗。

（二）饲料过渡

21～28日龄断奶的哺乳仔猪，有一个明显的免疫缺陷，即通过母猪初乳获得的被动免疫早已消失，体内自动免疫机制尚未充分发育形成。因此，断奶仔猪特别容易感染细菌性病和病毒性疾病，必须选用优质早期乳猪料。断奶后10d内，极易产生应激，继续饲喂高档全价乳猪颗粒料，以减少应激，满足断乳仔猪的生长发育。10d后逐渐减少，然后透渐改喂断奶仔猪料，每头仔猪日饲喂量200g左右。并补喂多种维生素与微量元素添加剂，喂给青绿饲料，给予清洁饮水，使其尽量吃饱。少喂勤添，让猪自由采食。换料要有7d的过渡期，每天换1/7，到断奶10d后可全部换喂断奶仔猪料。为防止仔猪消化不良，可在乳猪料中添加高于正常水平的抗生素，如土霉素钙盐等。

（三）饲养制度过渡

断奶头一天可少喂料，断奶后4d内，每日饲喂次数与哺乳期相同，喂料量为断奶前的70%，使断乳后的仔猪能保持较强的食欲和消化功能，5d后自由采食，以吃饱不剩料为原则，同时注意观察仔猪粪便，防止采食过多导致消化不良。如粪便明显松软，说明饲喂量过多或饲料的可消化率不高，应减少喂料量；如果不松软，喂料量不变或让其自由采食。应有饮水器，保证清洁饮水，保持圈舍干燥卫生。断奶3周后的仔猪即进入育成期。此时，生长快，采食量大增，进入旺食期，不仅要让仔猪多采食，而且要增加蛋白质和维生素饲料，尤其在冬天午后、夏天傍晚要增加喂料次数和数量，一般日喂次不少于5~6次。育成猪体重达到25~30kg时，转入育肥猪舍。

（四）猪舍温度过渡

哺乳仔猪断奶时猪舍温度要比断奶前升高2~3℃，保持7~10d，以后每周降低2℃，以免冻伤。要堵好漏洞，防止贼风，尽量保持每日温度波动不超过2℃，避免仔猪腹泻。通风和保温以棚舍内气味不太刺鼻为准，第1~2周侧重保温，后几周侧重通风。

（五）卫生定位

从哺乳仔猪转入之日起就应加强卫生定位工作（此项工作一般在哺乳仔猪转入1~3d内完成，越早越好），使得每一栏都形成采饮区、睡卧区及排泄区的三区定位．从而为保持舍内环境及猪群管理创造条件。为了更快更好地调教仔猪定位，一般进猪前在栏舍的排泄区内先撒上一点猪的粪尿，这样小猪进来后便会在此区排泄。假如有小猪在睡卧区排泄，要及时把小猪赶到排泄区并把睡卧区的粪便清洗干净。饲养员每次清扫卫生时，要及时清除休息区的粪便和脏物，同时留一小部分粪便于排泄区。经过3~5d的调教，仔猪就可形成固定的睡卧区和排泄区，这样可保持圈舍清洁与卫生。

（六）检查佩戴的二维条形码耳标

检查每头进入育成期的断奶仔猪佩戴的二维条形码耳标，严重磨损、破损、脱落后，应当及时在猪右耳中部加施新的二维条形码耳标，并在养殖档案中记录新标志编码。二维条形码耳标不得重复使用。

（七）疫苗注射和驱虫

断奶仔猪的免疫非常重要，必须严格按照免疫程序及时免疫，每个栏使用一个针头，确保每头仔猪注射足够的剂量，避免“打飞针”。体表驱虫需要在出栏前1周完成，使用倍特等高效杀虫剂。在断奶到70日龄期间，尽可能减少注射疫苗次数，减少注射免疫应激。

三、断奶仔猪育肥过程的安全饲养管理

（一）断奶仔猪育肥过程的安全饲养

1. 饲料的调制

饲料可调制加工成各种形态，有全价颗粒料，湿拌料和干粉料等。饲喂效果以颗粒料最佳，便于投食，损耗少，不易霉坏，但投资大，制粒成本高，目前，多用在仔猪料。湿拌料适口性好，可软化饲料，利于消化，但费工费时，剩料易腐败变质，母猪料和中小猪场可采用此种方式喂猪。干粉料适口性差，粉尘多，易对猪只呼吸道等造成不

良影响，但省时省工，一般大型猪场多用此种方式饲养。

2. 饲喂方式

刚转入育肥舍时，仍要喂 10～15d 的断奶仔猪料进行过渡。

饲喂方式有自由采食和限量饲喂两种。自由采食日增重高，饲料报酬略差且瘦肉率较低，限量饲喂则日增重低，但饲料报酬高及瘦肉率略好。目前，值得提倡的是前期自由采食，保证一定的日增重，后期限量饲喂，提高饲料报酬和瘦肉率。

3. 饲喂次数

猪分次饲喂要注意定时、定量、定质。定时就是每天喂猪的时间和次数要相对固定，让消化腺定时活动，猪只食欲好。如果饲喂次数忽多忽少，饲喂时间忽早忽晚就会打乱猪的生活规律，降低食欲和消化机能，易引起肠道疾病。定量是控制每天的的喂食量，一般以不剩料不舔食槽为宜，不可忽多忽少，1d 以早中晚 3 次喂猪，以傍晚食欲最旺，午间最差，早晨居中，料的给量依次为 35%、25%、40% 为好。定质是饲料的品种和配合比例相对稳定，不要轻易变动，如需变换 2 种饲料必须慢慢增减，让猪的消化机能有一个过渡期，慢慢适应。

（二）断奶仔猪育肥过程的安全管理

1. 合理分群

猪以小群饲养为好。若是限制饲喂，每群以 10～15 头为宜，最多不超过 30 头；若是敞开饲喂，每群可增至 50 头。每头猪最小占地面积，小猪少、大猪多；冬天少、夏天多。以 68～90kg 猪为例，每圈可养 10～15 头，每猪占地面积 0.8～1.1m^2。要根据猪品种、体重、体质等不同合理分群。对生病、体弱、体重悬殊的猪及时调到另外圈内集中加强饲喂。加强合群后的管理、调教、调整工作，尽量避免或减少咬斗发生，确保同群猪和平共处、均衡生长。

2. 调教仔猪吃、睡、便三定位，使其建立条件反射

避免大小便在食槽里，保持饲料卫生，保持猪圈清洁、干燥，节省人工，利于猪的生长。具体调教办法是，猪进圈前对圈舍彻底清扫、消毒，在食槽内放入少量饲料，在排粪尿处放上少量的猪粪或洒上水，在卧睡的地方铺上垫草或保持清洁干燥。睡觉宜在高爽、平整、较暗处，排便宜在门外、运动场。猪进圈后，饲养者对刚进圈的猪进行人为的训练，定时赶至排粪尿地点，在固定的地方采食、卧睡和排泄，平时勤扫圈、勤除粪，勤洗食槽，保持圈舍卫生，保持饲槽无酸败饲料。大致要看管 3～7d，就能调教成功。

3. 防暑降温、防寒保暖

育肥猪适宜温度：前期 20～23℃、后期 15～20℃。在此范围内增重较快，饲料报酬较高。因此，夏季要保持圈舍通风，育肥猪通风比保育猪更重要。还要给猪身和猪舍地面冲水降温，给猪身冲水洗澡时不要冲在头部，可在排便处装淋浴器，以便对猪进行淋浴降温。在猪吃完食后，要给猪喝足够的清洁冷水。有运动场的猪舍要加盖遮阳网，防止阳光直射而造成中暑。有条件的，室内可用排风扇或电扇，尽量降低室温。高温高湿天气，严禁用水冲洗猪身和猪圈，以防引起感冒或风湿热。猪圈要保持清洁，不能有污水粪便积蓄。多喂青饲料，适当喂些能量高的饲料。特别要注意采取防蚊措施，使猪

能安静睡觉。冬季注意防寒保温，在冬季到来之前，把猪栏通风漏雨的地方遮好堵严，敞开式猪舍可在小运动场上装薄膜，防止贼风侵入，中午暖和时开少部分换气，条件好的可造保温性能好的封闭式猪舍，平时勤垫干草、勤打扫，保持圈内干燥，不让草潮湿。通风换气时，应避免穿堂风，空气进出风口可放在猪舍相对两端，出风口设定在猪舍朝阳一面墙靠地面附近，使污浊的空气在地面附近排出。

4. 实行全进全出

全进全出是猪场和养殖户控制感染性疾病的重要流程之一。如果做不到全进全出，易造成猪舍疾病循环。因为舍内留下的猪往往是病猪或病源携带猪，等下批猪进来后，这些猪可作为传染源感染新进的猪，而后者又有部分发病，生长缓慢，或成为僵猪，又留了下来，成为新的传染源。全进全出可提前 10d 出栏，显著提高日增重和饲养转化率。

5. 肉猪的免疫与保健

当前在养猪生产中实施免疫预防与药物保健时，在技术实施程序上不科学、不合理问题比较突出，严重影响到猪病的防控与猪只的健康生长，也阻碍了养猪业的持续发展。育肥猪常发疾病主要有两大类：各种原因引起的腹泻（主要为回肠炎、结肠炎、猪痢疾、沙门菌性肠炎等）和呼吸道疾病综合征。另外，猪瘟、弓形虫病、萎缩性鼻炎等也经常爆发。在饲养管理不善的猪场，这些疾病爆发后往往造成严重的经济损失。

育肥阶段需要接种的疫苗不多，只在 60 ~ 80 日龄接种一次口蹄疫疫苗。自繁自养猪应在哺乳、保育阶段接种疫苗，特别是猪瘟、伪狂犬病和丹毒、肺疫、副伤寒等疫苗。

从断奶仔猪舍转到育肥舍是一次比较严重的应激，会降低猪的采食量和抵抗力。在转群后 1 周左右即可见部分猪发生全身细菌感染，出现败血症，或者在 12 周龄以后呼吸道疾病发病率提高。实际上，无论是呼吸道疾病还是肠炎，都可以从断奶仔猪后期一直延续到生长育肥阶段，只是从断奶仔猪舍转群后有加重的趋势。可定期投入下列药物：每吨饲料中添加 80% 支原净 125g、10% 强力霉素 1.5kg 和饮水中每 5kg 加入 10% 氟苯尼考 120g、10% 阿莫西林 1.0g，可有效控制转群后感染引起的败血症或育肥猪的呼吸道疾病，还可预防甚至治疗肠炎和腹泻。

第二节　猪病与药物对安全猪肉生产的影响

一、猪病的影响

在我国，有些疫病分布广泛，且以垂直传播常见，如伪狂犬病、猪瘟、猪细小病毒病等疫病，这些疫病病原的强毒株可经胎盘传给仔猪，在体内生长繁殖后，再接种相应的疫苗往往免疫效果不好。如果养猪场引进种猪没有经过严格程序检疫，就可能将多种病原微生物带回猪场，埋下疫病爆发的隐患。目前，由于存在免疫程序、疫苗价格、免疫干扰、病毒变异、免疫质量（漏注、打假针）或缺乏有效疫苗等问题，猪瘟、猪流感、链球菌病、附红细胞病等猪的传染病时有发生，非典型猪瘟呈上升趋势，尤其是一些新的疫病如蓝耳病等相继传入我国，这些疾病的存在于发生，亦影响了猪肉的安全性。

疫病的发生不仅会增加养猪生产成本，同时也造成一定的经济损失。想要使生猪达到健康水平，提高育成及出栏率，减少医疗费用，只有实施科学的饲养管理和执行猪场的兽医防疫程序以及无公害食品生猪饲养兽医防疫准则（NY 5031—2001），做好日常消毒、防疫工作和传染病的防治及处理工作。

二、药物添加剂的影响

（一）养猪生产中常用的违禁药物

瘦肉精系指盐酸克伦特罗（clenbuterol）、莱克多巴胺（rackdopamine）、沙丁胺醇（salbutamol）、非诺特罗（fenoterol）、特布他林（turbutalin）、喷布特罗（penbutolol）、沙米特罗（salmeterol）、西马特罗（cimaterol）、心得安（propranolol）、氯丙那林（clorprenaline）等11种β-激动剂，现国内主要针对组织样品、饲料、生猪尿中克伦特罗、莱克多巴胺、沙丁胺醇进行检测，也就是常说的瘦肉精3项。

1. 盐酸克仑特罗

盐酸克仑特罗是一种平喘药。该药物既不是兽药，也不是饲料添加剂，是肾上腺类神经兴奋剂。白色或类白色的结晶粉末，无臭、味苦，熔点161℃，溶于水、乙醇，微溶于丙酮，不溶于乙醚。

盐酸克仑特罗能增加瘦肉率，但如果作为饲料添加剂，使用剂量是人用药的10倍以上，才能达到提高瘦肉率的效果。它用量大、使用时间长、代谢慢，所以在屠宰前到上市，在猪体内的残留量都很大。这个残留量通过食物进入人体，就使人体积蓄中毒。如果一次摄入量过大，就会产生中毒现象，因此，而被禁用。国内个别养猪户不过国家的规定，为了使猪肉不长肥膘，在饲料中掺入瘦肉精。生猪食用后在代谢过程中促进蛋白质合成，加速脂肪的转化和分解，提高猪肉的瘦肉率，因此，称为瘦肉精。

盐酸克仑特罗对心脏有兴奋作用，对支气管平滑肌有较强而持久的扩张作用。口服后脚已经为肠道吸收。做平喘药口服成人20～40μg/次，3次/日；儿童5岁以上5～20μg/次，3次/日。急性中毒症状有心悸，面颈、四肢肌肉颤动，有手抖甚至不能站立，头晕，乏力，原有心律失常的患者更容易发生反应，心动过速，室性早搏，心电图示S-T段压低与T波倒置。原有交感神经功能亢进的患者，如高血压、冠心病、甲状腺功能亢进者上述症状更易发生。与糖皮质激素合用可引起低血钾，从而导致心律失常。反复使用惠产生耐受性，对支气管扩张作用减弱及持续时间缩短。虽然克伦特罗残留的毒副作用为轻度，但美国食品及药物管理局（FDA）研究表明，应用拟交感神经药者或对前药过敏者，对克伦特罗的反应要比正常健康个体更为严重。此药在所有食品动物中禁用。

2. 莱克多巴胺

原名盐酸莱克多巴胺，最低含量99%（高压液相法），可溶于水，微溶于丙酮，可溶于乙醇，pH值6～7，呈中性，熔点159.8℃。

莱克多巴胺是一种医药原料，一种可用于治疗充血性心力衰竭的强心药。还可以用于治疗肌肉萎缩症，增长肌肉，减少脂肪蓄积，并对胎儿和新生儿生长有益。美国食品及药物管理局（FDA）在2000年批准，科研用于动物营养重新配剂，广泛地用于畜牧业和养殖业。可以同时提高动物的日增重，提高饲料利用率，提高动物的蛋白质含量。莱克多巴胺属于β－兴奋剂，加载猪饲料中能提高瘦肉组织的生长速度和效率，且皮光肉滑，看相很好。但人吃了残留有莱克多巴胺的猪肉后，可能会出现中毒症状，严重的可能危及生命。此药所有食品动物中禁用。

莱克多巴胺是一种人工合成的化学物质，属违禁药物，人使用莱克多巴胺的中毒现象与盐酸克仑特罗中毒现象类似，可能出现心跳加快、震颤、心悸等症状，更为严重的会导致人体致畸致癌。

3. 沙丁胺醇

沙丁胺醇的硫酸盐为白色或近白色的结晶性粉末，无臭，味微苦，略溶于水，可溶于乙醇，微溶于乙醚。沙丁胺醇为选择性 β_2 受体激动剂，能有效地抑制组胺等致过敏性物质的释放，防止支气管痉挛，适用于支气管哮喘、喘息性支气管炎、支气管痉挛、肺气肿等症。

现代生猪养殖中被用作瘦肉精，来提高生猪的瘦肉产量。自2002年始，被列为生猪养殖行业违禁药物，不得在生猪养殖中添加。

中毒的表现为胸痛，头晕，持续严重的头痛，严重高血压，持续恶心、呕吐，持续心率增快或心博强烈，情绪烦躁不安等。

（二）肉猪养殖过程中滥用违禁药物的影响

有的养殖养猪场或养猪户为达到谋利的目的，在肉猪养殖中添加生长激素，如添加盐酸克伦特罗、莱克多巴胺及沙丁胺醇等，借以提高生猪的生长速度和瘦肉率，造成猪肉及内脏中的大量药物残留，引起系列中毒事件的发生。当人食用残留的“瘦肉精”的肉品后，可使人出现心动过速、肌肉震颤、心跳和神经过敏等不良症状，时间过长则会危及人的生命。此外，一些不法者还在饲料添加剂内加入性激素（已烯雌酚、雌二醇）、镇静安眠药（如安定、安眠酮等）及肾上腺素等药物，严重影响和威胁人们的生命安全。

第三节　养猪场安全生产防疫体系的建设

一、猪场环境控制

猪场环境对安全猪肉生产影响较大，猪场环境分为场区内外环境和猪舍内部环境。场区内外环境包括猪场周边环境的空气、土壤、水质不致对生猪产生危害，同时，最大限度减少猪场对周边环境的空气、水质、土壤产生的污染，尤其是猪场的选择和布局是否合适直接关系到养猪安全生产和生猪质量品质。猪舍内部环境质量取决于通风换气，采光、照明和排水等因素，应根据具体情况适当安装采暖、降温、通风、光照、空气处理等设备，以求给生猪创造适宜的生存和生长环境。

(一) 场区内外环境控制

1. 猪场场址

猪场场址应符合当地土地管理部门的土地规划要求，正式确定场址前要请有资质的环境监测部门对大气环境、水样进行抽样检验，大气环境、水样检验结果要符合国家无公害畜产品产地环境要求。要选择地势高、平坦、向阳、无污染、水、电、交通都方便的地方，猪场周围3km内无大型化工厂、矿厂、皮革、肉品加工、屠宰场或其他畜牧场污染源。猪场既要避开主要交通干线（如铁路、高速公路），又要求饲料调运和生猪出栏等运输方便，距离公路、铁路、城镇、居民区和公共场所1km以上，形成一个天然的防疫环境。

2. 猪场布局

猪场规划为行政管理区、饲养生产区和隔离区。猪场内建筑物以坐北向南为宜，布局应整齐紧凑。各种建筑物安排配置，要做到土地利用经济，缩短运输距离，有利于生产，既便于经营管理，又便于防疫和安全防火。生产区内按当地主导上风向依次分为公猪舍→配种舍→妊娠舍→分娩舍→保育舍→生长舍→育肥舍。隔离区内还要设置病猪隔离舍，病死猪或母猪产后胎衣要远离猪场进行焚烧或深埋。场内还要设置专门的堆粪场或粪便处理设施。

3. 围墙和消毒设施

猪场四周应修建较高的围墙和一定深度的防疫沟，以防场外人员或其他家畜、野生动物进入场区，且防疫沟内放入水，能更有效地切断外界的污染。在场区内，生产区和管理区之间，生产区和隔离区之间，也应构筑围墙和防疫沟，并定期清除杂草和填埋阴沟，场内不要留大水池，排污沟要加盖水泥盖板，防止蚊蝇滋生，消灭病原微生物的传播媒介。在猪场大门口、各区域和各栋猪舍门口，应设立消毒设施，例如车辆消毒池、脚踏消毒槽、喷雾消毒室及更衣室等。

4. 猪场绿化

对猪场周围和场区空闲地进行植树种草（包括蔬菜、花草、灌木等）绿化环境，改善猪场小气候。有条件的可在场区外围种植5～10m宽的防风林。据，所得到的生态效益为：在寒冷的冬季可使猪场的风速降低70%～80%，又能使炎热的夏季气温下降10%～20%，还可将猪场空气中有毒、有害的气体减少25%，尘埃减少30%～50%，空气中的细菌数减少20%～50%。

(二) 猪舍内部环境控制

1. 猪舍的保温与采暖

保温是阻止热量由舍内向舍外散失，隔热是阻止舍外热量传到舍内。猪舍的保温隔热性能取决于猪舍形状和外围护墙结构所用材料的传热性能和厚度等。加强猪舍外围结构的保温性能，是提高猪舍保温防寒性能的根本措施。

开放式、半开放式猪舍的温度状况受外界气温影响大，冬季一般略高于舍外。密闭式猪舍冬季的温度状况，在舍内热量来源一定的情况下，取决于空气对流和外围护墙结构散失热量多少，散失热量越多，达到热平衡时舍内温度越低。根据猪的生理特点，猪舍外围护墙结构的保温性能，应保证在冬季室内温湿度状况下，屋顶和墙表面不结露水。导热性强的地板在冬季使猪散热增多，影响猪的健康生长，易造成仔猪常肠炎和下痢。为减少从地板的失热，冬季通常给猪床上铺垫草，这样既保温又防潮，对采用漏缝地板水冲清粪的猪舍，舍内比较潮湿，空气污浊，冬季易产生贼风，因此，更应注意加强舍内通气和保暖。门窗散热量大，在寒冷的地区应在满足采光和夏季通风的前提下，尽量少设门窗。地窗、通风孔应可以启闭，冬季封闭保暖，夏季打开通风。

猪舍的散热量与外围护墙结构的面积成正比。减少外围护墙的面积，以便保温。在冬冷夏热地区须兼顾防寒防暑，一般在面积相同情况下，跨度大的猪舍外围护墙结构面积相对较小，有利于保温，但跨度大，不利于自然通风和光照，就应设置机械通风。通过加强外围护墙结构保温性能措施，猪舍的温度仍不能满足时，冬季就需要进行人工采暖，人工采暖分为局部采暖和全舍采暖两种。局部采暖一般采用火炕、红外线灯、电热板等为仔猪供暖。全舍采暖利用热水和空气作为热媒，通过管道、暖气设备热风炉等对整个猪舍集中供暖，多用于密闭式和有窗式猪舍。

2. 猪舍的防暑降温

夏季舍外高温和强烈的太阳照射使猪舍温度升高，加之猪本身散发大量体热，在白天舍内温度往往高于舍外，影响猪的正常生长，为了给猪创造适宜生存温度环境，除绿化遮阴、降低饲养密度，需加强猪舍的隔热设计，必要时采取人工措施防暑降温。

猪舍外围护墙结构的隔热性能对防暑降温非常重要，特别是屋顶和西面墙。为了提高屋顶的隔热性能，在炎热地区采用通风屋顶，可起到隔热作用，屋顶建成上下两层，层间的空气被晒热的外层加热减轻，从气口排出，将热量带走，冷空气由进气口流入，如此不断循环，减少了传到里层的热量，降低了屋顶内表面和舍内的空气温度。此外，猪舍屋顶和墙采用浅色外表面，可反射较多的太阳辐射热。

安全生产管理中最常见的通风降温方式是夏季通过加大猪舍通风量，提高空气流动速度，以便多带走舍内热量，使猪舍温度降低，对有窗式猪舍除依靠自然通风外，还可设风机加大风量和风速。实践证明，只有当舍外气温低于33℃时，通风降温才有作用。其次是喷雾降温，在猪舍内安装喷雾降温系统，用高压喷头将水喷成雾状，从而加快水的蒸发吸热，降低舍内温度，喷雾使猪体表面潮湿，促进其蒸发散热，给猪舍地面、屋顶上洒水，随水蒸发也可带走大量热量而降低舍温。再次是蒸发降温，湿垫式蒸发降温装置由蒸发冷却湿垫和低压大流量风机组成。蒸发冷却湿垫设置在猪舍一端，风机安装在另一端，由一套水循环设备使水经湿垫流过，通过风机运转，使舍外空气经湿垫降温后进入舍内，舍内热空气再由风机排向舍外，使舍内温度明显降低。

3. 猪舍的通风换气

通风换气的目的是引进舍外新鲜空气，使猪舍内气流分布均匀，排出舍内有毒有害气体，改善猪舍空气的卫生状况，同时，通风还可以排出猪舍中多余的水汽，降低舍内温度，夏季通风还可起到降温防暑作用。通风效果的好坏取决于进风口、排风口的面积、数量、形状和位置以及风机流量、风机数量和分布等的设计是否合理。

猪舍通风方式常见有自然通风和机械通风两种。一是自然通风主要靠自然风力造成的风压和舍内外温差形成的热压，使空气流动，进行舍内外空气交换。风压通风是指当外界刮风时，猪舍迎风面形成正压，背风面形成负压，则空气从迎风面开口流入猪舍，舍内空气从背风面的开口流出，形成自然通风。热压通风是指当舍内温度高于舍外时，热空气上升，使舍内上部气压高于舍外，而下部气压低于舍外，由于压力差作用，猪舍上部的热空气就从屋顶、天棚孔隙排出，舍外冷空气从猪舍下部开口流入，形成自然通风。热压通风通风量的大小与舍内外温差，进排风口的面积及进排风口间的垂直距离成正比。温差越大，通风量越大；进排风口的面积及其之间垂直距离越大，通风量也越大。二是当自然风不能满足要求，需附加机械通风，而机械通风分两种形式。一种为负压通风，即用风机将舍内污浊空气抽出，使舍内气压低于舍外，则舍外新鲜空气由风口流入而形成舍内外空气交换。负压通风设备简单，投资少，通风效率高，在我国广泛采用。另一种为正压通风，即用风机将舍外新鲜空气强制压入舍内，使舍内压力增高，舍内污浊空气经风口或风管排出，正压通风可以对进入舍内的空气进行加热、降温、除尘、消毒等预处理，可有效地保证猪舍的适宜温湿状况和清洁的空气环境，在严寒、炎热地区适用。但造价高、设计难度大。负压通风中风机和进排风口位置的设置有多种形式，通常多采用纵向通风。

4. 猪舍的采光与照明

光照是构成猪舍内环境的重要因素，对猪的生长发育和健康有较大影响。以太阳为光源采光，称自然采光，以人工光源（如白炽灯、荧光灯等）采光，称为人工采光。自然光照节约能源，但光照强度和时间长短随季节和时间而变化，难以控制，舍内照度也不均匀，特别是跨度较大的猪舍，中央地带照度更差。自然采光常用采光系数来衡量，即窗户的有效采光面积与猪舍面积之比。一般情况下，妊娠母猪和育成猪采光系数为1：（12～15），育肥猪为1：（15～20），其他猪群为1：（10～12）。根据这些参数即可确定猪舍窗户的面积。窗户除采光外，还兼作进排风口，以便于通风换气，猪舍南北墙均应设置窗户，同时，为利于冬季保暖防寒，常使南窗面积大、北宙面积小。窗户数量、形状和位置关系到舍内光照通风是否均匀，在窗户总面积一定时，沿纵墙均匀设置，则舍内光照分布也相应地均匀。此外，窗户上下沿位置及窗户形状对采光也有明显影响。自然光照不能满足猪舍内的照度要求时或在无窗式猪舍中，则需增设人工照明设备，人工采光的强度和时间可根据猪群要求进行控制。人工照明设计应保持猪舍照度均匀，满足猪群的光照需要。猪舍人工照明一般采用白炽灯或荧光灯，所需灯具总瓦数可根据猪群照度需求、所用灯具及猪舍面积来估算，然后依猪栏在舍内的分布情况确定灯具的盏数，并据此求出每盏灯具的瓦数。灯具安装最好根据工作需要分组设开关，既保证工作需要，又节约用电。此外，对灯具和门窗应定期擦拭，保持清洁，以免影响采光和照明。

5. 猪舍的供排水和粪尿清除

（1）供水。猪场每天需要大量充足供水，以保证猪的饮水和清洗圈舍等需要。猪场供水一般采用集中式给水方式，即用抽水（如水泵）设备从水源取水，经净化消毒处理后，进入贮水设备，再经配水管网送到各用水点。这种给水方式取用方便、卫生、节约劳力，但投资大、耗能多。猪舍内水管则根据猪栏的分布及饲养管理的需求而合理设置，舍外水管可依猪舍排列和走向来配置，应将水管埋置在地下，以防冻裂。猪的饮水装置目前多采用饮水器，常见的猪用饮水器有鸭嘴式、乳头式和杯式饮水器等。根据猪喜欢在潮湿地方排粪尿的习惯，猪的饮水器一般安装在排粪区或粪尿沟附近。

(2) 排水和粪尿清除。猪排泄粪尿量和猪舍产生污水量很大，如果没有有效合理的排水系统，及时清除这些污物与污水，常会造成舍内潮湿，空气卫生状况恶化。猪舍排水系统一般与清粪系统结合，带见的有手工清粪、刮板清粪和水冲清粪等几种形式：一是手工清粪，主要在地面设置排粪区和粪尿沟，排粪区地面有1% ~3%坡度，尿和污水顺坡流入粪尿沟，再经地下排出管排出舍外，猪粪则用手推车人工清除到贮粪场。通到舍外的污水可直接排入化粪池，或通过地下支管道排入全场污水池。二是刮板清粪，而刮板清粪通常有两种形式，一种为单向闭合回转的刮粪链，适用于双列猪舍的浅明粪沟，叫明沟刮板清粪，另一种为地面设漏缝地板，粪便经踩踏落入粪沟，然后用刮板刮出舍外，一般多为粪尿混合。三是水冲清粪，一般适用于猪舍地面全部或部分采用漏缝地板，借助猪踩踏粪便落入地板下面的粪沟，在粪沟一端安装水龙头将沟内粪便冲出，流入舍外粪井或粪池，粪井定期或不定期用污水泵抽入罐车运出。

二、猪场免疫程序的制定

(一) 疫苗的种类

1. 活疫苗

活疫苗包括弱毒苗和异源疫苗。大多数弱毒疫苗是通过人工的方法，使强毒在异常的条件下生长、繁殖，使其毒力减弱或丧失，但仍然保持原有的抗原性，并能在体内繁殖。是目前生产中使用最多的疫苗种类。具有剂量小，免疫力坚实，免疫期长，较快产生免疫力，对细胞免疫也有良好的作用的优点，但保存期较短，所以，为延长保存期多制成冻干苗，有的需在液氮中保存，给储存、运输带来不便。活苗在体内作用时间短，易受母源抗体和抗生素的干扰。异源疫苗是用具有共同保护性抗原的不同病毒制备成的疫苗。

2. 灭活疫苗

病原微生物经过物理或化学方法灭活后，仍然保持免疫原性，接种后使动物产生特异性抵抗力，就叫灭活苗。由于含有防腐剂，不易杂菌生长，因此，具有安全、易于保存运输的特点。由于被灭活的微生物不能在体内繁殖，因此，接种所需的剂量较大，免疫期短免疫效果次于活疫苗，灭活苗释放抗原缓慢，主要适用于体液免疫为主的传染病。需要加入佐剂来增强免疫效果，佐剂能促进细胞免疫。常见的有组织灭活苗、油佐剂灭活苗和氢氧化铝灭活苗。

病变组织灭活苗是用患病动物的典型病变组织，经研磨，过滤等处理后，加入灭活剂灭活后制备成的。多作为自家疫苗用于发病本场，对病原不明确的传染病或目前无疫苗的疫病有很好的作用，无论病变组织灭活苗还是鸡胚组织灭活苗，在使用前都应做无菌检查，合格的方可使用。

油佐剂灭活苗是以矿物油为佐剂与经灭活的抗原液混合乳化而成，有单相苗和双相苗之分。油佐剂灭活苗的免疫效果较好，免疫期也较长，生产中应用广泛。双相苗比单相苗抗体上升快。氢氧化铝灭活苗是将灭活后的抗原加入氢氧化铝胶制成的，具有价格低免疫效果好的特点，缺点是难以吸收，在体内形成结节。

3. 提纯的大分子疫苗

（1）多糖蛋白结合疫苗。是将多糖与蛋白载体（一些细菌类毒素）结合制成。

（2）类毒素疫苗。将细菌外毒素经甲醛脱毒，使其失去致病性而保留免疫原性。例如，肉毒类毒素，致病性大肠杆菌肠毒素等都可用作疫苗生产。

（3）亚单位疫苗。是从细菌或病毒抗原中，分离提取某一种或几种具有免疫原性的生物活性物质，除去不必要的杂质，从而使疫苗更为纯净。

4. 生物技术疫苗

基因缺失疫苗是利用基因工程技术将强毒株毒力相关基因部分或全部切除，使其毒力降低或丧失，但不影响其生长特性的活疫苗。这类疫苗安全性好，免疫接种与强毒感染相似，机体可对病毒的多种抗原产生免疫应答；它的免疫期长，致弱所需的时间短，免疫力坚实，是较理想的疫苗。这方面最成功的是伪狂犬病毒 TK 基因缺失苗，是 FDA（食品和药物管理局）批准的第一个基因工程疫苗。无论是在环境中还是对动物，都比常规疫苗安全。

生物技术疫苗还包括基因工程重组亚单位疫苗、核酸疫苗、转基因疫苗等。其中，大肠杆菌基因工程苗在养猪生产中得到广泛的应用。

（二）疫苗的接种方法

接种疫苗的方法有滴鼻、注射、饮水和气雾等，应根据疫苗的类型、疫病特点及免疫程序来选择每次免疫的接种途径。例如，灭活苗、类毒素和亚单位苗不能经消化道接种，一般用于肌肉或皮下注射。滴鼻免疫效果较好，仅用于接种弱毒疫苗，引起免疫应答，如仔猪伪狂犬疫苗的应用。饮水免疫是最方便的疫苗接种方法，但效果较差。注射也是必须健康无病的猪，否则，易引起死亡并达不到预期的免疫效果。

（三）免疫的种类及其特点

免疫接种是控制动物传染性疾病最重要的手段之一，尤其是在病毒性疾病的防治中，由于没有有效的药物进行治疗或预防，因而免疫预防显得更为重要。动物除了经长期进化形成了天然防御能力外，个体动物还因受到外界因素的影响而获得对某种疾病的特异性抵抗力。免疫预防就是通过应用疫苗免疫的方法，使动物具有针对某种传染病的特异性抵抗力，以达到控制疾病的目的。

机体获得特异性免疫力有多种途径，主要分为两大类型，即天然获得性免疫和人工获得性免疫。

1. 天然获得性免疫

天然被动免疫是指新生动物通过母体胎盘、初乳或卵黄从母体获得某种高特异性抗体，从而获得对某种疾病的免疫力称为天然被动免疫。天然主动免疫是指动物在感染某种病原微生物耐过后产生的对该病原体再次侵入的不感染状态，或称为抵抗力。

2. 人工获得性免疫

人工被动免疫是将免疫血清或自然发病后康复的动物的血清人工输入未免疫的动物，使其获得对某种病原的抵抗力，这种免投传种方法称为人工被动免疫。人工主动免疫是给动物接种疫苗，刺激机体免疫系统发生应答反应，产生特异性免疫力。人工被动免疫注射免疫血清可使抗体立即发挥作用，无诱导期，免疫力出现快。然而根据半衰期长短，虽然抗体水平下降的程度不同，但抗体在体内逐渐减少，免疫力维持时间短，一般维持1～4周。免疫血清可用同种动物或异种动物制备，用同种动物制备的血清称为同种血清；而用异种动物制备的血清称为异种血清。抗细菌血清和抗毒素常用大动物（如马、牛等）制备，抗病毒血清常用同种动物制备，例如，用猪制备猪瘟血清。

与人工主动免疫比较而言，所接种的物质不是现成的免疫血清或卵黄抗体，而是刺激产生免疫应答的各种疫苗制品，包括各种疫苗、类毒素等，因而有一定的诱导期或潜伏期，出现免疫力的时间与抗原种类有关，例如病毒病原需3～4d，细菌抗原需5～7d，类毒素抗原需2～3周，然而人工主动免疫产生的免疫力持续时间长，免疫期可达数月甚至数年，而且有回忆反应，某些疫苗免疫后，可产生终生免疫。

（四）免疫的注意事项

（1）选择合适的疫苗。疫苗使用前应检查其名称、厂家、批号、有效期、物理性状、贮存条件等是否与说明书相符。明确其使用方法及有关注意事项并严格遵守，以免影响效果。对过期、瓶塞松动、无批号、油乳剂破乳、失真空及颜色异常或不明来源的疫苗均禁止使用。

（2）预防注射过程严格消毒。注射器、针头等器具应洗净煮沸30min后备用，一猪一个针头，防止交叉感染。注射器刻度要清晰，不滑杆，不漏液。

（3）使用前要对猪群的健康状况进行认真的检查，被免疫猪只必须是健康无病的，否则，易引起死亡并达不到预期的免疫效果。

（4）现用现配。冻干苗自稀释后15℃以下4h、15～25℃ 2h、25℃以上1h内用完，最好是在不断冷藏的情况下（约8℃）两小时内用完。油乳剂灭活苗和铝胶疫苗冷藏保存的要升高到室温，当天内用完，过期不能使用。有专用稀释液的，要用专用的稀释液稀释疫苗。疫苗接种完毕后，将用过的疫苗瓶及接触过疫苗液的瓶、皿、注射器等进行消毒处理。

（5）防止药物对疫苗接种的干扰和疫苗间的相互干扰。在注射病毒性疫苗的前后3d严禁使用抗病毒的药物和带猪消毒，两种病毒性活疫苗的使用要间隔7～10d，减少相互干扰。病毒性活疫苗和灭活疫苗可同时分开使用。注射活菌疫苗前后5d严禁用抗生素，两种细菌性活疫苗可同时使用。抗生素对细菌性灭活疫苗没有影响。

（6）注意母源抗体干扰。现在动物接种疫苗较多，成年母畜禽通过奶或蛋将抗体传给幼畜禽，会干扰幼畜禽免疫。母源抗体有消长规律，如猪瘟在仔猪出生后7日龄母源抗体就会减少，10～12日龄时首免，为克服母源抗体干扰，可2～4倍量使用，5～7d产生免疫力，25～30日龄时二免，1倍量。进行两次免疫的原因为第一次免疫的免疫应答期长，产生的抗体水平不高，免疫期短，必须隔一段时间加强免疫一次。第二次免疫后，免疫应答期较第一次短，产生的抗体水平高，免疫期长。注意不能等第一次抗体水平消失后再免疫，必须在将要下降时免疫，不要产生免疫空白期。当然，作为规模化猪场，还是要结合种母猪免疫程序以及仔猪体内母源抗体的实际消长规律来制定仔猪免疫程序，实际生产中，也确实有21日龄断奶后母源抗体仍然较高的情况存在。

（7）注意免疫过敏。免疫时，有时因为疫苗或猪只的问题产生过敏现象，因此，在全群免疫前，先免疫几头猪进行试验，如无过敏现象再进行全群免疫。因为，在注射疫苗时会出现过敏反应（表现为呼吸急促、全身潮红或苍白等），所以，每次接种时要有肾上腺素、地塞米松等抗过敏的药备用。

（8）病猪紧急接种顺序。先健康，后假定健康，最后病猪。注意有病的不活泼，抓猪时它不乱跑，这样的猪留到最后免疫。

（9）空疫苗瓶不能乱放，防散毒，要做无害化处理。天气突变、转群、应激情况暂时不免；免疫当天一定饮用好的电解多维；定期搞好免疫抗体检测，评估效果；保存好购买疫苗的发票，做好疫苗留样，为可能的纠纷提供证据，并及时填好免疫记录，做好免疫标志。

（10）免疫接种时要保证垂直进针，这样可保证疫苗的注射深度，同时，还可防止针头弯折。股肉注射时注意针头大小的选择。不同大小的猪要选择对等的针头（表2-1）。

表2-1　不同时期的猪所对应用的针头大小

阶段	针头长度（mm）		阶段	针头长度（mm）
哺乳仔猪	9×10		育成猪、育肥猪、后备母猪、公猪	16×38
断奶仔猪	12×20	16×20 （黏稠疫苗如口蹄疫疫苗）	基础母猪、公猪	16×45

注：①实际操作时，应根据猪的体重进行选择，推荐使用5种型号：9mm×10mm、12mm×20mm、16mm×20mm、16mm×38mm和16mm×45mm

②基础母猪体重偏小，在选用16mm×45mm感觉略长时，也可选用16mm×38mm

③育成猪、育肥猪、后备母猪、公猪通常选择16mm×38mm，也可选用16mm×25mm

（五）制定免疫程序所考虑因素

猪场的免疫程序并不是固定不变的，每个猪场都要根据当地猪病流行情况制定或调整本场的免疫程序，制定猪场免疫程序时，需要综合考虑各方面的因素。

1. 免疫特定时间

疫苗的免疫时间有前有后，在现代规模化养殖条件下，应根据猪的生理和免疫特性以及传染性疾病的发病规律，确定最适于免疫接种的时间，而且某种疾病最适于免疫的时间段是有限的，暂且称之为免疫特定时间。这种限制对于仔猪尤其严格，一般认为10～70日龄是最为有效的免疫时间，而且通常要在7～45日龄完成所有的基础免疫，这就更加限制了免疫特定时间的范围；种猪的免疫特定时间相对比较宽松。

2. 免疫优先次序

一个猪场通常需要接种多种疫苗，半数以上疫苗需要加强免疫1～2次，因而导致狭小的免疫特定时间段非常拥挤，有的猪场甚至缩短免疫间隔，以安排更多的接种次数，这样往往会导致免疫失败。因此，如何合理选择疫苗和安排疫苗的免疫次序，显得非常重要。所谓免疫优先次序，是指猪场依据当地的疾病流行状况，选择哪些疫苗是必需接种且要优先考虑的、哪些是次要的、而哪些是可以不接种的，以期合理有效地利用有限的免疫特定时间，使所接种的疫苗能发挥最大的保护效力。生产上，病毒性疾病的流行往往引起细菌性病原的继发感染，导致高发病率和高死亡率，因此，一般来说病毒性疾病疫苗要优先免疫。

通常在使用 2 种以上弱毒苗时，应相隔适当的时间，以免因免疫间隔太短，导致前一种疫苗影响后一种的免疫效果。病毒之间的相互干扰，可能因先接种病毒诱导产生的干扰素抑制了后接种的病毒，如副黏病毒疫苗和冠状病毒疫苗之间的相互干扰。因此，免疫过于频繁，致使免疫间隔过短，会发生免疫效果低下，甚至免疫失败。间隔时间一般至少两周为宜，特殊情况要进行评估。

3. 动物健康及营养

动物体质较弱或者维生素、微量元素、氨基酸缺乏都会使免疫能力下降。维生素 A 对免疫力的强弱有很重要的作用，如果维生素 A 缺乏会导致动物淋巴器官萎缩，T 细胞吞噬能力下降以及 B 细胞产生抗体能力下降。维生素 E 和硒能增加 T 细胞的增殖，锌对于保持淋巴细胞的正常功能有重要作用，锌缺乏可以导致胸腺退化。抗体的化学本质是免疫球蛋白，氨基酸的缺乏会使免疫球蛋白的合成能力下降，特别是苏氨酸在妊娠母猪免疫球蛋白合成上十分重要，如果缺乏会影响母猪血浆中免疫球蛋白的浓度。营养不良的动物极易发生免疫失败的现象。

4. 环境因素

包括环境温度、湿度、通风情况、卫生情况等。如果环境过热、过冷、湿度大、通风不良都会使动物出现应激反应，使动物的免疫应答能力下降，接种疫苗后不能得到良好的效果，细胞免疫应答减弱，抗体水平低下。如果卫生条件好，消毒全面科学，就会大大减少动物发病的机会，即使抗体水平不高也能保护动物不发病。如果环境差，就会存在大量的病原微生物，抗体水平比较高的动物也存在发病的可能性。虽然经过多次免疫后，动物会获得很高的免疫力，但多次免疫会使动物的生产性能下降。

5. 母源抗体

母源抗体对保护新生动物免受早期感染具有不可替代的作用，但母源抗体也可干扰小动物主动免疫的产生，特别是免疫程序不当的时候。母源抗体对弱毒苗的影响大于对灭活苗的影响。如果在首免时，动物存在较高的母源抗体，就会极大地影响疫苗的免疫效果。所以，对有母源抗体干扰的疫苗，要根据母源抗体水平来确定首免日龄。

6. 合理选择细菌性疫苗

细菌性疾病的感染十分复杂，一些病原细菌的流行血清型很多，如猪放线杆菌，至少有 15 种血清型，其中至少有 5 种血清型具有很强的毒力，然而不同血清型疫苗的交叉保护并不理想。因此，在选择细菌性疫苗时，必须充分了解本场、本地区的疾病流行情况以及相关病原细菌血清型的流行情况，尽量做到不接种无效的细菌疫苗。当然，只针对本场、本地区的流行血清型，接种相应的细菌疫苗几乎是不可能的。一方面猪场并不了解当地的细菌血清型流行情况，而统计并跟踪病原血清型变化规律，需要专业的技术人员和专业的实验室，长期系统的工作并不断公布数据信息，在我国现阶段，没有任何机构开展这方面的工作。另一方面，细菌疫苗的种类虽然很多，但依然不能覆盖所有可能的致病血清型。此外，病毒性病原对疫苗佐剂及细菌疫苗接种的应激反应，同样不可忽视。例如，接种支原体灭活疫苗，就有可能激发圆环病毒的大量复制，导致严重的发病过程和免疫抑制，而一般猪场圆环病毒的感染十分普遍，因此，使用支原体疫苗前，就必须监测或了解猪场的圆环病毒感染情况。

7. 免疫抑制性因素

只有健康的猪才能针对疫苗产生最佳的特异性免疫反应。当前，许多猪场都存在多种免疫抑制性因素，包括免疫抑制性病原的感染、饲料中的真菌毒素等。

8. 免疫需要营养物质做基础

无论是免疫中产生的免疫球蛋白，还是细胞反应中的白细胞数增加，均要消耗相当数量的营养物质，特别是蛋白质与能量。接种疫苗种类越多，所消耗的营养物质越多，尤其是加强免疫所产生的大量抗体，更需要大量的营养物质。因此，在猪群有限的免疫空间里，制定科学合理的免疫程序，减少接种不必要的疫苗，降低免疫反应所消耗的营养物质，有利于猪的生长与繁殖。

（六）规模猪场免疫程序推荐

1. 规模猪场基础免疫程序1（表2-2）

表2-2　规模猪场基础免疫程序1

阶段	疫苗种类	免疫时间	接种方法	用量
商品猪	伪狂犬	出生当天	滴鼻	滴鼻超前免疫
	圆环病毒病	14日龄	肌注	2mL或1mL间隔半月再1mL
	猪瘟	21日龄	肌注	2~4头份
	伪狂犬	28日龄	肌注	1头份
	口蹄疫	42日龄	肌注	2mL
	猪瘟	63日龄	肌注	4~6头份
	口蹄疫	91日龄	肌注	2~3mL
经产母猪	猪瘟	配种前	肌注	4~6头份
	伪狂犬	妊娠80d左右	肌注	2头份
	口蹄疫	配种前或妊娠80d	肌注	3mL
	乙脑	每年3月底4月初，两周后加强免疫一次	肌注	1头份（2mL）
后备种猪	猪瘟苗	161日龄	肌注	4~6头份
	伪狂犬	168日龄	肌注	1头份
	口蹄疫	175日龄	肌注	3mL
	乙脑苗	182日龄	肌注	1头份
	细小苗	189日龄	肌注	1头份
种公猪	猪瘟苗	春秋两季	肌注	4~6头份
	伪狂犬疫苗	一年3次	肌注	2头份
	乙脑苗	每年3月底4月初	肌注	1头份
	口蹄疫	冬春两季	肌注	3mL
外购猪	猪瘟苗	进猪第3d	肌注	4~6头份
	口蹄疫	进猪第10d	肌注	2~3mL

2. 规模猪场推荐免疫程序2（表2－3）

表2－3 规模猪场基础免疫程序2

阶段	免疫时间	疫苗种类	剂量	使用方法
后备猪	175日龄	乙脑	2mL	肌内注射
		细小病毒	2mL	颈部肌内注射
	182日龄	口蹄疫	2mL	颈部肌内注射
	189日龄	猪瘟	1头份	配生理盐水肌内或皮下注射
	196日龄	伪狂犬	1头份	配专用稀释液肌内注射
	203日龄	蓝耳病弱毒苗	1头份	配专用稀释液颈部肌内注射
	210日龄	乙脑	2mL	肌内注射
		细小病毒	2mL	颈部肌内注射
经产母猪	妊娠56d	口蹄疫	4mL	颈部肌内注射
	妊娠63d	伪狂犬	1头份	配专用稀释液肌内注射
	妊娠98d	气喘病	2mL	颈部肌内注射
	产后7d	蓝耳病弱毒苗	1头份	配专用稀释液颈部肌内注射
	产后14d	口蹄疫	4mL	颈部肌内注射
	产后21d	猪瘟	2头份	配生理盐水肌内或皮下注射
商品猪	28日龄	伪狂犬	1头份	配专用稀释液肌内注射
	35日龄	气喘病	2mL	颈部肌内注射
	49日龄	口蹄疫	1mL	颈部肌内注射
	63日龄	猪瘟	1头份	配生理盐水肌内或皮下注射
	70日龄	伪狂犬	1头份	配专用稀释液颈部肌内注射
	77日龄	口蹄疫	2mL	颈部肌内注射
	105日龄	口蹄疫	3mL	颈部肌内注射
公猪	每年3月、9月隔周免疫猪瘟、口蹄疫、伪狂犬、乙脑、细小病毒品疫苗			

三、猪场保健方案与实施

（一）各阶段猪群药物保健方案

1. 种公猪保健方案

（1）保健目的。降低公猪体内病毒及细菌指数，防止本交造成的交叉感染，提高胚胎品质。

（2）药物保健。种公猪一般要每1～2个月饲料投药1次。可用恩诺沙星拌料，连用7d；泰乐菌素拌料，连用7d；如考虑病毒感染，另添加一些中草药制剂如荆防败毒散等拌料可降低病毒感染的机会。

2. 后备母猪保健方案

（1）保健目的。控制或消灭各种细菌性、病毒性疾病的感染，净化猪体内病原体，增强抵抗力，抵御繁殖障碍性疾病，促进后备母猪生殖系统发育，提高免疫效果，获得最佳受胎率。

（2）药物保健。后备母猪在免疫接种前用下列药物组合中的一种连续饲喂7～10d。可用清瘟败毒散＋金霉素＋维生素E或金霉素＋阿莫西林。

3. 妊娠母猪保健方案

（1）保健目的。抑制体内外病原微生物，预防各种疾病通过胎盘垂直传播给胎儿，提高妊娠质量。

（2）药物保健。妊娠30d后可用金霉素＋阿莫西林＋黄芪多糖，饲喂5～7d；产前10d可用金霉素＋阿莫西林＋维生素E饲喂至临产前。

4. 哺乳母猪保健方案

（1）保健目的。消除母猪乳房炎和产道感染，增强母猪体质，预防母猪无乳综合征和产后褥热的发生，提高断奶母猪发情率，预防多种病原体对仔猪的早期感染。

（2）药物保健。产仔当天可注射林可霉素、头孢噻呋纳等抗生素一针，连用3d；3～5d母猪恢复食欲后，用替米考星＋金霉素，阿莫西林＋维生素E饲喂7～10d。

5. 哺乳仔猪保健方案

（1）保健目的。预防仔猪黄、白痢等肠道疾病及其他细菌性疾病，预防早期的支原体感染，促进仔猪消化系统微生态系统平衡，增强仔猪抵抗力；提高仔猪成活率，提高仔猪生长速度及整齐度，增加断奶体重。

（2）药物保健。初生仔猪1～2日龄注射补铁针剂；针对当前初生仔猪3日龄内腹泻，可口服土霉素或微生态制剂，预防该病的发生；21日龄内做两针保健计划：0～7日龄注射长效土霉素。

6. 断奶仔猪保健与免疫方案

（1）保健目的。调节仔猪体内电解质平衡，补充维生素，预防仔猪水肿病、寄生虫和断奶应激，防止断奶仔猪多系统衰竭综合征的发生。

（2）药物保健。仔猪断奶前两天至断奶后8d可用支原净＋强力霉素＋多维素饲喂4～5d；后期用替米考星＋金霉素＋阿莫西林＋虫力黑；或支原净＋氟苯尼考＋伊维菌素，连用7d。

7. 保育猪转栏前3d药物保健

（1）保健目的。增强仔猪抗应激能力，预防转栏引起的呼吸道疾病，预防仔猪腹泻，提高仔猪生长速度。

（2）药物保健。可用支原净＋阿莫西林＋复合维生素拌料；泰乐菌素＋复合维生素拌料。

8. 育肥猪保健与免疫方案

（1）保健目的。控制各种免疫抑制性疾病和病毒性疾病的发生和继发；继续控制呼吸道疾病；控制各种体内、外寄生虫；控制各种皮肤病；增强体质，提高免疫力。降低料肉比，缩短出栏时间。

（2）药物保健。① 春夏季节，可用清瘟败毒散＋金霉素＋维生素C＋百虫杀。主要预防附红细胞体、弓形体、链球菌及缓解应激等。②秋冬季节，可用强力霉素＋氟苯尼考或替米考星＋百虫杀。主要预防流感、口蹄疫及呼吸系统疾病。

（二）猪场驱虫方案

1. 猪场驱虫药使用原则

（1）选好时间，全群覆盖驱虫，经常阶段性、预防性用药，防止再感染。

（2）了解寄生虫生活规律，选好驱虫药、驱虫方法，最好选用功能全面的复方药。

2. 常用的几种驱虫模式及优缺点

（1）不定期驱虫模式。以发现猪群寄生虫感染病征的时刻确定为驱虫时期，针对所发现的感染寄生虫种类，选择驱虫药物进行驱虫。

采用该驱虫模式的猪场比例较高，尤其是在中小型养猪场（或户）使用非常普遍。其优点：直观性和可操作性较强。但该模式问题较多，其驱虫效果不甚明显。

（2）一年两次全场驱虫模式。每年春季（3～4 月）进行第一次驱虫，秋冬季（10～12 月）进行第二次驱虫，每次都对全场所有存栏猪进行全面用药驱虫。

该模式在较大的规模猪场使用较多。该驱虫模式操作简便，易于实施。但是，2 次驱虫的时间间隔太长，连生活周期长达 2 个半月到 3 个月的蛔虫，在理论上也能完成 2 个时代的繁殖，难于避免重复感染。

（3）一年一次的驱虫模式。为了方便规模化企业的生产管理，某些知名国外兽药生产企业推荐在种猪群使用一年一次的驱虫模式，即全年母猪群、公猪群统一进行 1 次驱虫，其繁殖的商品代猪在上市前不需要再免疫。但初次免疫时，已经出生的仔猪、育肥猪群要统一免疫 1 次。

（4）阶段性驱虫模式。指在猪的某个特定阶段进行定期用药驱虫。种公猪、种母猪每年驱虫两次，每次用全驱药拌料连喂 7d；后备公母猪转入种猪舍前驱虫 1 次，用全驱药拌料用药连喂 7d；初生仔猪在保育阶段 50～60 日龄驱虫 1 次，用全驱药拌料连喂 7d；引进猪并群前驱虫 1 次，每次拌料用药连喂 7d。

该方案不能彻底净化猪场各阶段猪群的寄生虫感染，种猪仍然存在一定程度的寄生虫感染。而且阶段性驱虫用药时间非常分散，实际操作执行不太方便。

（5）其他驱虫模式。

① 自繁自养的养猪场（或户）驱虫模式。种猪（空怀母猪、怀孕母猪、公猪）一年驱虫 4 次；商品猪在保育阶段驱虫 1 次。

② 购买仔猪饲养的养猪场（或户）驱虫模式。购来的仔猪在 7d 后进行驱虫 1 次；育肥猪在 60 日龄左右驱虫 1 次；寄生虫病严重的猪场可在猪 50kg 左右时再驱虫 1 次。

此驱虫模式特点：从种猪源头上消除寄生虫散播，起到了全场逐渐净化的效果；在保育期间猪对寄生虫最易感，此时驱虫效果明显又经济；对种猪有规律地全年 4 次驱虫，消除了重复感染的机会。

（三）猪场驱蚊灭蝇和灭鼠

蚊蝇影响生猪休息，增加饲料消耗，降低生长速度和饲料转化率。同时，蚊蝇叮吸血液，成为很多传染病的传播媒介。据统计，蚊子能传播 20 多种疾病，苍蝇能传播 30 多种疾病，老鼠能传播 20 多种疾病。一只老鼠每年能消耗 12kg 左右饲料，一个猪场及周围一般有 150 只左右的老鼠，一年耗料 1 500kg 左右，污染饲料 5 000kg 左右，还能咬坏电线、饲料袋、木头门窗，引起火灾。因此，猪场要做好驱蚊灭蝇和灭鼠的工作，但注意的是猪场不能养猫，因为猫是弓形体的终末宿主，是弓形体病的主要传染源。

1. 灭鼠措施

在猪场周边安装纱网以防老鼠及其他动物；坚持常年实施药物灭鼠工作，同时，场内的饲养人员也应该加强对老鼠的观察，出现老鼠密度增大等情况时，及时投放鼠药进行灭鼠。目前，市面上的杀鼠剂很多，有生物杀鼠剂和化学杀鼠剂等多种，既有速效鼠药也有慢性鼠药，猪场多选择慢性鼠药，例如，可选用稻谷型血凝抑制剂，每 3 ~ 6 个月灭鼠 1 次。

2. 灭蚊蝇措施

减少污水的排放和存留，一般采用药物拌料的方式，对蚊蝇进行驱杀，例如，用灭蝇胺原粉 8g/T 拌料，全场饲料投药，用 1 个月停 1 个月。

（四）猪场保健的其他措施

对猪群健康状况定期检查，发现病猪立即隔离，严重者予以淘汰处理。对于一些无传染性的疾病或有治疗价值的病猪可进行单独治疗，但要做好防止病原菌扩散工作。

建立猪场化验室，开展种猪疾病监测，重点放在蓝耳病、圆环病毒病、伪狂犬病等几种危害严重的疾病，充分利用化验室的设备及优势经常做细菌培养、药敏试验、抗体水平的测定等，指导生产上预防用药，检测疫苗免疫效果，都起到很好的作用。

制定科学的疫情扑灭措施，发现有重大疫情时及时隔离或淘汰，建立合理的全场消毒计划，根据情况全群进行紧急接种或药物预防，避免疫病的流行。

四、猪场消毒程序的制定

消毒是采用物理学、化学、生物学手段杀灭和减少生产环境中病原体的一项重要技术措施。其目的在于切断疫病的传播途径，防止传染性疾病的发生与流行，是综合性防疫措施中最常采用的重要措施之一。

（一）消毒的种类和方法

1. 消毒的种类

（1）日常消毒。日常消毒也称为预防性消毒，是根据生产需要采用各种消毒方法在生产区和猪群中进行的消毒。主要有日常定期对栏舍、道路、猪群的消毒，定期向消毒池内投放消毒剂等；临产前对产房、产栏及临产母猪的消毒，对仔猪的断脐、断尾、阉割时的术部消毒；人员、车辆出入栏舍、生产区时的消毒；饲料、饮用水及空气的消毒；器械如体温表、注射器、针头等的消毒。

（2）即时消毒。即时消毒亦称为随时消毒，是当猪群中有个别或少数猪发生一般性疫病或突然死亡时，立即对其所在栏舍进行局部强化消毒，包括对发病或死亡猪只的消毒及无害化处理。

（3）终末消毒。终末消毒也称为大消毒，是采用多种消毒方法对全场或部分猪舍进行全方位的彻底清理与消毒。主要用于全进全出猪舍，当猪群全部自栏舍中转出空栏后，或在发生烈性传染病的流行初期和在疫病流行平息后，准备解除封锁前均应进行大消毒。这次消毒有效的前提是，必须首先对圈舍、栏位、墙壁、屋顶等进行彻底的清洗，如果清洗不干净，即使消毒再好，也会很快繁殖。在进行空圈冲洗消毒后，要按照规定保持一段时间的空栏及干燥时间，这样有利于有害病菌的彻底消除，因为干燥可以让细菌或者病毒的细胞失水，这样的效果最彻底。如果有条件，尽可能延长空栏干燥时间。这也是新圈舍或者长期空栏的圈舍饲料成绩特别好的原因。

2. 消毒的方法

（1）物理消毒法。物理消毒法主要包括机械性清扫刷洗、高压水冲洗、通风换气、高温高热（灼烧、煮沸、烘烤、焚烧等）和干燥、光照（日光、紫外线光照射等）。在实际工作中，猪场入口更衣室要用紫外线灯对进场人员进行 10～15min 消毒，这也属于物理消毒。

（2）化学消毒法。采用化学药物（消毒剂）杀灭病原，是消毒中最常用的方法之一。理想的消毒剂必须具备抗菌谱广、对病原体杀灭力强、性质稳定、维持消毒效果时间长、对人畜毒性小、对消毒对象损伤轻、价廉易得、运输保存和使用方便、对环境污染小等特点。使用化学消毒剂时要考虑病原体对不同消毒剂的抵抗力、消毒剂的酸碱度、消毒剂的杀菌谱、有效使用浓度、作用时间、对消毒对象及环境温度的要求等。一般每周对全场大小环境定期消毒 1 次或 2 次，各消毒池要经常更换药物，保持有效的消毒浓度。

（3）生物学消毒法。对生产中产生的大量粪便、粪污水、垃圾及杂草采用发酵法，利用发酵过程所产的热量杀灭其中的病原体，是各地广泛采用的方法，可采用堆积发酵。此外，在搞好猪舍内外环境卫生消毒的同时，在场区内适度种植花草树木，美化环境。

（二）消毒设施和设备

消毒设施主要包括场和生产区大门的大型消毒池、猪舍出入口的小型消毒池、人员进入生产区的更衣消毒室及消毒通道、消毒处理病死猪尸体的尸体坑、粪污消毒处理的堆积发酵场等。常用消毒设备有喷雾器（图 2－7、图 2－8）、高压清洗机、高压灭菌容器、煮沸消毒器、火焰消毒器等。

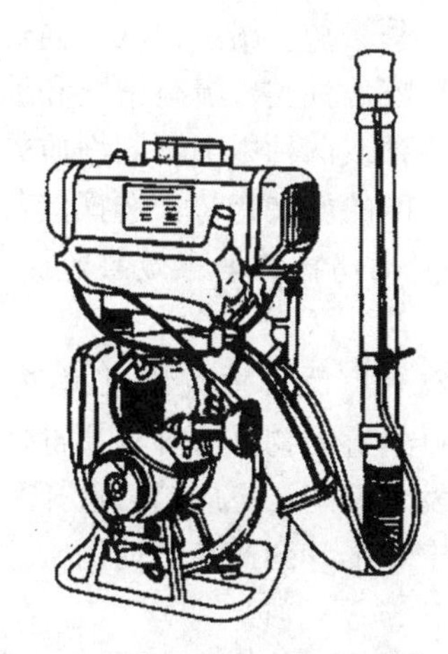

图 2－7 背携式机动喷雾器

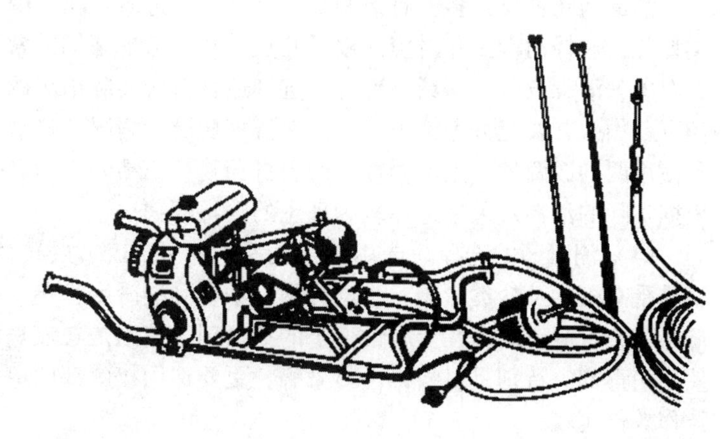

图 2－8 担架式机动喷雾器

（三）常用消毒药物的种类

（1）醛类。包括戊二醛、甲醛等，属高效消毒剂，可消毒排泄物、金属器械等，也可用于猪舍的熏蒸和防腐等。

（2）含碘化合物。常用的有游离碘、复合碘、碘仿等，大多数为中效消毒剂，少数为低效消毒剂。常用于皮肤黏膜的消毒，也用于猪舍的消毒。

（3）含氯化合物。主要包括漂白粉、次氯酸钙、二氧化氯、液氯、二氯异氰尿酸钠等，属中效消毒剂。常用于水体、容器、食具、排泄物或疫源地的消毒。

（4）过氧化物类。常用的有过氧乙酸、过氧化氢和臭氧 3 种，属高效消毒剂，可用于有关器具、猪舍及室内空气等的消毒。

（5）酚类。包括苯酚（石炭酸）、甲酚、氯甲酚、甲酚皂溶液（来苏尔）、臭药水、六氯双酚等，属中效消毒剂。常用于器械及猪舍的消毒与污物处理等。

（6）醇类。常用的有乙醇、甲醇、异丙醇、氯丁醇、苯乙醇、苯氧乙醇、苯甲醇等，属中效消毒剂，作用比较快，常用于皮肤消毒或物品表面消毒。

（7）季铵盐类化合物。这类化合物是阳离子表面活性剂，用于消毒的有新洁尔灭、度米芬、消毒净、氯苄烷铵、氯化十六烷基吡啶、溴化十六烷基吡啶等，属低效消毒剂。但其对细菌繁殖体有广谱杀灭作用，且作用快而强。常用于皮肤黏膜和外环境表面的消毒等。

（8）烷基化气体消毒剂。主要包括环氧乙烷、环氧丙烷、乙型丙内酯和溴化甲烷等，属高效消毒剂，可用于猪场舍及饲料、金属器械等的消毒。

（9）酸类和酯类。常用的有乳酸、醋酸、水杨酸、苯甲酸、二氧化硫、亚硫酸盐、对羟基苯甲酸等，属低效消毒剂。

（10）其他消毒剂。常用的有高锰酸钾、碱类（氢氧化钠、生石灰）等。一些染料如三苯甲烷染料、吖啶染料和喹啉等也有杀菌作用。有时可用于皮肤黏膜的消毒和防腐。

（四）消毒药物的选择及注意事项

消毒药物种类很多，有氯制剂、碘制剂、过氧化物、醛、季铵盐、酚、强碱及复合类型等，选择消毒药品时应注以下几点：一要考虑猪场的常见疫病种类、流行情况和消毒对象、消毒设备、猪场条件等，选择适合自身实际情况的两种或两种以上不同性质的消毒药物；二要充分考虑本地区的猪群疫病流行情况和疫病可能的发展趋势，选择储备和使用两种或两种以上不同性质的消毒药物；三要定期开展消毒药物的消毒效果监测，依据实际的消毒效果来选择较为理想的消毒药物。

（1）消毒药的选择。选用消毒药品时，要选效力强、效果广泛、生效快且持久、不易受有机物及盐类影响、渗透性强、不易受酸碱度影响、可消毒污物且能抑臭、毒性低不污染水源、刺激性及腐蚀性小的消毒剂。特别是在疫病发生期间，更应精心选择和使用消毒剂，特别是对病毒性传染病，更要选用权威部门鉴定和推荐的产品，使用中注意作效价比较。

（2）制订消毒计划。使用前应充分了解消毒剂的特性，提前制订消毒计划，结合季节、天气，充分考虑适用对象、场合。

(3) 按药品说明配制浓度稍高的标比配置。消毒药物一般稳定性比较差，药品从出厂至使用时，经过了很多中间环节，其有效成分由于各种原因已经丧失不少，所以，建议按药品说明配置浓度稍高的标比配置。稀释后一次用完，并将原液储存于冷暗处。

(4) 定期更换。消毒药物要定期更换，不要长时间使用一种消毒剂消毒，以免病原体产生耐药性，影响消毒效果。

(5) 现用现配。消毒药应现用现配，尽可能在规定的时间内用完，配制好的消毒药液放置时间过长，会使药液浓度降低或完全失效。

(6) 不混合使用不同的消毒药混合使用消毒剂只会使消毒效果降低，若需要用数种消毒剂，则单独使用数日再使用另一种消毒剂。

(7) 防护。消毒操作人员要做好自我保护，如戴手套、穿胶靴等，以免消毒药液刺激手、皮肤、黏膜等。同时，也要注意消毒药液对猪群的伤害及对金属等物品的腐蚀作用。

(五) 消毒措施

1. 消毒程序

根据消毒种类、对象、气温、疫病流行的规律，将多种消毒方法科学合理地加以组合而进行的消毒过程称为消毒程序。例如，全进全出系统中的空栏大消毒的消毒程序可分为以下步骤：清扫→高压水冲洗→喷洒消毒剂→清洗→熏蒸→干燥（或火焰消毒）→喷洒消毒剂→转进猪群。消毒程序还应根据自身的生产方式、主要存在的疫病、消毒剂和消毒设备设施的种类等因素因地制宜地加以制定。有条件的养猪场，还应对生产环节中关键部位（例如，产房）的消毒效果进行检测。

2. 日常消毒

(1) 车辆入口消毒池。池长至少为轮胎周长的1.5倍，池宽与猪场入口相同，池内药液高度不小于15cm，同时，配制低压消毒器械，对进场车辆喷雾消毒。消毒池内放置2%～3%烧碱溶液或1∶300菌毒灭。车身、车轮可使用1∶800消毒威喷雾。有重大传染疫情时，严禁车辆进入，必须要进入的，可用2%～3%烧碱溶液对车辆全面喷雾。在冬季要注意，烧碱可能由于气温过低不能发挥作用，在5℃以下不使用烧碱进行消毒处理。

(2) 进入场区的所有物品。要根据物品特点选择使用消毒形式进行消毒处理　如臭氧消毒、紫外灯照射30～60min，消毒药液喷雾、浸泡或擦拭等。同时，注意紫外线灯适时更换，一般45d更换1次。

(3) 工作人员进入生产区前的消毒。必须在消毒间经喷雾消毒或紫外灯消毒5min，并更换工作衣帽。有条件的猪场可以先淋浴、更衣后进入生产区。外来参观者也同样必须按这个程序进行，并提前确定参观路线，参观时绝不随意更改路线。

(4) 脚踏消毒槽。至少深15cm，内置2%～3%的烧碱溶液，消毒液深度大于3cm。药液3～4d更换1次，换液时必先将槽池洗净再换装消毒液，雨天或热天时可酌情增加浓度或提早一天换液。进入猪场者脚踏时间至少15s。使用注意事项同第1条。

(5) 猪舍消毒。空栏时，猪舍清洗干净后以2%～3%烧碱溶液浸渍2h以上，先用硬刷刷洗，再用清水冲洗。放干数日后，关闭猪舍门窗，用过氧乙酸熏蒸12h。最好再用1∶300菌毒灭或1∶800消毒液喷洒消毒1次。雨季，放干后建议用火焰消毒。带猪消毒时，清洗后用0.1%过氧乙酸、0.5%强力消毒灵溶液、0.015%百毒杀溶液喷雾或1∶1 200消毒威药液对猪圈、地面、墙体、门窗以及猪体表喷雾，一般每平方米用配制好的消毒液300～500mL，每周1次或2次。

对产房，先将地面和设施用水冲洗干净，干燥后用福尔马林熏蒸2h，再用1∶300菌毒灭或1∶1 200消毒威溶液消毒一次，事毕用干净水冲去残药，最后用10%石灰水刷地面和墙壁。对母猪体表消毒，可以用1∶500强效碘消毒。进入产房前先把猪全身洗刷干净，再用1∶500菌敌消毒全身，下腹、会阴部、乳房可用0.1%的高锰酸钾清洗消毒。

3. 患病期消毒

出现腹泻疾病时，应立即隔离病猪，将发病猪调离原圈，并对该栏圈清扫、冲洗，用碱性消毒药对猪舍、场地、用具、车辆和通道等进行消毒，供选择的药品有5 %氢氧化钠溶液、双季铵盐类等。也可采用火焰消毒法、干燥等。出现口蹄溃疡疾病时，舍内走廊用5%氢氧化钠溶液消毒，口腔可用清水、食醋或0.1%高锰酸钾冲洗，蹄部可用来苏尔洗涤，乳房可用肥皂或2%～3%硼酸水清洗。圈面用1∶100的双季铵络合碘消毒。出现呼吸道疾病时，应清扫、通风、带猪消毒，此时药物浓度是平时带猪消毒浓度的2倍。消灭虫卵时，圈面清扫冲洗，用5%烧碱溶液消毒后再进行火焰消毒。

4. 消毒制度

按照生产日程、消毒程序的要求，将各种消毒制度化，明确消毒工作的管理者和执行人，使用消毒剂的种类及其使用浓度、方法、消毒间隔时间和消毒剂的轮换使用，消毒设施设备的管理等，都应详细加以规定。

（六）影响消毒效果的因素

1. 圈舍内有机物

圈面的有机物影响消毒效果。有机物的量越多，消毒效力越差。有机物一方面覆盖在病原微生物表面，对其起到机械性保护作用；另一方面可与多数消毒药结合生成不溶性蛋白化合物，既消耗消毒药，又减少消毒药与病原微生物的接触，从而大大降低消毒效果。因此，消毒前应把消毒场所打扫干净，把感染创中的脓血冲洗干净。实践证明，清扫、高压冲洗和药物消毒分别可消除40%、30%和20%～30%的细菌，三者相加可消除90%～100%的细菌。只有彻底清扫、冲洗后消毒，才能保证较好的效果。

2. 舍内温度、消毒时间、药物浓度

舍温在10～30℃，温度越高，消毒效果就会越好；药物浓度越高，时间越长效果越好，但对组织的毒性也相应增大；浓度太低，接触时间太短，又达不到预期的效果。因此，应按各种药的特性，适当选用药物的浓度，达到规定的作用时间，一般药物消毒时间不少于30min。

3. 舍内湿度

猪舍空气中的相对湿度对熏蒸消毒有明显影响。如常用于猪舍熏蒸消毒的甲醛、过氧乙酸，在相对湿度60%～80%时消毒效果最好。干燥时消毒效果不理想。例如，使用福尔马林熏蒸消毒时最适宜的相对湿度为70%～90%，相对湿度低于60%时，其气体的杀菌作用显著降低。

4. 溶液 pH 值

溶液 pH 值的变化可直接影响消毒药物的作用，首先可使消毒药分子发生改变，其次能使病原微生物表面发生改变，再者可使病原微生物和消毒药分子分离开，从而影响消毒效果。随着环境 pH 值的增加，戊二醛、双胍类、染料等消毒药的杀菌作用明显增强；而酚类、有机酸、漂白粉等消毒药的活性则降低。

5. 猪场潜伏的病原体

猪场潜伏的病原体影响消毒效果。要经常对猪群进行抗体监测，根据猪群健康状况确定病原毒力，有针对性地选择消毒药物。如高效消毒药（戊二醛、氢氧化钠、过氧乙酸等）对病毒、细菌、芽孢、真菌等都有效；如中效消毒药（乙醇、碘制剂等）对所有细菌有效，但对芽孢无效。

第四节　影响猪肉安全的常见疫病及防治

一、主要病毒性疫病的防治

（一）猪瘟

猪瘟又称烂肠瘟，由猪瘟病毒引起的一种高度传染性和致死性的疾病。其特征为高热稽留和小血管壁变性引起的广泛出血、梗死和坏死等。猪能通过各种途径感染，但自然情况下以消化道传染为主。近年来有的地区发生一种非典型猪瘟和慢性猪瘟，给本病的防治带来困难。本病被国际兽医局列入 A 类疫病定为国际检疫对象，我国将其列一类动物疫病。

1. 发病情况

本病世界各地均存在。不同性别、年龄、品种的猪均可发生。没有明显的季节性。断奶后的育成猪发病率与死亡率均很高。临床症状根据病程可分为最急性、急性、亚急性和慢性四型。其病程分别为 5d 以内、1～2 周、20d 左右及 30d。主要表现为高热、畏寒、食欲减退、眼结膜炎、小点出血、先便秘、后腹泻。粪便带有血液和假膜。公猪包皮鞘积尿，用手挤后，流出浑浊液体。剖检全身皮肤、浆膜、黏膜均有出血点，淋巴结大理石样出血。肾脏较苍白有出血点，肾盂和肾乳头也常见出血点，喉头及膀胱黏膜出血，脾脏出血性梗死。慢性猪瘟则在盲肠、结肠及回盲瓣处有纽扣状溃疡（图 2-9）。

2. 防治

猪瘟尚无有效的治疗药物和治疗方法。近年来，有人用干扰素、中草药的制剂进行猪瘟预防和治疗的试验，但未取得成功。抗生素与磺胺类药物基本无效。

目前，唯一有效的治疗制剂是猪瘟高免血清，但也只限于对发病前期的猪有效，而对中、后期的病猪基本无效。发现病猪应及时扑杀，深埋、销毁或其他无害化处理。

免疫接种是防治猪瘟最主要的措施，目前，我国普遍使用的是猪瘟疫苗（即猪瘟兔化弱毒菌）。紧急免疫接种，是防治猪瘟的一种应急措施，指在隔离、扑杀病猪的基

图 2-9 猪瘟大肠中的扣状溃疡

础上，对假定健康猪和受威胁区的猪群，进行猪瘟弱毒疫苗接种。经验表明，在使用猪瘟弱毒疫苗时，其免疫剂量增加到 2～4 个头份，效果较好。定期或不定期地时猪场进行消毒，减少内源性病原，防止外源性病原传入。

（二）口蹄疫

口蹄疫俗称口疮、蹄癀，是由口蹄疫病毒引起偶蹄动物患病的一种急性、热性和高度接触性传染病。临床上以口腔黏膜、蹄部和乳房皮肤发生水疱和溃疡为主要特征。本病的病原体为具有多型性及变异性的口蹄疫病毒，血清型有 A、O、C、南非 1、南非 2、南非 3 和亚洲 1 型 7 个主型，每一个主型又分若干亚型。各型之间没有相互交叉免疫性，同一血清型的各亚型之间，仅有部分交叉免疫性。OIE 将其列入 A 类疫病检疫对象，我国将其列为一类动物疫病之首。

1. 发病情况

本病以直接接触和间接接触的方式进行传递。本病发生无明显的季节性。但以秋末、冬春为发病盛期。

猪口蹄疫病毒感染的潜伏期一般为 1～2d。病猪以蹄部水疱症状（图 2-10）为主要特征。病初体温升高至 40～41℃，精神不振，食欲减少或废绝。口腔黏膜形成大小水疱或溃疡。病猪蹄冠、蹄叉部出现红肿，有米粒或蚕豆大小水疱。鼻吻部也会出现水疱。在水疱破裂后表面出血形成糜烂，1 周左右痊愈。如有继发感染，则蹄壳脱落，患肢不能着地，常卧地不起。病猪在鼻镜、乳房部位也可能见到水疱，尤其是哺乳母猪，乳头皮肤发生烂斑为常见。怀孕母猪有时流产，哺乳母猪常有乳房炎发生及慢性蹄叉变形。哺乳母猪常因继发急性胃肠炎和心肌炎而死亡。仔猪死亡率可达 60%～80%。病理变化除口腔、蹄部出现水疱、烂斑外，在咽喉、气管、支气管及胃肠黏膜有时也会有圆形烂斑、溃疡，其上覆盖有棕黑色痂块。心肌切面有灰白色或淡黄色斑点或条纹，出现所谓的“虎斑心”外观，心肌松软，在心包膜上有弥漫性点状出血。

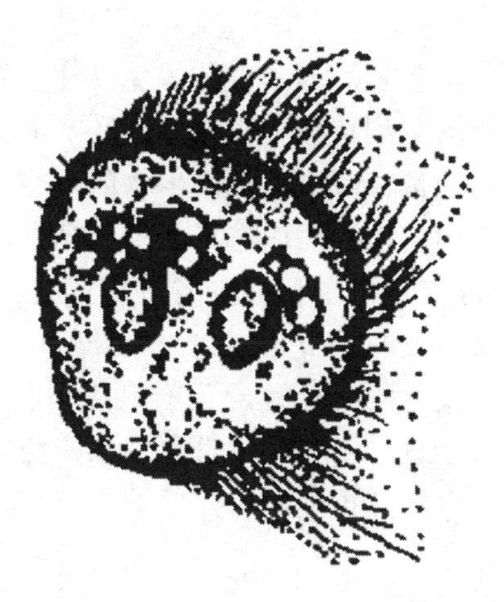
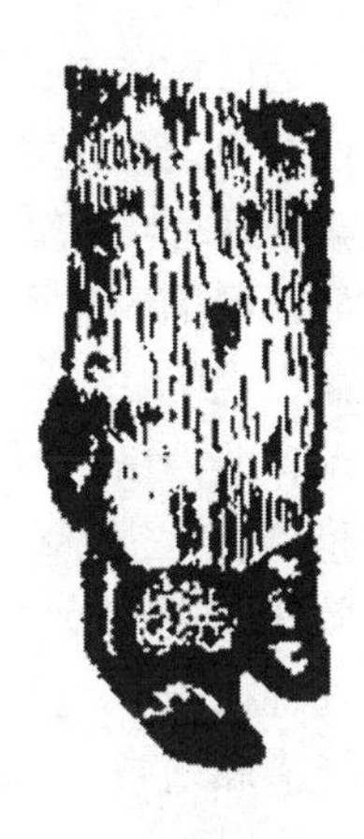

图 2-10　病猪口腔、蹄部水疱

2. 防治

一旦有此病的发生，要采取综合性防治措施。预防用口蹄疫疫苗按免疫程序进行免疫接种。如果有该病发生时，应及时向当地动物防疫监督机构报告，立即对疫区采取封锁、隔离、消毒、扑杀等综合性防治措施。待最后一头病猪痊愈、死亡或急宰后 14d，再经过全面的大消毒，才可解除封锁。同时，进行紧急防疫，采用与当地流行相同型号病毒的疫苗，对疫区和受威胁区内的健康生猪进行紧急免疫注射。

（三）高致病性猪蓝耳病

高致病性猪蓝耳病是由猪繁殖与呼吸综合征病毒（PRRSV）变异株引起的一种急性热性传染病，传播速度快、发病面广。主要表现为病猪高热、食欲废绝、皮肤发红、耳尖发紫、并发其他传染病为主要特征。主要发生在断奶前后的仔猪，20～80kg 的猪也有发生，仔猪发病率可达 100%、死亡率在 50% 以上，母猪流产率达 30% 以上，育肥猪也有发病死亡。我国将本病列为一类动物疫病。

1. 发病情况

本病主要侵害猪，具有流行快、发病广、多途径传播特点；20～80kg 的猪均有发生，其中以断奶前后的仔猪发病较多，其他阶段年龄的猪发病率较低或不发病。具有季节性，是多发生在夏季 6～8 月；其他季节也有发生。临床症状为病猪体温升高 41～42℃，精神沉郁，嗜睡，采食量下降或无食欲、呼吸困难、流鼻涕、咳嗽、眼结膜潮红，眼分泌物增多，具有结膜炎症状；皮肤发红、耳尖发紫，尤以耳颈部、腹部、会阴部明显而严重；大便多干燥，并下痢，呕吐，转圈，抽搐，后肢麻痹不能站立；母猪发生流产、死胎等。主要剖检病变一般都可见肺脏病变，肺脏的病变呈胰样变，散布斑点状淤血（花斑肺）；有的病猪胃底有片状弥漫性出血，淋巴结肿大出血，切面外翻多汁，呈弥漫性出血，尤其腹股沟淋巴结高度肿胀，一般肿大 2～3 倍；脾大，表面有散在性出血点，边缘有梗死灶。肝脏边缘有白色坏死灶，肾稍肿大，呈土黄色有出血点，膀胱有针尖大点状出血；有的病猪表现为胸腹腔积水，心包积液。有的病死猪主要表现为心包炎、心肌炎、胸膜与肺粘连。

2. 防治

实行科学免疫，适时做好高致病性猪蓝耳病灭活疫苗的免疫注射接种；搞好猪场的清洁卫生和消毒工作，将卫生消毒工作落实到猪场管理的各个环节，最大限度地控制病原的传入和传播。猪舍及环境均需定期消毒，减少病原微生物的存在。由于病毒对普通消毒剂不敏感，一般消毒剂对它不起作用，消毒时应选择新型的高效消毒剂，如广东腾骏动物药业的“威牌”复合醛等；提高空气质量，减少各种应激：冬春季要保证舍内空气质量和适当室温，要经常打开气窗，及时调节舍内空气，降低饲养密度；病猪及时隔离和淘汰：场内猪群一旦发现病猪要及时隔离治疗对没有利用价值的病猪及时淘汰。该病发生后，无特效药物进行治疗，治疗效果不佳，并且复发的机会较多，在临床生产实践中采取必要的处理措施，也可以减少部分损失。治疗原则是杀病毒、抗干扰、解热镇痛、抗菌消炎、补液和增强机体免疫力。

二、主要细菌性疫病的防治

（一）猪链球菌病

猪链球菌病是由 C、D、E 及 L 群链球菌引起的一种人畜共患的急性、热性传染病。临床表现为急性出血性败血症、心内膜炎、脑膜炎、关节炎、哺乳仔猪下痢和怀孕母猪流产等。人、畜共患病主要由 C 群溶血性链球菌引起。我国将其列为二类动物疫病。

1. 发病情况

本病主要经消化道、呼吸道和损伤的皮肤感染。经呼吸道传播是猪与猪之间传播的主要方式，通过宰杀和食用病、死猪，将猪链球菌经伤口、消化道是传染给人的主要方式。一年四季均可发生，以夏秋季多发，常呈地方性流行。新疫区可呈暴发流行，发病率和死亡率较高；老疫区多呈散发，发病率和死亡率较低。

临床症状为败血型、脑膜炎型和淋巴结脓肿型；败血型分为最急性、急性和慢性三种类型：最急性型表现发病急、病程短，常无任何症状即突然死亡，体温高达 41 ~ 43℃，呼吸迫促，多在 24h 内死于败血症；急性型多突然发生，体温升高 40 ~ 43℃，呈稽留热。呼吸迫促，鼻镜干燥，从鼻腔中流出浆液性或脓性分泌物。结膜潮红，流泪。颈部、耳郭、腹下及四肢下端皮肤呈紫红色，并有出血点，多在 1 ~ 3d 死亡；慢性型表现为多发性关节炎。关节肿胀，跛行或瘫痪，最后因衰弱、麻痹而死。脑膜炎型以脑膜炎为主，多见于仔猪，主要表现为神经症状，如磨牙、口吐白沫，转圈运动，抽搐、倒地四肢划动似游泳状，最后麻痹而死。病程短的几小时，长的 1 ~ 5d。淋巴结脓肿型以颌下、咽部、颈部等处淋巴结化脓和形成脓肿为特征。主要剖检病变：败血型以出血性败血症为主，可见鼻黏膜紫红色、充血及出血，喉头、气管充血，常有大量泡沫。肺充血肿胀。全身淋巴结有不同程度的肿大、充血和出血。脾大 1 ~ 3 倍，呈暗红色，边缘有黑红色出血性梗死区。胃和小肠黏膜有不同程度的充血和出血，肾肿大、充血和出血，脑膜充血和出血，有的脑切面可见针尖大的出血点。脑膜炎型为脑膜充血、出血甚至溢血，个别脑膜下积液，脑组织切面有点状出血，其他病变与败血型相同。淋巴结脓肿型为关节腔内有黄色胶冻样或纤维素性、脓性渗出物，淋巴结脓肿，有些病例心瓣膜上有菜花样赘生物。

2. 防治

有本病流行的猪场和地区可使用疫苗进行预防。猪链球菌病疫苗有弱毒活疫苗和灭活疫苗，前者是由C群链球菌制备的，预防由猪链球菌2型引起的疾病效果不佳。灭活疫苗是由猪链球菌2型菌株制备的，对预防由该型菌株引起的疾病有较好的免疫效果，妊娠母猪可于产前4周进行接种；仔猪分别28日龄和45日龄各接种1次。后备母猪于配种前接种1次，免疫期可达半年。也可应用本场分离菌株制备灭活疫苗进行免疫接种。早期可用青霉素、头孢类药物、喹诺酮类药物（如恩诺沙星、氧氟沙星）进行治疗，连续用药，可收到较好的效果。

做好公共卫生，饲养人员、兽医、屠宰工人及检疫人员，接触病猪时，防止外伤发生，严格消毒，做好个人防护工作。禁止扑杀、屠宰、剖检、加工和贩卖病猪，以预防人的感染。病死猪深埋，做好无害化处理。

（二）猪丹毒

猪丹毒是由猪丹毒杆菌引起的一种急性高热性传染病，也是一种人畜共患传染病。其特征是：急性型呈败血症症状，发高热；亚急性型表现为皮肤紫红色疹块，呈菱形、圆形、方形不等，俗称“打火印”；慢性型表现为疣状心内膜炎和关节炎。人经创伤、黏膜侵入或吃肉而感染，称为类丹毒。我国将其列为二类动物疫病。

1. 发病情况

多发于3～12月龄的架子猪，呈地方性流行或散发。临床症状为急性型（败血型）、亚急性型（疹块型）和慢性型。急性型（败血型）见于流行初期，个别猪可能不表现症状而突然死亡，多数病例体温升高达42℃以上，食欲废绝，不愿行动，间或呕吐，眼结膜充血，病初便秘，后腹泻。发病1～2d后，皮肤上出现大小不一、形状不同的红斑，指压褪色。多数病程为2～4d，病死率80%以上。哺乳仔猪和刚断奶小猪发生猪丹毒时往往有神经症状，抽搐，病程不超过1d。亚急性型（疹块型）在皮肤上出现疹块，病初食欲减退，精神不振，不愿走动，体温升高但很少超过42℃。发病后1～2d在背、胸、颈和四肢等部位出现菱形、方形等大小不等的疹块（图2－11），先呈浅红，后变为紫红，以至黑紫色，稍隆起，界限明显，白毛猪很容易看出。随着疹块的出现，体温下降，病情减轻，数天后疹块消退，形成干痂并脱落，病程1～2周。慢性型　单独发生少见，多由急性或亚急性转化而来。主要是四肢关节炎或心内膜炎，有时两者兼有。患关节炎的猪，受害关节肿胀、疼痛、僵硬、步态强拘，甚至发生跛行。患心内膜炎的猪，体温一般正常，少有偏高者，食欲时好时坏，呼吸短促增快，有轻微咳嗽，可见黏膜发绀，猪体的下腹部及四肢发生水肿，或后肢麻痹，心脏吸诊有明显的杂音，强迫激烈行走时，可突然时倒地死亡。皮肤坏死常发生于背、肩、耳及尾部。局部皮肤变黑，干硬如皮革样，逐渐与新生组织分离，最后脱落，遗留一片无毛而色淡的疤痕。主要剖检病变急性型患猪的背部、胸部、腹侧皮肤及皮下脂肪组织呈弥漫性充血潮红，有的全身或背部、胸腹侧呈带状称为“大红袍”或“小红袍”。全身淋巴结肿大呈弥漫性潮红或紫红色；胃底黏膜大面积呈紫红色呈急性卡他性或出血性炎症；肾脏肿大，呈弥漫性暗红色，有“大红肾”之称；肝脏颜色由正常的红棕色转为特殊的鲜红色，脾脏肿大呈樱桃红色。亚急性型　特征是皮肤疹块，内脏变化略轻于败血型。慢性型常有房室瓣疣状心内膜炎，多见于左心二尖瓣，瓣膜上有菜花状灰白色的赘生物。关节炎的病猪，肿大的关节腔内常有纤维素性渗出物。

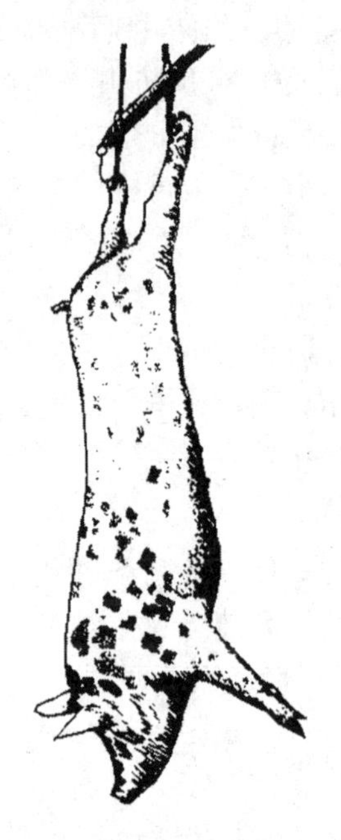

图 2－11 猪丹毒疹块型的皮肤轻度肿胀

2. 防治

预防本病主要应用猪丹毒弱毒冻干苗，或猪瘟、猪丹毒二联冻干苗预防注射。在本病常发地区，每年春秋或夏冬二季定期进行预防注射，如在哺乳期防疫，则应在断乳后再补行免疫接种。另外，需加强产地检疫及疫病监测，做到及早发现病猪及时隔离治疗。

治疗：抗生素疗法，肌内注射青霉素，对卧地不起危急的猪丹毒病例同时耳静脉注射 5% 葡萄糖氯化钠、氢化可的松和安钠咖，有显著疗效；青霉素或与链霉素合用，肌内注射，上、下午各 1 次，连用 2～3d，疗效颇佳。磺胺疗法，静脉或肌内注射 10% 磺胺嘧啶钠注射液 20～40mL，每天 1 次或 2 次。

（三）猪肺疫

猪肺疫是由多杀性巴氏杆菌引起的一种急性型和慢性型传染病。最急性病例由于咽喉部炎性水肿明显，常引起呼吸和吞咽困难，故又俗称“锁喉风”或“肿脖子瘟”；急性病例以败血症和炎症出血为主要特征，故习惯称之为猪出败；慢性病例常表现皮下结缔组织、关节和各脏器的局灶性化脓性炎症。我国将其列为二类动物疫病。

1. 发病情况

不同年龄、性别和品种的猪都可感染，以 15kg 以上的肉猪较为易感，母猪和仔猪较少发病。一年四季都可发生，但在秋末、春初及气候骤变情况下更为多见。临床症状为最急性型看不到任何症状，即晚间吃食与好猪一样，第二天凌晨突然发现死亡；急性型病猪体温升到 41℃ 以上，在颈部、咽喉部皮肤红肿、发热、呼吸困难，张口喘气，咳嗽。严重者由口、鼻流出泡沫样液体，先便秘，下痢。病后期衰弱不能站立，多因窒息而死，不死的转为慢性；慢性型病猪有肺炎和肠炎的症状，表现呼吸困难，后期由鼻孔流出黏稠的分泌物。食欲差，持续下痢，日渐消瘦，最后衰竭而死。主要剖检病变为全身有出血点，尤其在喉头部更为明显，全身淋巴结出血、肿大。喉头周围、颈部皮下可见淡黄色、半透明的胶样浸润。胸腔内常有黄白色混浊的纤维蛋白，心、肺与胸膜粘连，肺脏上有大小不等坚实的肝变病灶。

2. 防治

由于猪肺疫的发生与饲养管理条件、猪抵抗力的强弱有很大关系，因此，必须加强饲养管理，排除应激因素的干扰，以提高猪体抵抗力。每年春秋二季定期用猪肺疫氢氧化铝甲醛菌苗进行两次免疫接种，在猪股内侧皮下注射5mL，注射后14d获得免疫力；也可使用猪瘟、猪肺疫、猪丹毒三联疫苗。

长效抗菌剂，按体重0.1mL/kg.w计算，一次肌内注射，疗效极佳；青霉素与链霉素混合后肌内注射，上、下午各1次，连用3~5d也有显著疗效。

三、人畜共患寄生虫病的防治

（一）猪襄尾蚴病

猪襄尾蚴病也称囊虫病，俗称“豆猪肉”或“米星肉”，是由钩绦虫的幼虫所引起的一种人兽共患寄生虫病。中间宿主是猪、野猪和人，犬、猫亦可感染，终末宿主是人。当人吃进生的或未经无害化处理的含囊尾蚴虫的肉，即可在肠道中发育成绦虫，出现贫血、消瘦、腹痛、消化不良、拉稀等症状。1993年，联合国卫生组织将该病列为根除的六大疾病之一，OIE将该病列为B类疾病，我国将其列为二类动物疫病。

1. 发病情况

主要发生在有猪肉绦虫病人的地区，呈散发或地方性流行。一年四季均可发生。猪、野猪和人易感。主要是有些地区农民习惯散养及连厕圈，人粪便管理不严，猪吃了人粪便中猪肉绦虫卵而得病，人在吃带有襄尾蚴的猪肉后得绦虫病。

临床症状为轻微的囊虫病一般无明显症状，极严重感染的猪，出现营养不良，贫血、生长迟缓，逐渐消瘦，水肿等；某些器官可能出现相应的症状，如猪囊虫寄生在肺和喉头时，会出现呼吸困难，声音嘶哑和吞咽困难等症状；若寄生于脑中时，则出现癫痫和急性脑炎症状，甚至死亡。主要剖检病变可见肩胛肌、臀肌、咬肌、颈部肌肉、股内侧肌、腰肌、心肌、舌肌等部位外部或切开肌肉内部见米粒大至黄豆大或蚕豆大灰白色半透明囊泡（囊壁有一圆形小米粒大的头节，外观似白色的石榴粒样），或见白色泡液混浊的钙化包囊。严重感染时，全身肌肉、内脏、脑和脂肪内均能发现。

2. 防治

大力宣传科普知识，特别在我国有吃生猪肉习惯的地区，必须使群众知道猪囊尾蚴的巨大危害，了解猪囊尾蚴与猪带绦虫的关系。只要猪吃不到人的粪便，此病便能得到控制。人不吃生猪肉或未熟透的猪肉，猪带绦虫就会逐渐消灭，猪囊尾蚴也会逐渐绝迹。要认真进行肉品检验，有囊尾蚴的猪肉应作无害化处理。

猪囊尾蚴流行区内，应对居民进行猪带绦虫病普查，以便消灭囊虫病源。要检查每个居民的全部粪便内有无绦虫孕片排出或粪便中有无虫卵的存在，为驱虫做好准备。

幼龄猪用丙硫苯咪唑口服，剂量60mg/kg. w，隔日1次，连用3次。成年猪轻度感染，如猪的体形未变，触摸舌体有1~2个囊虫时，可按幼龄猪的方法进行治疗。重度感染，指猪的体形已发生变化，触摸舌体，有3个以上虫体（包括3个），则必须采取焚烧的办法进行无害化处理。

（二）旋毛虫病

旋毛虫病是由旋毛形线虫所引起的一种人、畜和野生动物共患的寄生虫病。旋毛虫成虫寄生于小肠，幼虫寄生于全身各部肌肉。OIE将该病列入疾病名录，我国将其列为二类动物疫病。

1. 发病情况

地方性流行或散发，无季节性。猪、野猪和鼠等哺乳动物易感，其中，以猪、鼠最易感，人进食了带虫（图2-12）的猪肉而感染。潜伏期2~45d，多为10~15d，潜伏期长短与病情轻重呈负相关。临床症状轻重则与感染虫量呈正相关。

临床症状为：早期相当于成虫在小肠阶段，表现有恶心、呕吐、腹痛、腹泻等，通常轻而暂短。急性期为幼虫移行时期，主要表现有发热、水肿、皮疹、肌痛等。发热多伴畏寒、以弛张热或不规则热为常见，多在38~40℃，持续2周，重者最长可达8周；发热同时，约80%病人出现水肿，主要发生在眼睑、颜面、眼结合膜，重者可有下肢或全身水肿。进展迅速为其特点。多持续1周左右；皮疹多与发热同时出现，好发于背、胸、四肢等部位。疹形可为斑丘疹、猩红热样疹或出血疹等。全身肌肉疼痛甚剧。多与发热同时或继发热、水肿之后出现，病人肌肉疼痛或压痛，以腓肠肌为甚皮肤呈肿胀硬结感。重症患者常感咀嚼、吞咽、呼吸、眼球活动时疼痛；此外，累积咽喉可有吞咽困难和喑哑；累及心肌可出现心音低钝、心律失常、奔马律和心功能不全等；侵及中枢神经系统常表现为头痛、脑膜刺激征，甚而抽搐、昏迷、瘫痪等；肺部病变可导致咳嗽和肺部啰音；眼部症状常失明、视力模糊和复视等。恢复期为生长囊期所致症状。病程第3~4周，急性期症状渐退，而乏力、肌痛、消瘦等症状可持续较长时间。主要剖检病变为幼虫严重寄生时，被侵害的肌肉发生变性、肌纤维肿胀、横纹肌消失。

2. 防治

加强环境卫生和饲料的管理，定期灭鼠，禁止用未经处理的泔水及肉屑喂猪。加强肉品的卫生检验，对带有包囊的猪肉要进行高温处理或销毁，并应注意防止人的感染。对患病猪可使用丙硫咪唑、甲苯咪唑和磺苯咪唑等药物进行驱虫，其中，以丙硫咪唑的疗效最好，用量为5~20mg/kg. w拌入饲料中喂服，连用10d，能彻底杀死肌旋毛虫。

（三）猪弓形虫病

猪弓形虫病又称猪弓形体病，是由龚地弓形虫引起的人、畜、野生动物共患的原虫病。各种哺乳动物的弓形虫病都可经过胎盘、生殖道、子宫或初乳由母体传给胎儿，造成流产、死胎、畸形等。人可因接触和生食患本病动物的肉类而感染。我国将其列为二类动物疫病。

1. 发病情况

本病中间宿主广泛，包括人、畜、禽、野生动物等，但以猪多见，猫为终末宿主，

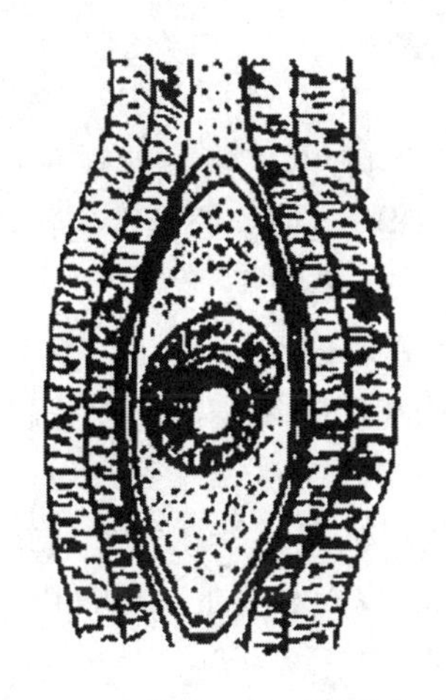
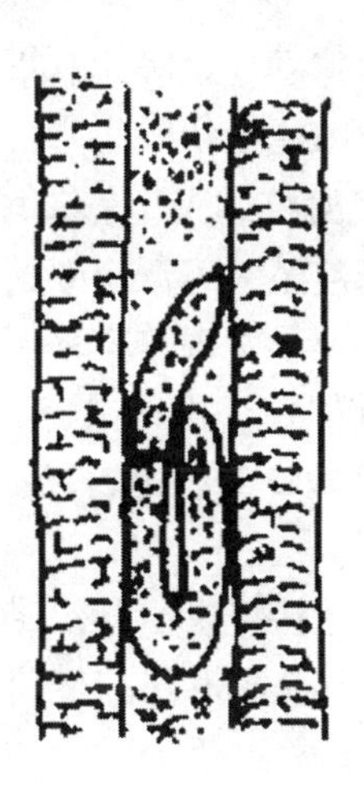

图 2-12 旋毛虫成虫（左）和幼虫（右）

无严格的季节性，一般早春、秋季发病率高。本病多发生于 3~4 月龄的架子猪，死亡率可达 10%~40%。病猪初期体温升高到 41~42℃，呈稽留热型；精神委顿，食欲逐渐减退，最后废绝，有时呕吐，多便秘，有时下痢；流鼻涕，咳嗽或呼吸困难、眼结膜充血等；后期全身皮肤多呈紫红色或两耳、颈下、腹下、四肢、尾部皮肤呈紫红色，体表淋巴结尤其是腹股沟淋巴结明至肿大；慢性病例多发育不良而形成僵猪。成年猪急性发病较少，多呈隐性感染。怀孕母猪可发生流产和死胎。主要剖检病变为剖检病死猪的头、耳、下肢和下腹部等处皮肤呈紫红色淤斑；肺萎缩不全，水肿，间质增宽，有针尖大的坏死灶；肾脏亦有出血点和坏死灶，肠回盲瓣附近可见绿豆至黄豆大的浅溃疡；胸、腹腔积液增多。全身淋巴结尤其是胃、肝门和肠系膜淋巴结肿胀，切面湿润，外翻，有散在出血点和大小不等的灰黄色或灰白色坏死点。

2. 防治

加强饲料的保管，严防被猫粪污染，禁止用未经煮熟的屠宰废弃物喂猪，消灭老鼠等啮齿动物。在疫区应对猪群加强检疫。

发现病猪应尽早进行隔离治疗，治疗以磺胺类药物疗效较好，若与磺胺增效剂联合应用则效果更好。而抗生素类药物治疗无效，对病猪场和疫点，亦可用磺胺类药物或加上增效剂连用 7d 进行药物预防。

第五节 生猪产地检疫

一、产地检疫的概念、分类和要求

（一）产地检疫的概念

产地检疫是指动物、动物产品在离开饲养地或生产地之前进行的检疫，即到饲养场、饲养户或指定的地点检疫。

产地检疫的目的是及时发现染疫动物、染疫动物产品及病死动物，将其控制在原产地，并在原产地安全处理，防止其进入流通环节。

（二）产地检疫的分类

（1）产地常规检疫。大型养猪场（或户）饲养的生猪按计划在养猪场内进行定期检疫，有些养猪场甚至每天派出专人负责早晚巡回检疫，给异常生猪打记号，并报告有关人员。目的在于及早发现传染来源，防止扩大传染。

（2）产地售前检疫。生猪出售前在养猪场就地检疫。

（3）产地隔离检疫。有出口任务的养猪场在动物未进入口岸（海关）前在产地进行的隔离检疫。

一般的生猪产地检疫是由县级动物卫生监督机构或委托驻乡（镇）动物卫生防疫站具体负责。大型养猪场和出口养猪场，由县级以上动物卫生监督机构实施检疫。

（三）产地检疫的要求

（1）现场检疫。到养猪场（户）或到指定地点进行现场检疫。结合当地动物疫情、疫病监测情况和临床检查，合格者方可出具检疫合格证明。

（2）定期检疫。养猪场按检疫要求，定期对生猪疫病进行检疫。

（3）隔离检疫。引进种猪后，要严格隔离一定时间（一般为30d），经确认无疫病后方可投入生产。

（4）售前检疫。生猪在出售前经动物卫生防疫监督机构或其委托单位实施检疫，并对合格者出具检疫合格证明等。

二、产地检疫实施

（一）疫情调查

向畜主、防疫员询问饲养管理情况、近期当地疫病发生情况和邻近地区的疫情动态等情况，了解当地疫情；结合对养猪场（或户）的实际观察，确定动物是否来自于疫区。

（二）产地检疫信息采集与电子产地检疫证出具

（1）移动智能识读器（PDA）及便携式打印机。

① 移动智能识读器（PDA）主要功能：内置动物溯源系统软件，基层的兽医人员能够通过移动智能识读器（PDA）进行动物防疫检疫监督数据录入、采集、传输等业务操作，主要包括识读耳标和检疫二维码、集成身份验证、信息录入、IC卡读写、电子检疫证打印、存储和信息即时传输到中央数据中心，并能实现实时准确查询等。

② 便携式票据打印机主要功能：便携式票据打印机须同移动识读器配套使用，用于打印各种动物及动物产品检疫证明。打印检疫证明时，需要使用移动智能识读器（PDA）进行红外驱动，终端用户在使用移动智能识读器（PDA）进行该业务操作时，须在票据打印界面填写相关信息，进行打印。机打动物及动物产品检疫证明是在相关业务操作时通过移动智能识读器（PDA），或者通过网络出证系统进行打印而成，防止伪造及倒卖检疫证明。电子检疫证明由中央数据库生成的统一编码控制，无法伪造；通过录入、传输、机打检疫证明操作产生的数据信息会储存到中央数据库，通过检索数据信

息能快速、准确对动物原产地、流通轨迹定位，查看防疫、检疫、监督等环节信息，并可对基层的工作情况实时监督，及时发现问题。

（2）动物检疫员携带移动智能识读器（PDA）和便携式打印机对养猪场生猪进行现场检查。

（3）通过移动智能识读器（PDA）扫描耳标二维码，在线查询畜主信息、生猪个体信息、免疫信息、饲料添加剂使用、消毒、药物使用及检验信息等情况。

（4）利用智能识读器（PDA）和便携式打印机对免疫合格的动物出具电子产地检疫证；并将产地检疫信息通过网络上传到中央数据库，并存入流通 IC 卡。

第六节 生猪体内激素残留的尿液检测

目前，肉猪养殖中直接在饲料中常添加的生长激素有盐酸克伦特罗、莱克多巴胺及沙丁胺醇等，借以提高生猪的生长速度和瘦肉率，造成猪肉及内脏中的大量残留，直接威胁猪肉产品的安全。本节重点介绍了盐酸克伦特罗、莱克多巴胺及沙丁胺醇残留的尿液检测方法。

一、盐酸克伦特罗尿液残留快速检测法

盐酸克伦特罗属于β—兴奋剂，是一种人和兽医作为治疗哮喘的药物。在生猪中超剂量使用可以使脂肪组织转化为肌肉组织，由于能够显著改善脂肪率和生产效率，β—兴奋剂往往被滥用于生猪生产中。应用单克隆抗体技术，可以特异性地定性检测尿样及组织中的盐酸克伦特罗。

（一）检测原理

盐酸克伦特罗快速检测利用盐酸克伦特罗快速检测试纸卡，应用竞争抑制免疫层析的原理，样本中的盐酸克伦特罗在流动的过程中与胶体金标记的特异性单克隆抗体结合，抑制了抗体和 NC 膜检测线（T 线）上的盐酸克伦特罗—BSA 偶联物的结合，从而导致检测线颜色深浅的变化。当样本中没有盐酸克伦特罗或盐酸克伦特罗浓度低于检测阈值时，T 线显色；当样本中的盐酸克伦特罗浓度等于或高于检测阈值时，T 线不显色；而无论样本中是否含有盐酸克伦特罗，质控线（C 线）都会显色，以示检测有效。检测阈值为 3ng/mL（ppb）。

（二）适用范围

本检测方法适用于猪尿样本中盐酸克伦特罗的定性检测。

（三）样本检测前处理

尿液样本必须收集在洁净干燥、不含任何防腐剂的塑料尿杯或玻璃容器中；若不能及时送检，尿液样本在 2～8℃冷藏可保存 24h，若长期保存需置于 -20℃冷冻，切忌反复冻融。

（四）操作步骤

（1）检测前尿液样本需回温到室温，如尿液样本浑浊，需 3 000r/min 以上离心

5min 后检测。

（2）从原包装袋中取出试纸卡，打开后在 1h 内尽快使用。

（3）用一次性吸管吸取待检样本垂直滴加 2～3 滴于加样孔中。

（4）液体流动时开始计时，反应 5～10min，根据示意图判定结果，其他时间判定无效。

（五）结果判断

阴性（－）：C 线显色，T 线显色，无论颜色深浅，均表示尿液样本中盐酸克伦特罗浓度低于检测阈值（图 2－13）。

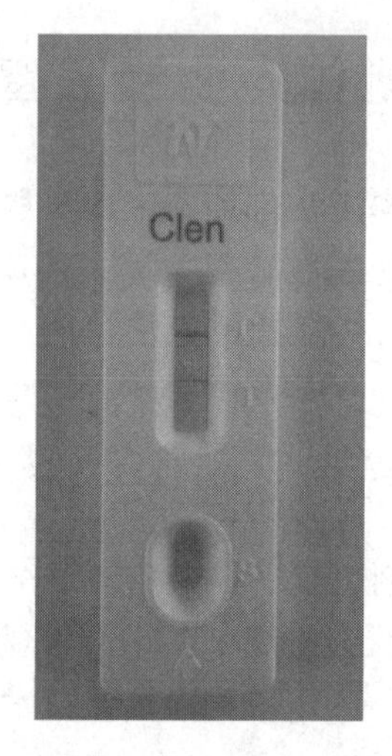

图 2－13　阴性结果显示

阳性（＋）：C 线显色，T 线不显色，表示尿液样本中盐酸克伦特罗浓度等于或高于检测阈值（图 2－14）。

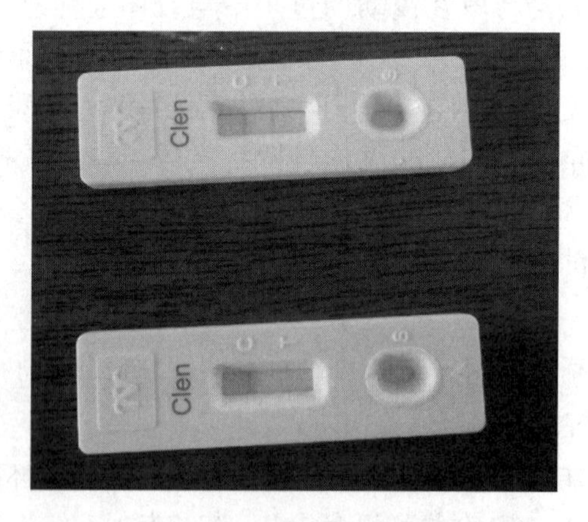

图 2－14　阴性与阳性显示

无效：未出现 C 线，表明不正确的操作过程或试纸卡已失效。

（六）注意事项

（1）按照操作步骤进行测试，尽量不要触摸试纸卡中央的白色膜面，检测时避免阳光直射。

（2）试纸卡为一次性产品，请勿重复使用。

（3）快速检测结果仅筛选及供参考，如需确证，参照国家相关标准方法。

（七）特异性

检测 500μg/L 的莱克多巴胺、沙丁胺醇等药物，结果均呈阴性。

二、莱克多巴胺尿液残留快速检测法

"瘦肉精"是一类药物的统称，主要是肾上腺类、β 激动剂和 β-兴奋剂，大剂量用在饲料中可以促进猪的增长，减少脂肪含量，提高瘦肉率，但食用含有瘦肉精的猪肉对人体有害，莱克多巴胺是瘦肉精之一。

（一）检测原理

莱克多巴胺快速检测利用莱克多巴胺快速检测试纸卡，应用竞争抑制免疫层析的原理，样本中的莱克多巴胺在流动的过程中与胶体金标记的特异性单克隆抗体结合，抑制了抗体和 NC 膜检测线（T 线）上的莱克多巴胺—BSA 偶联物的结合，从而导致检测线颜色深浅的变化。当样本中没有莱克多巴胺或莱克多巴胺浓度低于检测阈值时，T 线显色；当样本中的莱克多巴胺浓度等于或高于检测阈值时，T 线不显色；而无论样本中是否含有莱克多巴胺，质控线（C 线）都会显色，以示检测有效。检测阈值为 5ng/mL（ppb）。

（二）适用范围

本检测方法适用于猪尿样本中莱克多巴胺的定性检测。

（三）样本检测前处理方法

尿液样本必须收集在洁净干燥，不含任何防腐剂的塑料尿杯或玻璃容器中；若不能及时送检，尿液样本在 2～8℃冷藏可保存 24h，若长期保存需置于 -20℃冷冻，切忌反复冻融。

（四）操作步骤

（1）检测前尿液样本需回温到室温，如尿液样本浑浊，需 3 000r/min 以上离心 5min 后检测。

（2）从原包装袋中取出试纸卡，打开后请在 1h 内尽快使用。

（3）用一次性吸管吸取待检样本垂直滴加 2～3 滴于加样孔中。

（4）液体流动时开始计时，反应 5～10min，根据示意图判定结果，其他时间判定无效。

（五）结果判断

检测结果，如图 2-15 所示。

阴性（-）：C 线显色，T 线显色，无论颜色深浅，均表示尿液样本中莱克多巴胺浓度低于检测阈值。

阳性（+）：C线显色，T线不显色，表示尿液样本中莱克多巴胺浓度等于或高于检测阈值。

无效：未出现C线，表明不正确的操作过程或试纸卡已失效。

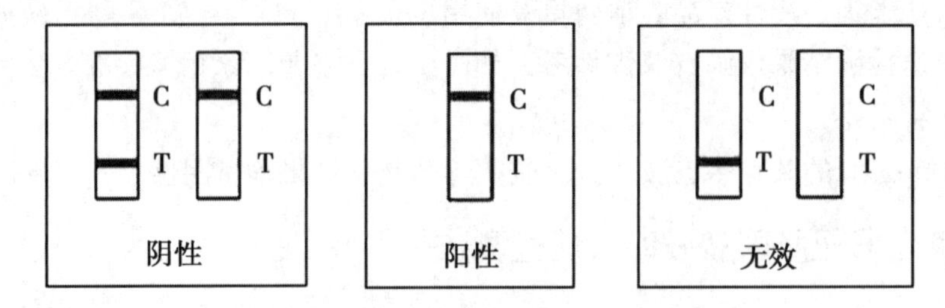

图2-15 检测结果显示

（六）注意事项

（1）请按照操作步骤进行测试，尽量不要触摸试纸卡中央的白色膜面，检测时避免阳光直射。

（2）试纸卡为一次性产品，请勿重复使用。

（3）快速检测结果仅筛选及供参考，如需确证，参照国家相关标准方法。

（七）特异性

检测500μg/L的盐酸克仑特罗、沙丁胺醇等药物，结果均呈阴性。

三、盐酸克伦特罗、莱克多巴胺、沙丁胺醇三联快速检测法

为了方便生产实际中的快速检测，很多企业都推出了“瘦肉精”三联快速检测试剂卡，现在很多屠宰企业都在使用。

（一）检测原理

本快速检测卡应用了竞争抑制免疫层析的原理，当样品溶液滴入样品孔后，样品溶液中的待检物质与金标抗体相结合，进而封闭金标抗体上待检物的抗原结合位点，阻止金标抗体与纤维素膜上待检物蛋白偶联物结合。当样品中待检物质含量高于检测限时，检测线（T线）无红色条带出现，结果为样品；反之，当样品中不含有待检物质或是含量低于检测限时，检测线（T线）有红色条带出现，结果为阴性。尿样样本检测阈值：克伦特罗（CL）：3ng/g（3ppb），莱克多巴胺（Ract）：5ng/g（5ppb）；沙丁胺醇（Sal）：5ng/g（5ppb）。

（二）适用范围

本检测方法适用于猪尿样本中盐酸克伦特罗、莱克多巴胺、沙丁胺醇的定性检测。

（三）样本检测前处理方法

样品预备　尿液直接取澄清，新鲜无污染尿样待检（注意：尿液不要在冷藏后立即进行检测。尿样样本必须收集在洁净、干燥、不含有任何防腐剂的塑料尿杯或玻璃容器内，如尿样混浊，可在室温4 000r/min条件下离心5min处理后待检。如尿样样本不能及时检测，可于2～8℃冷藏保存24h，长期保存需冷冻-20℃，切忌反复冻融样本）。

(四) 操作步骤

(1) 将未开封的检测卡和样本回到室温。

(2) 从铝箔袋中取出检测卡，在1h使用。

(3) 将检测卡平放，用一次性塑料滴管向各孔内分别垂直滴加2滴（或用微量移液器移取80ul）样本至加样孔中。

(4) 静置反应3~5min，观察结果。结果10min之内有效。

(五) 结果判断

(1) 阴性。质控线（C线）出现红色条带，检测线（T线）也出现红色条带；表明样本中不含有对应的瘦肉精或是含量低于检测限。

(2) 阳性。质控线（C线）出现红色条带，而检测线（T线）无红色条带出现；表明样本中对应的瘦肉精或是含量高于检测限。

(3) 无效。质控线（C线）与检测线（T线）均无红色条带出现或者质控线（C线）无红色条带出现、但检测线（T线）有红色条带出现；说明此试剂卡已失效、过期，或操作不当，需要重新做一次测试。

(六) 注意事项

(1) 检测卡在室温下一次性使用；切勿使用过期的检测卡。

(2) 一次性塑料滴管不可重复使用，以免出现交叉污染。

(3) 使用过程中尽量不要触摸检测卡中央的白色膜面；避免阳光直射和风扇直吹。

(4) 自来水、蒸馏水或去离子水不能作为阴性对照。

(5) 出现阳性结果，建议用本检测卡复检一次。

(6) 尿样需新鲜无污染，冷藏或冷冻尿样需恢复室温后进行检测。

(7) 由于样本的差异，有的检测线可能出现颜色偏浅或偏灰现象，但只要出现红色条带，即可判定为阴性。

(8) 检测结果单独判断，互不影响。

(七) 储存条件及保质期

(1) 试剂卡4~30℃密封、干燥、避光存放；切勿冷冻。

(2) 有效期为12个月。

第七节 生猪运输过程安全管理

生猪由饲养地向屠宰加工厂运送的过程称为运输，目前，生猪的运输方法主要是汽车运输。在运输过程中由于环境变化比较大，运输条件比较差，猪的体力消耗很大，体质受到了很大影响，抗病能力下降，如果期间管理不当，很容易发生掉膘（失重）、病伤，甚至死亡。据调查，生猪长途运输后，掉膘最高达8.2%，短途运输最低的亦有1%，平均为2%~5%。此外，在运输途中，忽略或不遵守兽医卫生措施，可导致疫病传播。所以运输中应以保证猪的安全为中心，选择最合理的运输路线、运输时间和运输方法，加强装卸、饲养管理和防疫卫生工作，力争少掉膘或不掉膘，防止猪的疫病和伤亡的发生，保证生猪能及时、安全地运到目的地。

上市猪的适当运输对保证高品质猪肉是极其重要的。在猪装载、运到屠宰场及卸载的过程中，将长期的和短期的应激降到最低，这将对肉质有非常积极的影响；减少 PSE（即肉色灰白、肉质松软、汁液渗出）、DFD 肉（即肌肉干燥、质地粗硬、色泽深暗）和 RSE 肉（即肉色鲜红、肉质松软、汁液渗出）出现的几率。适当的运输同样可以减少损失。

一、运输前的安全管理

（一）起运前准备工作

生猪起运前，必须做好准备，最主要的是制订好运输计划，拟定运输路线，预知天气情况，选定沿途饮水、休息、处理病畜和清除粪便的适当地点；根据气候变化等特点配备防雨设备，或者夏季有降温的水管，携带饲养、清洁和照明等必需的用具以及消毒和急救的药品，临时修补的用具等。在起运前停料是非常重要的，一晚上的限饲不仅可以节约生产者的饲料成本，且在运输途中能大大降低脱肛或者死亡的概率，并改善肉色及保水性能，从食品安全的角度这是非常重要的。屠宰场也会因肠道内容物处理费用的减少而节省成本。总的停料时间（从养殖场到屠宰场）应该控制在 12 ~ 18h，并保证饮水。国外最好的生猪运输车辆是特殊定制的，可以实现温控、通风等措施，国内也有部分企业定做了专用车辆来运输生猪。

（二）起运前检疫及信息采集

按照国家生猪产地检疫规定，养殖企业或养猪户在生猪销售、运出前要给当地动物卫生防疫监督机构进行报检，由动物卫生防疫监督机构委派动物检疫员对生猪进行健康检查及是否佩戴免疫二维码耳标的检查，检查过程要仔细，做到逐头检查，凡可疑有病和虚弱的生猪，都不准起运，并对运输车辆进行消毒。动物检疫员通过移动智能识读器（PDA）扫描生猪二维码耳标标志和电子检疫证上的二维码或通过网络查询以鉴别动物标志和电子检疫证的真伪，并将检疫信息通过网络上传到中央数据库。对检疫合格的生猪出具电子检疫证明（机打检疫证明），通过网络上传检疫信息、出具《动物产地检疫合格证明》或《出县境动物检疫合格证明》和《动物及动物产品运载工具消毒证明》，以备途中动物卫生监督机构检查和终点地区的动物检疫员验收。跨省运输时，需要持有 A 类动物检疫合格证，省内运输时持有的是 B 类动物检疫合格证。

二、汽车运输

（一）装运

在运输时，需要考虑的重要因素应该是环境状况。任何时候，天气状况不佳（高温/高湿/极端寒冷），猪群的密度应该做相应调整。每辆汽车装运猪的密度，一般以每头猪占面积 $0.35 \sim 0.5m^2$ 比较适宜。随着猪群密度的增加，打斗现象也会增加，将导致更多的皮肤损伤和脱肛，这也会增加猪应激的发生。随着装载数量的增加运输途中死亡发生几率也会增加。例如，当一个标准的双层卡车的装载数量由 180 头增加到 200 头时，运输途中的死亡率可能会翻倍。200 头的装载量相当于平均重 113.4kg 的猪每头平均 0.353m²，依照大部分欧洲国家的标准，这个密度是非常高的。装载坡道不应超过 20°，坡道太陡会使猪的足关节紧张引起疼痛，不愿行走。坡道应有坚固的护栏，在猪进入卡车前有平台供猪行走。驱赶猪时要以容易控制的小群来进行，不同栏的猪，避免混群。装车时间，冷天最好在上午暖和的时候装车，热天最好在早晚天气凉爽的时候装车，天气太热的中午和烈日下，千万不要装运。汽车一定要用装车台，使猪自动走上车。装车时，先将汽车尾部对好装车台，打开车门后挡板平接在台上，注意挡好汽车与装卸台接处两侧空隙地方，然后再赶猪上车。如装双层车厢和分前后两部装运或带拖车时，肥大猪和弱猪装在车的前部和上层，减少颠簸挤撞。瘦小猪装车的后部或下层便于养护。装车时不能发动汽车，因为，猪听到汽车声害怕，影响装车。猪都上车后，待猪蹄腿全部进入车厢内再挡好后挡板。装车就绪，封网起运。

（二）途中安全管理

汽车运猪，要尽可能保持运输途中平稳行进，非紧急情况，不要急刹车，避免造成猪相互挤压而受伤。押运途中要经常检查双层车架、车网、厢板，发现不牢固的地方立即进行修补，以防逃猪。如有拖车，途中停车时务必检查挂钩是否扣紧，防止掉车事故。途中要加强看管，特别要防止堆挤、咬架。一见猪打堆，要立即拉开，经常保持均匀松散。途中如遇暴雨，立即停车避雨，防止生猪受凉生病。中途停车休息时，热天应选择阴凉通风的地方，冬天要选择向阳避风的地方，以免生猪受热或受寒。

（三）卸车

在屠宰场卸载猪是非常重要的运输环节中的最后一步，指导原则类似于装载猪的操作。车到终点站前半小时，押运员应把猪轻声哄起，让它活动一下，防止猪腿压迫时间太久而发生麻痹。卸猪一定要有卸猪月台。如果有些地方没有装卸月台时，必须搭好跳板或滑板，让猪慢慢从车上走下或滑下来，绝不能让猪从汽车上向下跳，更不能从车上向下推。在跳板或滑板的周围地面上，应铺垫草帘或其他松软的东西，防止猪跌落受伤。卸载后，应对猪进行喷淋，并提供新鲜的饮用水。电棍绝对不能使用，避免造成应激导致 PSE 肉。

（四）运输途中病死猪的处理

在运输途中，发现了病、死猪和严重的外伤猪时．应及时卸交沿途有关单位处理，如沿途无接收单位，应把病伤猪尽可能与其他生猪隔离，并对车船内进行消毒。死猪的尸体可用干草遮盖，上面喷洒药水，以防传染。到终点后迅速卸交接收单位处理。严禁押运人员随地急宰或抛弃死猪，以防传播疫病。

如生猪发生传染病，应暂停运输并立即通知当地动物卫生监督机构妥善处理，车、船上的一切设备和粪便就地消毒处理。病猪经动物检疫员鉴定后，根据病情分别处理。严重者就地扑杀，其他同群生猪可转运至附近屠宰场整批屠宰。途中发生死猪，应立即设法隔离，并交事先计划好的死猪处理站化制，不得随便乱丢。死猪处理站接受死猪后，应发给动物检疫员证明书，注销耳标。任何运输工具，在生猪装卸前后均需进行清洗和消毒，装卸车辆的月台，每次使用后均需消毒。常用的消毒药液有 2% ~3% 有效氯的漂白粉、0.5%过氧乙酸等。

第八节　生猪养殖与运输过程安全风险来源及控制

一、生猪养殖安全风险来源

（一）管理风险

（1）仔猪品质。苗猪品质直接决定猪肉的食用特性以及对环境的适应性，好的仔猪有助于提高猪肉品质和生猪出栏率。

（2）饲料及添加剂安全。采购的饲料及添加剂的质量安全直接关系到猪肉的质量安全，关系到对人体的危害和对环境的污染。

（3）管理人员素质。生猪养殖管理人员的管理理念、管理水平和安全意识直接影响到生猪的质量与安全。

（4）猪舍的清洁与消毒管理。畜舍的清洁和消毒管理是否到位，将影响到生猪的健康。若清洁和消毒管理不到位，生猪容易染疫病，导致生猪产量和猪肉安全水平下降。

（5）信息获取。生猪养殖商对市场信息、技术信息的获取能力，影响到生猪养殖管理水平。若信息获取不力，将使其在同行的竞争力下降，造成损失。

（6）过程记录。养殖过程的记录，有助于养殖过程的监控、追溯查证、统计总结和养殖管理水平的提高。若养殖过程中不记录或记录不全，就不能保证生猪的健康和猪肉的安全。

（二）设备风险

（1）猪栏设备。现代化猪场的猪栏几乎都采用金属漏风栏式的，传统的墙体不漏隔栏都被淘汰了。主要原因是墙体隔栏不通风，容易导致猪舍空气不好。猪栏选材及加工是有一定要求的，要能承受一定的强度，避免猪拥挤造成变形或损坏，又要表面光滑，便于清洗消毒，同时也避免在生猪接近时损伤其体表。猪栏的密度及高低都要根据猪的生长阶段来确定，中小猪阶段就要设置密度大一些，大猪就可以密度稀一些。如果是保育育肥一体化的猪舍，国内外最先进的方式都是猪栏下半部分栏杆密度大一些，上半部分密度小一些，这样可以避免小猪从栏内钻出。

（2）饮水设备。饮水设备的正常配置及运行是十分重要的，如果饮水点的数量不够或者饮水压力、流量过大及过小都会影响猪的正常饮水量，影响猪的正常生长。

（3）饲喂设备。饲喂设备要根据猪只大小及密度进行设计，既要保证每头猪可以有充分的自由采食时间，也不要过多造成养殖成本的增加。若食槽或者料位不够，会导致大欺小，强欺弱，最终导致猪群均匀度差，出栏时间延后，饲料效率下降。饲喂设备要选择设计合理的，料位的多少、料槽的深度、宽度等都要进行选择及评估，以免设置不当造成饲料浪费或者饲料长期累积引起霉变的情况发生。

（4）消毒设备。猪场的诸多设施需要消毒，若消毒设备出现问题，将影响猪场的卫生，提高猪的染病率，造成损失。

（三）技术风险

（1）饲料使用。饲料的选择是决定生猪能否快速高效育肥的关键，饲料使用水平的高低将直接影响生猪的产出率。高效、安全健康的饲料是高品质猪肉生产的前提，如果饲料出现毒素或药物残留污染，将首先影响猪的健康及生长，进而影响猪肉品质。

（2）喂养方式。目前，喂养方式有湿喂、干喂等方式，喂养方式的合理性与先进性也是影响生猪快速高效育肥的因素。干喂方式比较常用，但一定要保证充足的饮水。湿喂方式相对少用，饲喂时要特别注意没有及时采食的饲料累积引起霉变的问题。

（3）疫病防治。疫病防治水平的高低将直接影响到生猪的存活率，低防治水平将造成猪的批次死亡，造成巨大的损失。滥用兽药防治也会影响到猪肉产品质量安全水平。

（4）养殖技术合理性。养殖技术的合理与否，决定生猪是否能高效育肥、是否健康、猪肉是否安全。严格按照国家对育肥猪饲养的有关规定，合理使用药物饲料添加剂及治疗期间规范用药，出栏前药物停药期的严格执行都是关于猪肉安全的重要因素。

（5）对新技术采用的敏感性。养殖者对新技术采用的敏感性是决定其养殖水平的重要因素，也是提高生猪产出率、猪肉质量安全水平和行业竞争力的重要因素。现代化的养猪全部采用分点式及全进全出的饲养模式，分点式是指母猪场、公猪站、保育场育肥场完全分开的模式，这种模式可以有效切断疾病的垂直传播途径，对生猪群体养殖健康十分有利。母猪场与保育育肥场分开的模式称之为两点式，母猪场、保育场、育肥场各自分开的模式称之为三点式。两点式目前使用较多，可以减少一次保育给育肥的转猪工作。传统的养殖模式大小猪饲养在一起，或者母猪场与育肥场在一个院子里，都容易导致猪病持续存在，严重影响养殖安全。

（6）技术人员素质。现代化养猪生产方式中，技术人员的专业水平、生物安全意识、风险意识是影响猪肉安全的重要因素。

（四）环境风险

（1）疫病流行。疫病流行将对生猪的健康产生重要的影响，甚至是毁灭性的影响。如猪高致病性蓝耳病、口蹄疫、伪狂犬、猪瘟等疫病的流行就曾一度造成大量生猪生病、死亡，从而出现生猪供应的严重短缺。

（2）地理灾害。水灾、旱灾、地震等地理灾害，会影响生猪的正常养殖，甚至造成毁灭性的损失。

（3）政府。政府的监管力度会影响生猪的质量，若政府监管力度不够将会影响猪肉产品的安全。

（4）政策法规。现行政策法规是否能有效地规范养殖，是决定猪肉产品质量安全的重要因素。

（5）消费者认知。消费者对生猪养殖的认知水平和对猪肉的安全要求将会督促养殖场（或户）安全养猪。

二、生猪运输安全风险来源

（一）管理风险

（1）伤病猪检查制度。生猪运输过程中大面积接触各个地区的空气，并且生猪在车栏中的密度大，极易传染疫病。若没有严格的伤病猪检查制度或制度执行不周，将会使疫病快速传染，造成巨大的损失。

（2）消毒计划执行。运输车辆的清洗消毒有助于防治疫病传染，若消毒计划执行不到位，会造成疫病传染。

（3）管理人员素质。运输管理人员的管理理念、管理水平和经验知识，是运输过程安全管理的重要影响因素。

（4）异常情况处理。由于运输过程中随时有可能出现异常情况，如设备故障、生猪染病或死亡，出现这些情况后，如何正确处理以降低损失，是影响生猪运输水平，保证生猪健康的重要因素。

（5）信息获取。运输商对生猪供求信息、技术信息的获取能力，是运输商提高运输水平，保障生猪安全的重要因素。

（6）运输过程记录。运输过程中生猪的状态和随时出现的问题都需要记录，若不记录或记录不全，就不能对运输过程进行监控，不能保障生猪健康。

（二）设备风险

（1）运输工具故障。运输车辆在运输路途中若出现故障不得不停车检修时，将影响生猪按计划运输，影响生猪的正常供应。

（2）防暑降温设备问题。夏天气温高，生猪在路途中容易中暑，疫病感染的风险也较高，若防暑降温设备如淋水设备出现问题，会影响生猪健康。

（3）防寒保暖设备问题。冬天气温低，若防寒保暖措施（如盖棉被）不够，生猪在路途中会被冻死，造成损失。

（4）消毒设备问题。消毒设备出现问题时，运输车辆不能按计划消毒，会增加疫病传染的风险。

（三）技术风险

（1）预防猪应激反应措施。猪在运输过程中受温度、噪音以及拥挤等影响，会造成病理性应激表现，若不采取预防措施，如保证生猪充足的休息和营养、使用兽药等。将直接造成发生疫病或死亡，间接造成体重与屠宰后肉品品质下降。

（2）对猪空腹程度的控制。运输的猪在装载前不要饲喂，避免代谢过程缺氧造成的死亡增加。

（3）装载技术问题。装猪不能过分挤，每头猪至少留有可自由站立或者躺卧的空间，尤其是在炎热的夏季，更应减少装载紧密度，否则，会造成猪的染病甚至死亡，从而造成损失。

（4）操作人员素质。运输途中，出现异常的风险较大，操作人员的意识、经验水平都会影响运输途中的异常情况处理和运输过程的正常记录。

（四）环境风险

（1）疫病传染。运输是跨区域的运作，若运输路途所经区域出现严重的疫病传染，会大大增加运输车辆上生猪的染病风险。

（2）地理灾害。运输途中若发生水灾、地震等地理灾害，造成交通不畅或车货损失，对生猪安全都会造成损失甚至是毁灭性的损失。

（3）交通事故。运输途中若出现交通事故，出现堵塞或车货损失，同样对生猪安全都会造成损失甚至是毁灭性的损失。

（4）政府。政府对运输过程的卫生监管力度会影响生猪运输的安全水平。

（5）政策法规。运输过程的卫生、标准、操作规范等会影响生猪运输商的操作水平。此外，政府的生猪运输绿色通道政策是生猪安全高效运输的有力保障。

（6）消费者认知。消费者对运输过程的了解程度和对猪肉产品安全性的要求，都会影响运输商对生猪运输安全水平的控制。

三、生猪养殖安全风险控制

影响生猪养殖环节的猪肉安全生产主要来自疫病防治、疫病流行和地理灾害等因素，这些因素需要重点控制。

（一）饲料及添加剂

饲喂量要适宜，少喂勤添，防止饲料污染腐败；要清晰知道饲料组成并可追溯其来源，保存好饲料验收记录；不应使用餐饮业的废弃物喂猪；制药工业副产品不应作为生猪饲料原料；饲料中使用的营养类饲料添加剂和一般性饲料添加剂应是农业部公布的《允许使用的饲料添加剂品种目录》所规定的品种和取得试生产产品批准文号的新饲料添加剂品种；饲料中使用的饲料添加剂产品应是具有农业部颁发的饲料添加剂生产许可证的正规企业生产的、具有产品批准文号的产品；药物添加剂的使用应按照农业部发布的《药物饲料添加剂使用规范》执行；使用药物添加剂应严格执行休药期制度；生猪配合饲料中有害物质及微生物允许量应符合相关国家标准规定。

（二）疫病防治和应对疫病流行的措施

养猪场要有指定的治疗圈以隔离和治疗伤病猪，治疗圈使用前要彻底清扫消毒，对治疗圈中的猪每天至少进行两次检查，对治疗无效的猪应立即征求兽医的处理意见或实施人道屠宰；要执行兽医健康计划，执行日常消毒计划和免疫接种；新引进生猪应进行隔离、检疫，确认健康后，方可进场饲养；要有指定的兽医专家为其服务；从事饲养管理的工作人员应身体健康并定期进行体检和技术培训，禁止患有人畜共患传染病的人员从事生猪饲养管理；饲养人员进入饲养区时，应洗手，更换场区定期清洗消毒的工作服和工作鞋；禁止任何来自可能染疫地区的人及车辆进入场内，禁止任何人员携带畜禽产品进入场内饲养区，在经兽医管理人员许可的情况下，外来人员方可在消毒后穿戴专用工作服后进入；对口蹄疫、猪瘟等疫病要进行常规监测，要有疫病扑灭和净化计划。

（三）应对地理灾害的措施

养猪场的选择应选择地势高燥、背风、向阳、水源充足、排水方便、供电和交通便利的地方。

四、生猪运输安全风险控制

影响生猪运输环节的猪肉安全主要来自运输工具故障、防暑降温设备、疫病传染、消毒计划执行、异常情况处理、预防猪应激反应措施等因素，这些因素都需重点控制。

（一）运输工具故障

禁止使用明显不适于运输生猪的车辆；运输车辆应进行常规检修；司机要按正确的操作规程执行运输计划；运输车辆的通风设施、隔离设施等在运输前需进行常规检修，运输途中要定期检查；运输途中司机应缓慢平稳驾驶，预见危险的发生，在转弯或经过交叉路口时要平稳轻缓；无顶棚车辆在夏季运猪时，应用树枝等物覆盖猪身，以避免阳光直射猪身而引起中暑死亡。

（二）防暑降温措施

运输过程中生猪装载密度大小应适宜，通过隔离使生猪运输密度符合要求，天气炎热时运输密度要适当降低并增加通风；运输车辆应尽可能保持行驶以利于通风，如果遇到不可避免的计划外停车，应采取措施对通风和隔离进行适当调整，如果天气特别炎热，运输车辆要停在阴凉处或有遮挡的地方；车厢内的气流应能够根据不同天气情况进行调节；运输车辆要安装适宜窗帘和换气扇，车上应配备水箱，其容量应当满足生猪在炎热季节的饮水和洒水降温之需；在炎热夏季运输时，经常给猪只饮水和洒水降温。

（三）防止疫病传染措施

运输的生猪应处于国家或地方规定强制预防接种的免疫有效期内；运输途中患病或健康恶化的生猪应尽快地被运到最近的合适场所卸载、治疗或屠宰；患病、受伤、不强壮或疲乏的生猪不宜运输；运输人员要做好卫生防护准备方可与生猪接触；运输过程中可采用观静卧状态、观运动状态、观食欲、检查生猪个体、检查免疫耳标等方法进行快速检疫；运输过程中出现死猪现象时，畜主不能随意处理死猪，以免引起可能的疫病扩散，而应当就近到当地的动物卫生监督机构报告。

（四）消毒计划执行

承运人和司机应事先带好清洁用品，以保证运输过程中生猪的清洁；装卸前后，所有运输车辆应按规定清洗消毒；运输车辆各部分构造应易于清洁和消毒。

（五）异常情况处理

出现异常时，司机要根据出现异常问题的根源尽快采取措施解决；发生重大疫情时，生猪运输应符合国家相关法律法规的规定；车辆出现故障需停车修理时，夏季应停在阴凉处，冬季应在向阳避风处。

（六）预防猪应激反应措施

起运前应了解该批生猪的体格状况、免疫状况，不健康的猪不要装载或运输；装卸过程中应使用适当的装卸设备，并以最小的外力装卸，以保证将对生猪造成应激减少到最低限度；要保证生猪得到充足的休息和营养，并适当增加一定量的维生素 C 和维生素 E，必要时可使用兽用镇静剂（但要注意药残及停药期问题），防止其烦躁不安；运输途中严格控制生猪装载密度大小；炎热天气下，要注意通风；在装卸和运输过程中应最大限度地减少噪音的产生；以晚上运输为妥，有条件的还可以直接通过高速公路运输来缩短运输时间，减少应激。

第九节　生猪养殖过程可追溯系统的建立

一、可追溯系统的概念

（一）可追溯定义

追溯来源于通俗的拉丁词，对于某个产品而言，可追溯性是指原料或部件的来源、产品的加工历史、产品配送过程中的流通和位置；从用户的观点，可追溯性是指在时间和空间范围内采用定性和定量方式跟踪产品；从信息管理的角度，可追溯性是指在供应链中实施跟踪与追溯，可以将信息流与实物流系统地联系起来。

在食品追溯方面，这一概念最早是由法国等部分欧盟国家在国际食品法典委员会生物技术食品政府间特别工作组会议上提出的，旨在作为危险管理的措施，欧盟成员国及部分发展中国家认为可追溯性应该是危险管理的重要措施。欧盟委员会在 EC178/2002 条例中将食品可追溯性解释为在生产、加工及销售的各个环节中，对食品、饲料、食用性动物极有可能成为食品或饲料组成成分的所有物质的追溯或追踪能力。

在动物健康和食品安全领域，可追溯性是指动物及动物产品从农场到零售者的食物链中各个环节始终维持信用监管和鉴定识别的能力。在实践中，“可追溯性”指的是对食品供应体系中食品构成与流向的信息与文件记录系统。

（二）可追溯系统

目前，许多国家的政府机构和消费者都要求建立食品供应链的可追溯机制，并且很多国家已开始制定相关的法律，以法规的形式将可追溯纳入食品物流体系中。国际标准化组织在 ISO22005 中对可追溯体系的定义为：能够保存关于产品及其成分在其所有或部分生产和应用链上的期望信息的所有数据和操作，表明可追溯体系主要是由两部分组成，一个是信息系统；另一个是操作管理系统。

食品可追溯体系是一种旨在加强食品安全信息传递，控制食源性疾病危害和保障消费者利益的信息记录体系，主要包括标志管理、记录管理、责任管理、信用管理和查询管理五个部分。可追溯体系能够为消费者、生产者和政府相关机构提供产品真实可靠的信息，利用可追溯系统能够迅速有效地识别出发生问题的原料或产品的加工阶段，发生问题的严重程度，问题产品的数量及流向等，有利于及时召回问题产品，最大限度降低危害。

二、生猪养殖过程可追溯系统的建立

(一) 危害分析和关键控制点 (HACCP) 系统简介

危害分析和关键控制点系统（HACCP），是目前世界上最权威的食品安全质量控制体系之一，是保证食品安全的预防性技术管理体系。它是一种建立在良好操作规范（GMP）和卫生标准操作规程（SSOP）基础之上控制危害的预防性体系，控制目标是确保食品的安全性，它将主要放在影响产品安全的关键点上。HACCP 是一个识别、检测和预防可能导致食品危害的体系，包括危害分析、关键控制点、建立关键控制点的临界范围、监控系统、校正措施、有效档案体系和验证体系等 7 项基本原则。HACCP 体系中包括可能影响食品安全的生物性危害（如细菌、病毒等）、化学性危害（如抗生素、兽药、重金属离子等）、物理性危害（如金属、异物等）的危害因素，这种危害分析建立在关键控制点的基础上。关键控制点是那些在食品生产和处理过程中必须实施控制的任何环节、步骤或工艺过程，这种控制能使其中可能发生的危害得到预防、减少或消除，以确保食品安全。

(二) 生猪养殖过程危害分析

生猪养殖过程危害分析，见表 2－4。

表 2－4　生猪养殖过程 HACCP 危害分析

工艺流程	安全危害	危害是否显著	对第三例的判断依据	应用何种措施来防止显著危害	是否 CCP
出生	生物危害	否	对种猪进行检验检疫，保证种猪不能来自疫区和患有疾病		否
	化学危害	否			
	物理危害	否			
饲料、免疫/兽药的使用	生物危害	是	生猪在饲养过程中可能感染疫病	通过 SSOP 控制以及环境清洁、环境消毒和良好操作规范进行规范管理	是
	化学危害	是	饲料添加剂、兽药、免疫针剂使用等	做好饲料、兽药、免疫控制和登记，通过良好操作规范进行管理	
	物理危害	否	采用注射器免疫或用药，可能造成断针残留	可通过最后金属探测仪进行检测剔除	
活猪检疫	生物危害	是	猪的疫病，明显会对人类安全造成隐患，且会在生产过程中传播	授权有资质资格的兽医进行检验检疫，确保疫病个体猪无害化处理	是
	化学危害	否			
	物理危害	否			

（三）无线射频识别（RFID）技术简介

1. 无线射频识别（RFID）技术的概述

无线射频识别（RFID，Radio Frequency Identification）技术是从20世纪90年代兴起的一项自动识别技术。无线射频识别（RFID）是利用无线电波来传送识别信息，不受空间限制，可快速地进行物品追踪和数据交换。工作时，无线射频识别（RFID）标签与“识读器（PDA）”的作用距离可达数十米甚至上百米。通过对多种状态下（高速移动或静止）的远距离目标（物体、设备、车辆和人员）进行非接触式的信息采集，可对其自动识别和自动化管理。由于电子标签和读写器之间不直接接触，免除了跟踪过程中的人工干预，在节省大量人力的同时可极大提高工作效率，可在更广泛的场合中应用。如高速公路自动收费系统、停车场管理系统、物品管理、流水线生产自动化、安全出入检查、车辆防盗、动物管理以及其他物流和供应链管理等。

2. 无线射频识别（RFID）的组成及应用

一个最基本的无线射频识别（RFID）系统一般包括以下几个部分：一个载有目标物相关信息的RFID单元（应答机或卡、标签等）；在读写器及无线射频识别（RFID）单元间传输RF信号的天线；一个产生RF信号的RF收发器（RF transceiver）；一个接收从无线射频识别（RFID）单元上返回的即信号并将解码的数据传输到主机系统以供处理的读写器。

无线射频识别（RFID）具有读取方便快捷、识别速度快、数据容量大、使用寿命长、数据可动态更改、安全性高、动态实时通信等优点，可确保任何供应链的高质量数据交流，在猪肉供应链行业实现两个最重要的目标。一是彻底实施“源头”猪肉追踪解决方案，保证猪肉源头的安全；二是在猪肉供应链中提供完全透明度的能力。

（四）可追溯系统用户范围

根据猪肉生产供应链的作业流程，将系统用户主要分为养殖企业、屠宰企业、物流企业、销售企业、政府监管部门和消费者等。

（1）养殖企业。主要对猪个体信息、养殖信息进行录入，并负责向中心管理平台系统传递数据。

（2）屠宰企业。一般是政府制定的定点屠宰企业。企业要核对猪肉产品信息，并对屠宰分割的信息进行登录，并负责向中心管理平台系统传递数据。

（3）物流企业。主要是从事运输的企业。企业要记录猪肉产品的位移信息和运输过程的相关信息，并负责向中心管理平台系统传递数据。

（4）分割销售企业。对销售企业的基本信息、猪肉产品分割包装信息输入，条码打印，并将销售过程中产生的数据上报至中心管理平台系统。

（5）政府监管部门。负责猪肉质量安全的机构。对企业内部作业，以及外部流通过程的有效监督与核查。

（6）消费者。消费猪肉产品的个人或企业。他们可以通过查询平台对猪肉产品全过程信息进行查询。

（7）系统管理员。主要进行数据管理功能、用户管理、日志管理等数据维护功能。

（五）可追溯系统的关键需求任务

在猪肉可追溯系统中，信息系统主要有信息的获取、传递、存储、加工和信息的输出5个主要的关键任务。

1. 数据收集

信息系统的首要任务是把分散在猪肉供应链内外各处的数据收集并记录下来，整理成猪肉供应链追溯信息系统要求的格式和形式。数据的收集与录入是整个信息系统的基础，因此，在衡量一个信息系统的性能时，下列内容是十分重要的：它收集数据的手段是否完善，准确程度和及时性如何，具有哪些校验功能，对于信息采集过程存在的失误或者其他各种破坏因素的预防及抵抗能力如何，录入手段是否方便易用，对于数据收集人员和录入人员的技术水平要求如何，整个数据收集和录入的组织是否严密、完善等。

2. 数据交换

可追溯系统需要将猪肉产品的各生产阶段的生产加工信息交换联系起来，为了确保信息流的连续性，每一个供应链的参与方必须将预定义的可跟踪数据传递到中心管理平台系统，以便各企业进行信息共享。供应链各个节点之间信息交换根据实际情况可有多种方式，包括电子数据交换、电子表格交换、电子邮件、物理电子数据支持介质和确切信息输入方式等。

3. 数据存储

信息系统必须具有存储信息的功能，否则它就无法突破时间与空间的限制，发挥提供信息、支持决策的作用。简单地说，信息系统的存储功能就是保证已得到的数据信息能够不丢失，整理得当随时可用。

4. 数据加工

系统需要对已经收集到的数据信息进行某些处理，以便得到更加符合需要或者更能反映本质的信息，这就是信息的加工。

5. 信息输出

信息系统的服务对象是加入系统的生产企业、监管部门或者消费者。因此，它必须具备向生产企业、监管部门或消费者提供信息的手段或者机制，否则，它就不能实现其自身的价值。可追溯系统需要将生猪在养殖、屠宰、运输、分割销售各个环节进行信息记录和有效管理，若供应链中某个合作伙伴在管理环节失败，将导致信息链中断，发生可跟踪性丢失。在可溯源系统中，企业对产品及其属性以及参与方信息的有效标志是基础，对相关信息的获取、传输以及管理是成功开展猪肉产品跟踪的关键。

（六）可追溯系统应具备的功能

（1）数据交换。实现平台内部数据之间交换，并能完成外部平台之间的数据交换功能，实现公用信息资源共享。

（2）数据采集功能。满足人工输入的同时，可以将猪的标志信息扫描输入管理子系统；收集生猪从养殖、屠宰、运输到分割销售活动中产生的相关数据。

（3）数据管理功能。建立中心数据库，确保信息一致性、整体性、可靠性和可恢复性，实现数据的备份，数据的导出、导入，加强数据安全性。

（4）系统管理功能。系统登录人员身份认证，系统权限分配等功能。

（5）系统用户（企业）认证功能。给进入系统的企业登录身份信息，可以根据用户身份信息，登陆追溯系统。

（6）信息查询功能。能够通过信息查询平台查询猪肉产品的信息。

（七）生猪养殖过程可追溯的关键信息

猪肉可追溯系统需要确定的追溯信息应包括：企业溯源信息和产品溯源信息。企业溯源信息的确定及记录是可追溯系统中外部溯源的关键，产品溯源信息的确定及记录是整个可追溯系统溯源信息的关键。如果产品出现质量问题，消费者或相关政府监管部门可以通过记录的信息，找到问题源头。因此，溯源关键信息的确定是建立可追溯系统的重要步骤，并根据每头猪的标志信息和溯源“一步向前，一步向后”的基本要求，确定猪肉产业链中的关键节点，明确猪肉产业链中关键节点的溯源信息和责任。

养猪场溯源信息的数据包括企业基本信息和养猪场关键溯源信息。企业基本信息数据（表2－5）包括养猪场代码、企业名称、企业法人代表、企业组织机构代码、企业通讯地址、邮政编码、联系人和联系电话等。

表2－5 养猪场基本信息

属性名称	属性命名	类型	长度	空否?
畜主编码	FARM_ ID	字符串	20	否
畜主	FARM _ NAME	字符串	50	
场类型	FARM _ TYPE	字符串	10	
经营地址	FARM_ ADDR	字符串	100	
法人代表	LEGAL_ PERSON	字符串	20	
备案日期	RECORD_ DATE	日期型	8	
通信地址	ADDR	字符串	100	
邮政编码	POSTAL_ CODE	字符串	6	
联系电话	TEL	字符串	20	
传真	FAX	字符串	20	

养猪场可追溯系统溯源数据采集，如图2－16所示，系统的功能模块包括登录系统的“用户管理”、解决不同用户处理不同数据的权限；“养殖档案”模块包括对不同类型数据的采集与远程传输，“监督检测”是针对官方监督机构对出栏育肥猪进行激素类、化学类药物及重金属残留等抽检结果数据的提交模块，便于政府部门了解抽检结果；“溯源查询”模块是为政府监管部门和消费者提供不同层级查询服务的。

按可追溯定义，养猪场关键溯源信息的一个基本条件是猪的个体标志，当断奶仔猪进行免疫防疫注射时，动物防疫员或养猪场技术员就开始佩戴二维码耳标，利用移动智能识读器（PDA）对二维码耳标信息录入养猪场关键溯源信息存入溯源智能IC卡，通过网络上传到中央数据库。对养猪场生产管理系统，以猪个体标志的塑料耳标编码，即

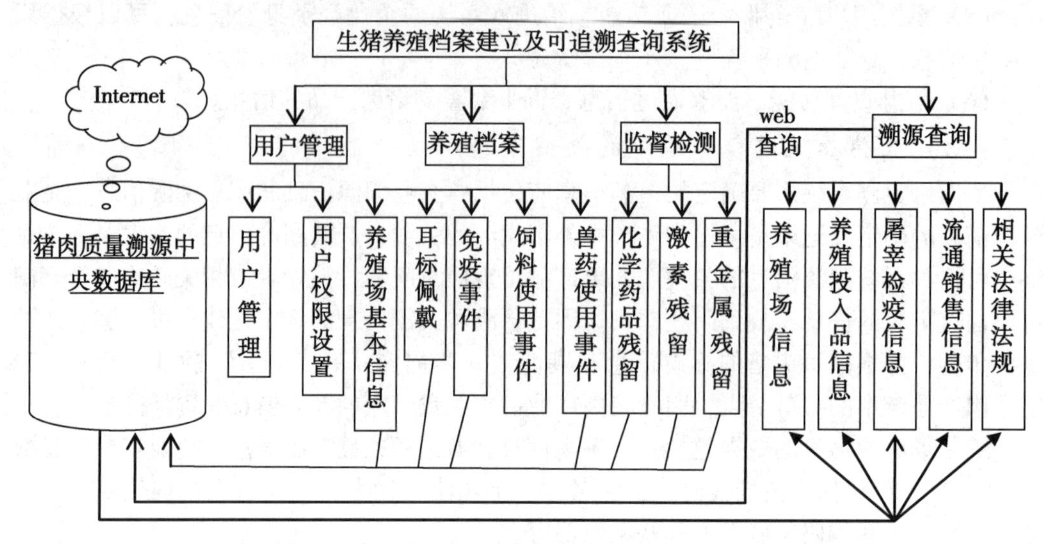

图 2－16　生猪养殖过程可追溯系统数据采集框架

“耳号”为关键字，同时，辅助以另一关键字“批次”进行相关数据录入，包括生猪生长、饲养和饲料、兽药及疫苗的购买、存储、领取与使用等。图 2－17 显示养猪场生产管理子系统框架结构图。

1. 出生和转入信息

表 2－6 所示为生猪个体信息录入，包括出生地企业名称、品种、出生日期、转入日期、圈栏号。

表 2－6　生猪个体信息

属性名称	属性命名	类型	长度	空否
畜主	FARM_ NAME	字符串	50	否
畜种	BREED_ TYPE	字符串	20	否
生产圈号	PEN_ No	数值型	10	
用途	PURPOSE	字符串	10	
耳标数	EAG_ No	数值型	2	
所属县市	REGION	字符串	40	否
生猪耳标	PIG_ ID	字符串	15	
购入日期	BUY_ DATE	日期型	8	
备注	NOTE	字符串	50	

2. 饲料信息

针对饲料的安全问题，在生猪养殖阶段主要监控饲料的使用，杜绝实际生产中不按

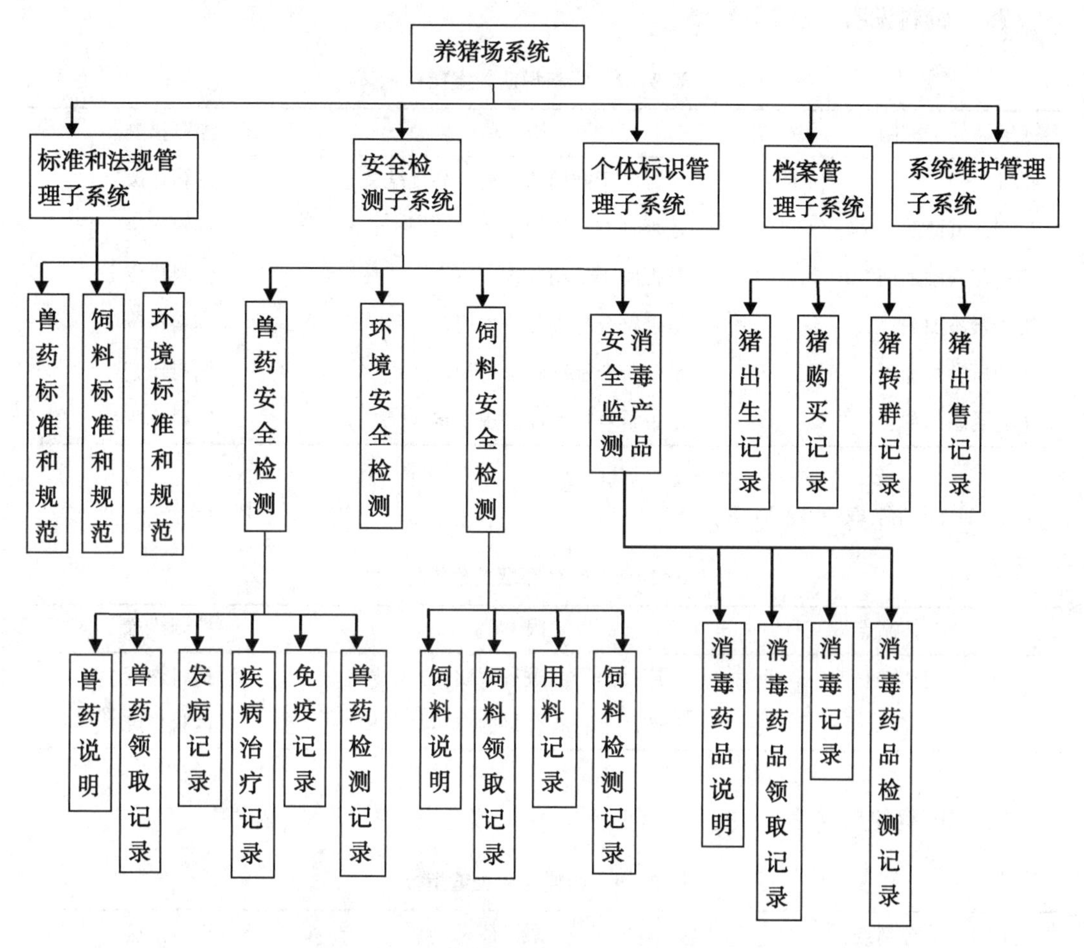

图 2-17　养猪场生产管理子系统框架结构

现有标准和法规要求的剂量、范围、配伍和休药期使用药物添加剂以及使用过期、变质和含违禁添加剂的饲料等现象。饲料使用流程，如图 2-18 所示。根据饲料使用流程和各数据之间的关系，饲料追溯关键信息包括饲料说明、饲料领取、饲料抽检和饲料使用4 个部分。

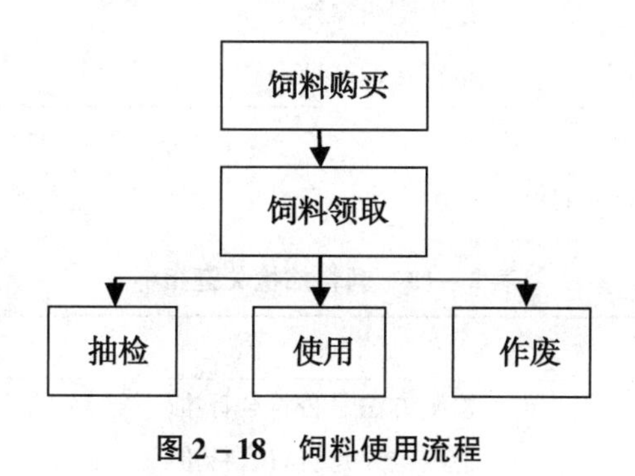

图 2-18　饲料使用流程

（1）饲料说明（表2－7）。

表2－7　饲料说明关键指标

控制点	限　值	控制措施
批准文号	是否属于撤销的饲料产品批准文号	饲料作废
生产许可证	是否具有合格的生产许可证	饲料作废
饲料药物添加剂	是否属于禁用药物	饲料作废
维生素添加剂	是否符合标准和法规规定	饲料作废
矿物质类添加剂	是否符合标准和法规规定	饲料作废
重金属添加剂	是否符合标准和法规规定	饲料作废

（2）饲料领取（表2－8）。

表2－8　饲料领取关键指标

控制点	限　值	控制措施
有效期	产品是否已过有效期	饲料作废
产品批号	产品是否有合格的产品批号	饲料作废

（3）饲料使用（表2－9）。

表2－9　饲料使用关键指标

控制点	限　值	控制措施
饲料名称	是否抽检合格	饲料作废
	是否属于作废产品	饲料作废
有效期	产品是否已过有效期	饲料作废
饲料药物添加剂	是否属于违禁产品	饲料作废
配伍禁忌	是否配伍得当	停止使用
休药期	是否在休药期内	停止使用

（4）饲料抽检（表2－10）。

表2－10　饲料抽检关键指标

控制点	限　值	控制措施
抽检方法	检测方法是否符合标准	更换检测方法
抽检结果	检测结果是否符合标准	饲料作废

3. 兽药信息

包括兽药名称（兽药代码）、批号、使用剂量、使用日期、使用结果。

（1）图2－19显示兽药使用流程图。根据兽药使用流程和各数据之间的关系，兽药追溯关键信息分为兽药说明监控、兽药领取监控、兽药抽检监控、兽药使用监控和兽药残留监控5个部分。

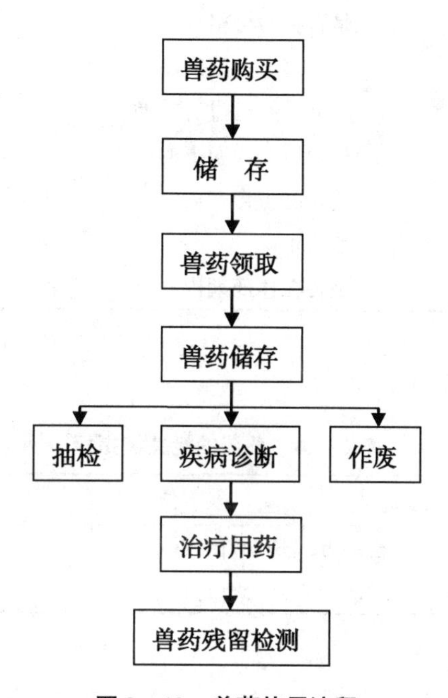

图2－19　兽药使用流程

① 兽药说明（表2－11）：

表2－11　兽药说明关键指标

控制点	限　值	控制措施
兽药名称	产品是否属于禁用药物	药物作废
批准文号	产品是否属于撤销的兽药产品批准文号	药物作废
生产许可证	产品是否具有合格的生产许可证	药物作废

② 兽药领取（表2－12）：

表2－12　兽药领取关键指标

控制点	限　值	控制措施
有效期	产品是否已过有效期	药物作废
产品批号	产品是否有合格的产品批号	药物作废

③ 兽药使用（表 2－13）：

表 2－13　兽药使用关键指标

控制点	限　值	控制措施
兽药名称	是否属于禁用药物	药物作废
	是否抽检合格	药物作废
	是否属于作废产品	药物作废
有效期	产品是否已过有效期	药物作废
剂量	是否符合说明书的规定	更正使用剂量
配伍禁忌	是否配伍得当	停止使用
给药途径	是否正确	修改给药途径
休药期	是否在休药期内	停止使用

④ 兽药抽检（表 2－14）：

表 2－14　兽药抽检关键指标

控制点	限　值	控制措施
抽检方式	检测方式是否符合标准	更换检测方式
抽检结果	检测结果是否符合标准	兽药作废

⑤ 兽药残留检测（表 2－15）：

表 2－15　兽药残留检测关键指标

控制点	限　值	控制措施
检测方式	检测方式是否符合标准	更换检测方式
检测结果	检测结果是否符合标准	不能出售

（2）消毒药物对生猪的安全产品质具有重要作用，其使用流程，如图 2－20。根据消毒物使用流程和各数据之间的关系，将消毒药物追溯关键信息分为消毒药物说明、消毒药物领取、消毒药物抽检和消毒药物使用 4 个部分。

① 消毒药物说明（表 2－16）：

表 2－16　消毒药物说明关键指标

控制点	限　值	控制措施
消毒药物名称	是否属于禁用药物	消毒药作废
批准文号	是否属于撤销的兽药产品批准文号	消毒药作废
生产许可证	是否具有合格的产品批号	消毒药作废

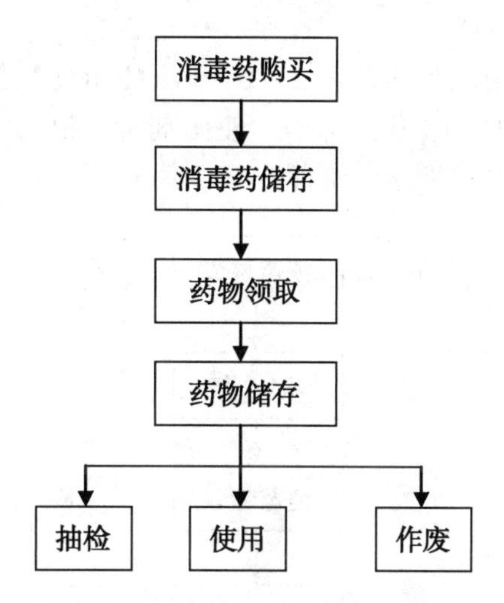

图 2－20　消毒药物使用流程

② 消毒药物领取（表 2－17）：

表 2－17　消毒药物领取关键指标

控制点	限　值	控制措施
有效期	产品是否已过有效期	消毒药作废
产品批号	产品是否有合格的产品批号	消毒药作废

③ 药物抽检监控（表 2－18）：

表 2－18　消毒药物抽检关键监控点

控制点	限　值	控制措施
抽查方法	检测方法是否符合标准	更换检测方式
抽查结果	检测结果是否符合标准	消毒药作废

④ 消毒药物使用监控（表 2－19）：

表 2－19　消毒药物使用关键监控点

控制点	限　值	控制措施
消毒药物名称	是否属于禁用药物	消毒药作废
	是否抽检合格	消毒药作废
	是否属于作废产品	消毒药作废
有效期	产品是否已过有效期	消毒药作废
剂量	是否符合说明书的规定	更正使用剂量
配伍禁忌	是否配伍得当	停止使用
给药途径	是否正确	修改给药途径

4. 免疫信息

图2－21显示疫苗使用流程图。表2－20显示疫苗使用信息录入，包括疫苗名称(疫苗代码)、批号、免疫日期、免疫部门、使用剂量。根据疫苗使用流程和各数据之间的关系，疫苗使用监控关键指标，如表2－21。

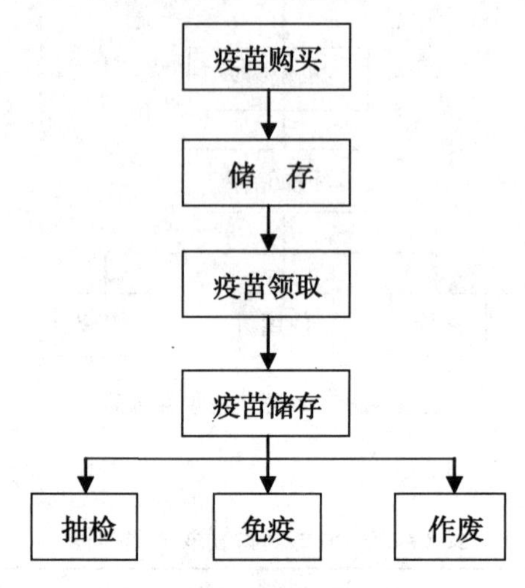

图2－21　疫苗使用流程

表2－20　疫苗使用信息

属性名称	属性命名	类型	长度	空否?
生猪耳标	PIG_ ID	字符串	15	否
疫苗名称	VACCINE_ NAME	字符串	50	否
疫苗来源	VACCINE _ SOURCE	字符串	50	
疫苗批号	VACCINE_ BATCH	字符串	50	
免疫方法	IMMUN_ METHOD	字符串	50	
免疫时间	IMMUN_ DATE	日期型	8	
免疫时间	IMMUN_ DATE	日期型	8	
免疫人员	IMMUN_ PERSON	字符串	10	
备注	NOTE	字符串	50	

表2－21　疫苗使用关键指标

控制点	限　值	控制措施
	是否抽检合格	疫苗作废
疫苗名称	是否属于作废产品	疫苗作废
有效期	产品是否已过有效期	疫苗作废
剂量	是否符合说明书的规定	更正使用剂量
配伍禁忌	是否配伍得当	停止使用
给药途径	是否正确	修改给药途径
使用日期	是否符合免疫程序	修改使用日期

5. 生猪检疫信息

表2－22显示检验信息录入，包括检疫日期、检疫部门、检疫结果、检疫证号。

表2－22　检验信息

属性名称	属性命名	类型	长度	空否?
生猪耳标	PIG_ ID	字符串	15	否
检验编码	CHECK_ ID	字符串	20	
检验项目	CHECK_ ITEM	字符串	30	否
检验方法	CHECK_ METHOD	字符串	20	
检验结果	CHECK_ RESULT	字符串	10	否
检验日期	CHECK_ DATE	日期	20	
检验单位	CHECK_ UNIT	字符串	50	
检验人员	CHECH_ PERSON	字符串	20	
备注	NOTE	字符串	50	

6. 病死猪处理信息

病死猪处理日期、处理方式、死亡原因。

7. 转出信息

转出日期、运往目的地企业名称、运输车辆车牌号、运输车辆所属企业名称、运输车辆消毒证号。

8. 标志信息

耳标号。

（八）生猪养殖过程可追溯系统的预警操作流程

生猪在养殖过程中，因多方面原因，如未能很好地执行育肥猪宰前1～3周的饲料添加剂中药物休药期限制的规定和是否用过违禁激素，或因育肥猪宰前1～3周时间，由于猪患病用药，是否用过违禁药物，均对怀疑生猪采用隔离检测，同时，对同群猪亦抽样检测，其操作流程，如图2－22显示生猪含违禁激素和图2－23显示生猪含限制药物（或化学物）。

（九）生猪养殖过程可追溯系统的操作实例

1. 生猪养殖环节操作实例

（1）动物防疫员或养猪场技术员为初生仔猪佩戴耳标，录入仔猪标志，如图2－24显示佩戴耳标模块的运行界面，15位耳标标志号可通过移动智能识读器（PDA）上佩戴的摄像头扫描耳标，批次读取。考虑移动智能识读器（PDA）闪存容量最大读取或输入的耳标号数为20个，录入的数据既保存在本机或IC上留作后续处理，或转存在计算机系统再上传中央数据库。

（2）生猪的免疫信息录入，如图2－25。在输入或者扫描生猪的耳标号后，输入生猪的免疫信息，其中，采用的疫苗的相关信息储存在系统的辅助数据表中，录入的数据一般直接上传到远程中央数据库。

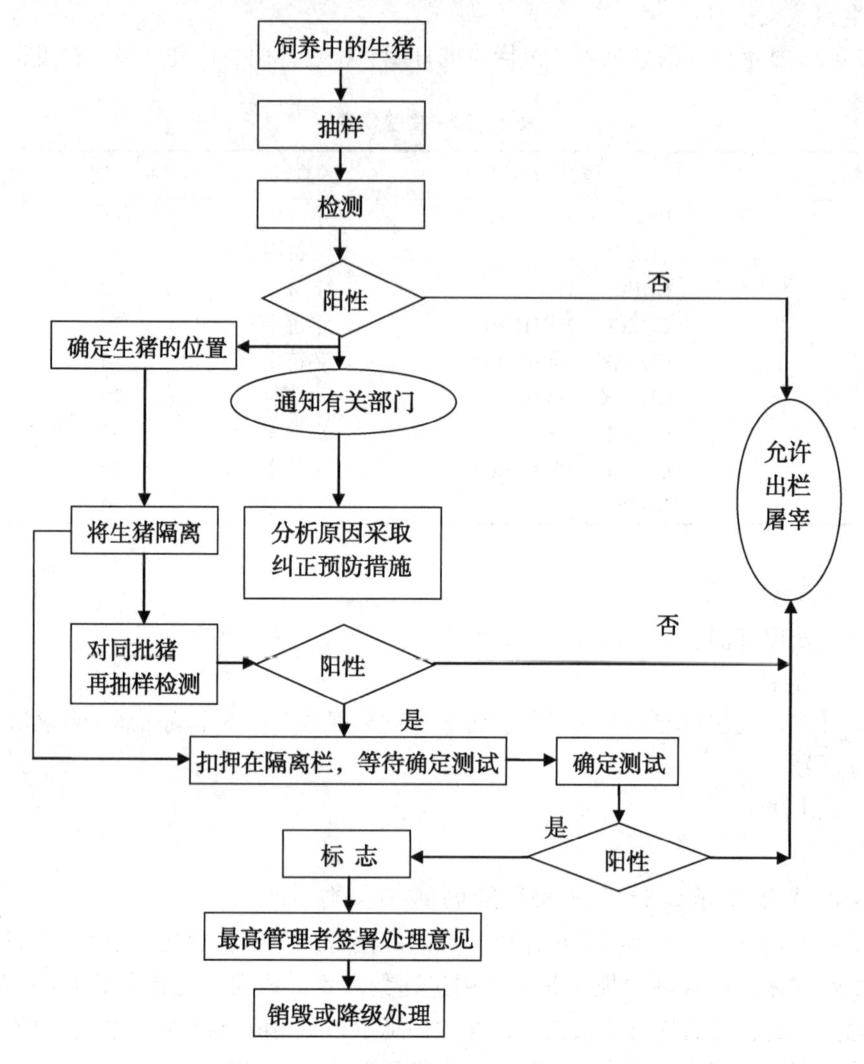

图 2－22　生猪含违禁激素检测处理流程

2. 生猪产地检疫环节操作实例

对出栏生猪体内有害有毒物质残留的抽检是保证猪肉质量安全的重要环节。一般由各级动物卫生监督机构官方兽医负责对生猪及运输环节的抽检，目前，主要抽检的项目是检测激素或药物的残留。动物检疫员通过移动智能识读器（PDA）扫描耳标二维码，在先输入生猪耳标（1 个或一批）号后，进入图 2－26 的数据采集界面，经过用户权限验证，进入数据的采集与传输。需要指明的是，抽检时间不能让使用者录入，而是在“保存”提交数据时，将移动智能识读器（PDA）或手机的系统时间一并传输到远程数据库中，防止人为修改时间。对产地检疫合格的生猪出具电子产地检疫证；并将产地检疫信息通过网络上传到中央数据库，并存入流通 IC 卡。

3. 生猪运输检疫监督环节操作实例

动物检疫员使用移动智能识读器（PDA）扫描电子检疫证上的二维码或通过网络

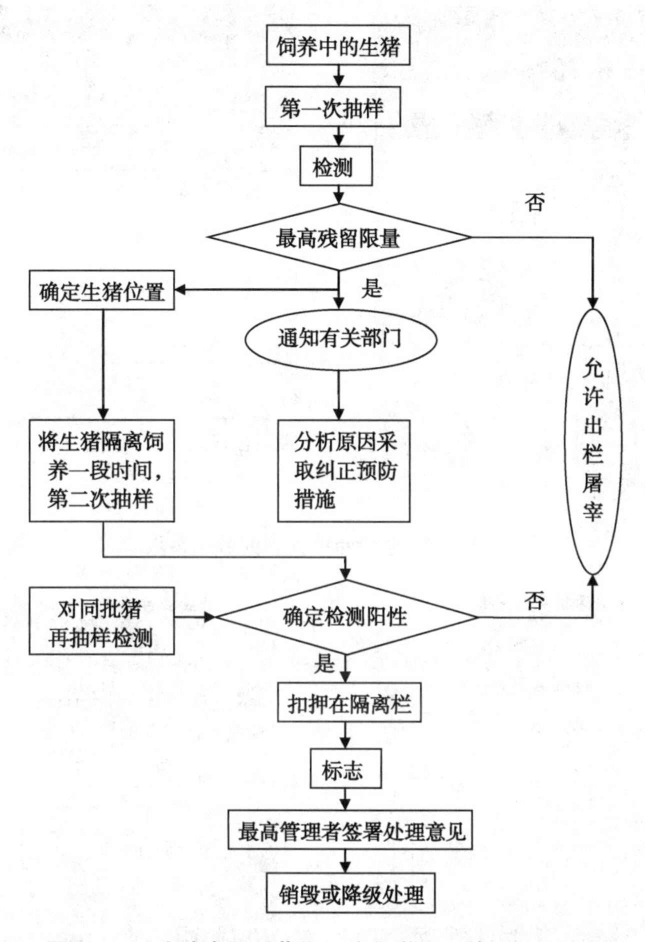

图 2－23　生猪含限制药物（或化学物）检测处理流程

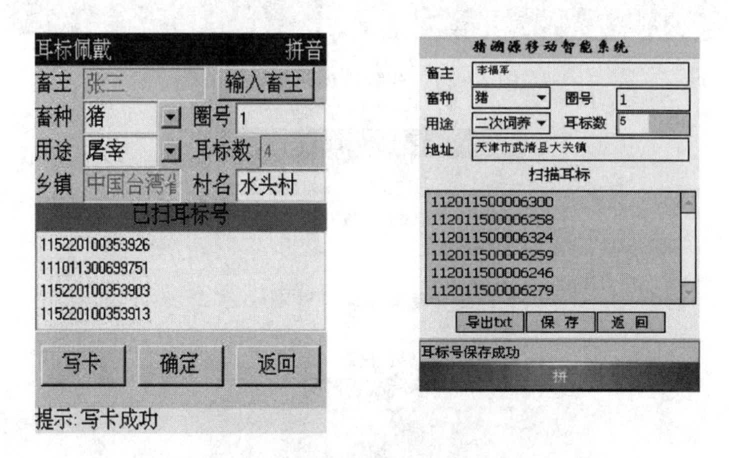

图 2－24　生猪耳标佩戴、数据采集与提交

查询以鉴别生猪标志（图 2－27）和电子检疫证的真伪，并将查询信息通过网络上传到中央数据库。

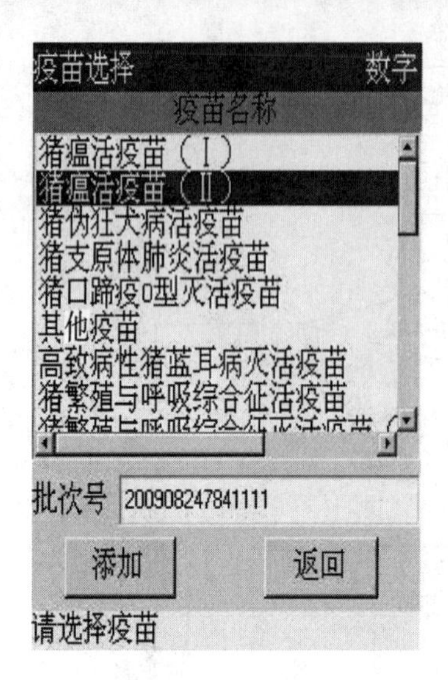

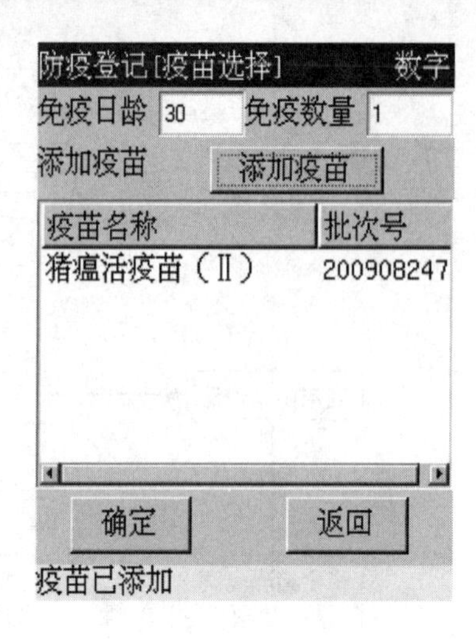

图 2－25　生猪免疫信息的数据采集

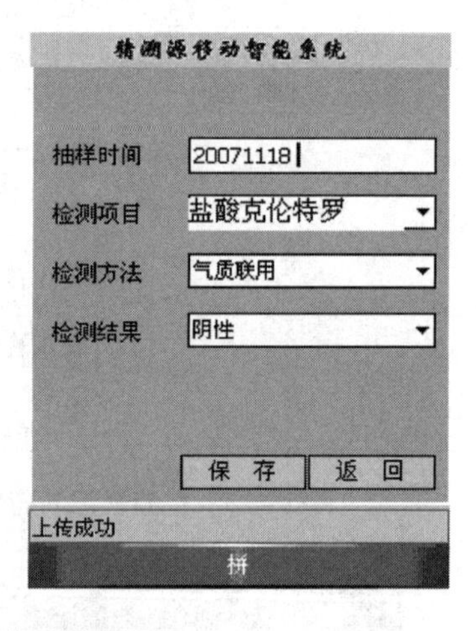

图 2－26　在线数据采集界面

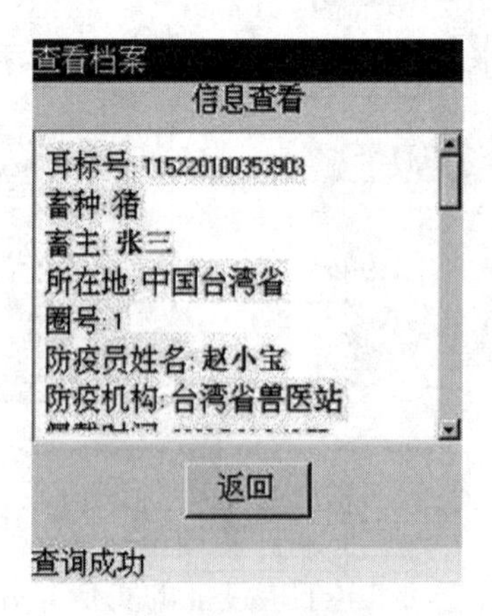

图 2－27　在线查询生猪标志界面

思考与自测

（一）名词解释

灭活疫苗　亚单位疫苗　基因缺失疫苗　终末消毒　猪囊尾蚴病　旋毛虫病　产地检疫　可追溯性　食品可追溯体系

（二）填空题

1. 畜禽标志编码有________、________和________。

2. 数字________为猪种类代码。

3. 从第 8 ~ 15 位共 8 位代表______________。

4. 消毒的种类分为 3 种，包括________、________和________。

5. 机体获得特异性免疫力有多种途径，主要分为________、和________。

6. 消毒的种类有________、________和________。

7. 消毒的方法包括________、________和________。

8. 口蹄疫病毒，血清型有________、________、________、________、________、________、________7 个主型。

9. 猪链球菌病是由________、________、________、________、________链球菌引起的一种人畜共患的急性、热性传染病。人畜共患病主要由________溶血性链球菌引起。

10. 产地检疫分为________、________和________三类。

11. 盐酸克伦特罗尿液残留快速检测法时阴性________线显色，________线显色。

12. 盐酸克伦特罗尿液残留快速检测法时阳性________线显色，________线不显色。

13. 莱克多巴胺尿液残留快速检测法未出现 C 线，表明________。

14. 食品可追溯信息记录体系，主要包括________、________、________、________、________五个部分。

15. RFID 的组成包括________、________、________、________四个部分。

16. 可追溯系统用户主要分为________、________、________、________、________和________。

17. 可追溯系统中，信息系统主要有________、________、________、________、________五个主要的关键任务

（三）简答题

1. 简述哺乳仔猪出生到第 7 日龄的安全管理。

2. 简述哺乳仔猪第 7 日龄到断奶的安全饲养管理。

3. 简述可追溯体系三大业务系统。

4. 简述断奶仔猪饲养过程安全饲养管理 。

5. 简述断奶仔猪育肥过程的安全管理。

6. 简述肉猪养殖过程中滥用违禁药物的影响。

7. 简述养猪场内外环境控制措施。
8. 简述猪舍内部环境控制措施。
9. 简述猪免疫接种的注意事项。
10. 简述制定免疫程序所考虑因素。
11. 简述养猪场消毒程序的步骤。
12. 影响消毒效果的因素有哪些？
13. 简述盐酸克伦特罗尿液残留快速检测法的检测原理和适用范围。
14. 简述莱克多巴胺尿液残留快速检测法的检测原理和适用范围。
15. 简述盐酸克伦特罗尿液残留快速检测法的注意事项。
16. 简述莱克多巴胺尿液残留快速检测法的注意事项。
17. 简述移动智能识读器（PDA）主要功能。
18. 简述票据打印机主要功能。
19. 简述盐酸克伦特罗尿液残留快速检测法原理。
20. 简述生猪养殖安全风险来源。
21. 简述生猪运输安全风险来源。
22. 简述可追溯系统应具备的功能。

（四）论述题

1. 试述生猪养殖安全风险控制。
2. 试述生猪运输安全风险控制。
3. 整个养猪场可追溯系统溯源信息包括哪些方面？
4. 试述生猪养殖及运输过程可追溯系统的操作流程。

第三章　屠宰加工过程监测与安全控制

本章学习目标

【能力目标】

掌握生猪宰前检疫实施，生猪胴体标志转换与注销，宰后检验要领，猪肉中盐酸克伦特罗残留和莱克多巴胺残留检测，肉品中汞、铅、总砷和镉的测定，屠宰加工环节可追溯系统的操作。

【知识目标】

1. 熟悉和理解生猪屠宰前的安全管理，生猪宰前、宰后可追溯系统溯源关键信息的确定，生猪屠宰加工工艺，屠宰加工安全风险控制。

2. 了解影响猪肉质量的主要因素，屠宰加工过程危害分析，可追溯系统溯源信息的采集框架。

第一节　屠宰加工企业猪肉品质安全控制

生猪的屠宰不仅与肉的品质和卫生状况有密切的关系，而且对环境保护、人类保健事业和家畜传染病的防治都有很大的影响。因此，屠宰加工企业的建立及其设施必须严格按照《中华人民共和国动物防疫法》《中华人民共和国食品安全法》《中华人民共和国食品安全法实施条例》《生猪屠宰管理条例》和《中华人民共和国环境保护法》等有关法律法规的要求执行，以确保人民吃上安全猪肉，并避免环境污染，控制动物疫病传播。

一、影响猪肉质量的主要因素

影响猪肉质量的因素包括有害物质的污染及操作不当引起的质量问题。有害物质主要有生物性（主要是微生物和寄生虫）、化学性（主要是兽药、重金属等）、物理性（固体杂质等）三类。操作不当主要有生猪不静养就屠宰；生猪不通过麻电或者二氧化碳致昏直接屠宰；麻电电压、电流不合适或者二氧化碳浓度及致昏时间不合适。

（一）猪肉中有害物质的来源

1. 微生物

猪肉中微生物的来源包括宰前和宰后。

（1）宰前的微生物来源。健康的生猪具有健全而完整的免疫系统，能有效地防御和阻止微生物的侵入和在肌肉组织内的生长和扩散，正常机体组织内部（包括肌肉、脂肪、心、肝、肾等）一般是无菌的。但是一些患病生猪的组织和器官内往往有微生物存在，这些微生物有的是人畜共患病的病原微生物，如炭疽等，如果控制不当会给人类带来很大危险；有的不能感染人类，但其病变影响肉的品质。

（2）宰后微生物的污染。生猪体表、被毛、消化道、上呼吸道等器官在正常情况下都有微生物存在，当被毛和皮肤污染了粪便，微生物的数量会更多。因此，如果屠宰过程操作不当，会造成微生物的广泛污染。例如，使用不洁的刀具放血时，可将微生物引入血液，并随着血液短暂的微循环扩散至胴体的各部位。在屠宰、分割、加工过程中，微生物的污染都可能发生。被微生物二次污染的肉如果处理不当，就会发生肉的腐败变质。

2. 寄生虫

生猪在饲养过程中可能感染寄生虫，例如，囊尾蚴、绦虫、旋毛虫等，其中，有的寄生虫或其幼虫能够感染人体。

3. 重金属、兽药残留

生猪处在食物链的上端，环境中的有毒有害物质通过空气、饮水、饲料等进入生猪体内，并能在体内蓄积。另外，在饲养时滥用兽药，也会造成在生猪体内的蓄积。例如，有机胂、抗生素、瘦肉精等成为近年来影响肉品质量的重要因素。

（二）生产加工操作不当引起的质量问题

生猪在恶劣环境下饲养或喂养不当、长途运输后未充分休息，或屠宰时受到过度的刺激，体内会发生异常代谢，导致宰后出现品质不良的肉品。赶猪、麻电等应激因素可能会导致 PSE（即肉色灰白、肉质松软、汁液渗出）的发生，是由于屠宰后 pH 值降低过快。宰前停食时间过长，例如，超过 24h 以上，可能导致 DFD 肉（即肌肉干燥、质地粗硬、色泽深暗），是由于猪在宰前经历长时间的应激或者饥饿状态，肌糖源耗竭，肉不能正常酸化（糖原酵解产生乳酸），屠宰后肌肉中 pH 值仍保持较高水平，蛋白质变性程度低，水分渗出太少，就形成来降低 DFD 肉。我国猪肉以热鲜肉形态消费为主，所以，PSE 对养猪生产、屠宰企业、零售商危害最大。

二、生猪屠宰前的安全管理

恰当的宰前管理是保证优秀肉质的重要措施。猪在栏中静养是为了让猪恢复正常新陈代谢，减少应激。

（一）屠宰前静养

运到屠宰加工企业的生猪，到达后不宜马上进行宰杀，需在指定的圈舍中休息，宰前休息目的是消除生猪在运输途中的疲劳，使猪身体的肌肉恢复到自然的放松状态。由于环境改变、受到惊吓等外界因素的刺激，生猪易于过度紧张而引起疲劳，使血液循环加速，体温升高，肌肉组织中的毛细血管充满血液，正常的生理功能受到抑制、扰乱或破坏，从而降低了机体的抵抗力，病原微生物侵入血液中，从而加速肉的腐败过程，也影响猪副产品的质量。试验表明，经过 5 昼夜铁路运输的生猪，卸车后立即屠宰，肝脏带菌率为 73%，肌肉内带菌率为 30%，休息 24h 后屠宰，肝脏带菌率降为 50%，肌肉内带菌率降为 10%，休息 48h 后屠宰，则肝脏带菌率降为 44%，肌肉内带菌率降为9%。

屠宰前休息有利于放血和消除应激反应，对屠宰加工企业的生产也有一定的调节作用，实际上也是肉保存的一种过渡办法。所以，生猪宰前充分休息对提高猪肉品质量具有重要意义。

（二）停食饮水

生猪一般在宰前12~24h停食。停食时间必须适当，注意以下几点。

（1）临宰前给予充足饲料，则会引起消化和代谢机能旺盛，肌肉组织的毛细血管中充满血液，屠宰时放血不完全，肉容易腐败。

（2）停食可减少消化道中的内容物，防止剖腹时胃肠内容物污染胴体，并便于内脏的加工处理。同时，肠道内容物大幅度减少明显降低了屠宰场废物的处理难度。

（3）促进肝脏中的糖原分解为乳糖和葡萄糖，使运输途中肌肉所消耗的糖原得到恢复和补充，宰杀后能迅速完成尸僵，有利于宰后肉品的成熟。

（4）可以节省饲料，降低成本，减轻劳动强度。

（5）使生猪保持安静，便于放血。

在停食时，应供给足量的饮水，使生猪进行正常的生理机能活动，调节体温，促使粪便排泄，放血完全，获得高质量的猪肉及其产品。如果饮水不足会引起肌肉干燥，造成生猪体重严重下降，肌肉水分损失可达5%~6%，直接影响猪肉的产品质量；饮水不足还会使血液变浓，不易放血，影响肉的储存性。但是，为避免生猪倒挂放血时胃内容物从食道流出污染胴体，在屠宰前3h应停止给水。

（三）善待活猪减少外伤

在屠宰加工企业，生猪卸载进场和送宰过程中都牵涉到活猪的驱赶问题，粗暴对待会造成体表外伤和骨折，甚至引起应激综合征。西欧发达国家有法律规定“不得虐待动物”，屠宰加工企业也有使用袖珍式脉冲电麻器赶猪，但一定要使用得当。当电麻器触及猪体时，脉冲电流刺激肌肉内神经末梢，猪受到突然刺激就向前跑动，切记，不可多次连续电刺激猪。我国已有类似的电麻器，但效果不理想，尤其是长途运载后猪体疲倦用电驱赶很多猪仍不愿动弹。无论如何，要坚持不能打猪，有的地区使用轻便猪拍或摇铃用声响来驱赶；有的采取“轻赶高呼，不棒打脚踢，分段跟人”防止猪返回倒跑而拥挤“爬伤”等，这些办法都有一定的效果。

此外，宰前管理还应加强网舍内的巡回检查，随时剔除病猪，即时清除粪便，对圈舍、通道、饮水器等定期消毒。注意气候变化，及时做好防寒保暖、防暑降温等工作。

三、宰前检疫

（一）宰前可追溯系统的关键溯源信息

宰前可追溯系统溯源信息的确定，如图3-1所示，信息录入包括如下几方面。

（1）企业基本信息。企业名称、企业组织机构代码、企业通讯地址、邮政编码、企业法人代表、联系人及联系电话、企业工商营业执照、企业定点屠宰证、、企业食品卫生许可证、企业类型、企业认证情况和企业简介等。

（2）转入信息。入厂日期、来源地企业名称、运输车辆车牌号、运输车辆所属企业名称、生猪检疫证号、运输车辆消毒证号。

（3）宰前检验信息。生猪产地检疫证明、尿液激素残留检验结果、宰前检验日期、检疫部门、检疫结果、异常个体猪情况说明、异常个体猪处理方式。

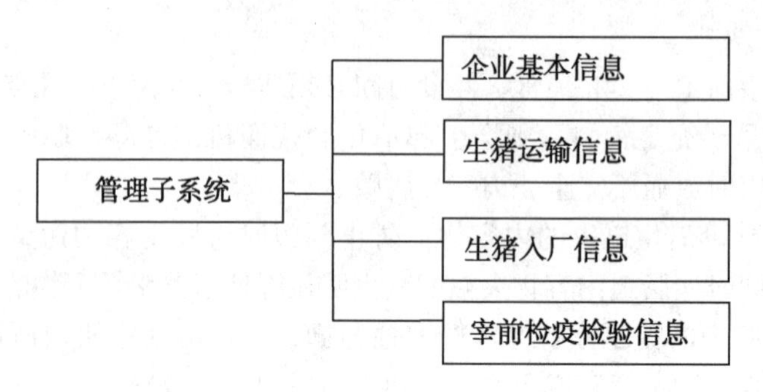

图3－1　生猪宰前可追溯系统溯源信息

（二）宰前检疫实施

（1）动物检疫员携带移动智能识读器（PDA）和便携式打印机对屠宰加工企业生猪进行现场检查。

（2）动物检疫员检查每一头待宰生猪的出生登记卡或健康证明以及具有合法身份编号的耳标。通过移动智能识读器（PDA）扫描生猪标志和检疫证上的二维码进行信息核查，并将监督信息通过网络上传到中央数据库。

第二节　屠宰加工过程的检验

一、生猪屠宰加工工艺

合理的屠宰工艺流程、适当的加工方法、严格的兽医卫生检验和卫生管理是屠宰生猪获得符合安全猪肉的决定性条件。目前，我国生猪屠宰已形成一整套工艺流程和方法，即淋浴、致昏、放血、脱毛（或剥皮）、去头蹄、开胸、劈半、胴体修整、内脏整理、皮张整理等工序。为了规范生猪屠宰工艺和检验程序，《生猪屠宰操作规程》（GB/T 17236—2008）已作为国家标准发布，随着该《规程》的实施和科学技术的进步，屠宰加工的工艺流程将越来越完善（图3－2显示生猪剥皮方式屠宰流程）。

（一）淋浴

生猪在致昏放血之前必须进行宰前淋浴。淋浴是一种良好的净体方法，可以除去体表的粪便、泥土和灰尘，减少了猪体对烫毛池水的污染以及在加工过程中对胴体的污染。淋浴可以使猪趋于安静，促进血液循环，保证放血良好。浸湿的猪体表可以提高电致昏的效果。淋浴水温以20℃为宜，最好不使用冷水。淋浴时间不宜过长，以淋洗干净为准，一般为3～5min。

（二）致昏

致昏是指生猪宰杀放血前，以适当的方法使其失去知觉，迅速进入昏迷状态。致昏能减少痛苦和挣扎，避免生猪逃窜，确保刺杀操作安全和放血良好，是实行文明屠宰，提高肉品质量不可缺少的加工工序。

致昏的方法很多，主要有以下两种。

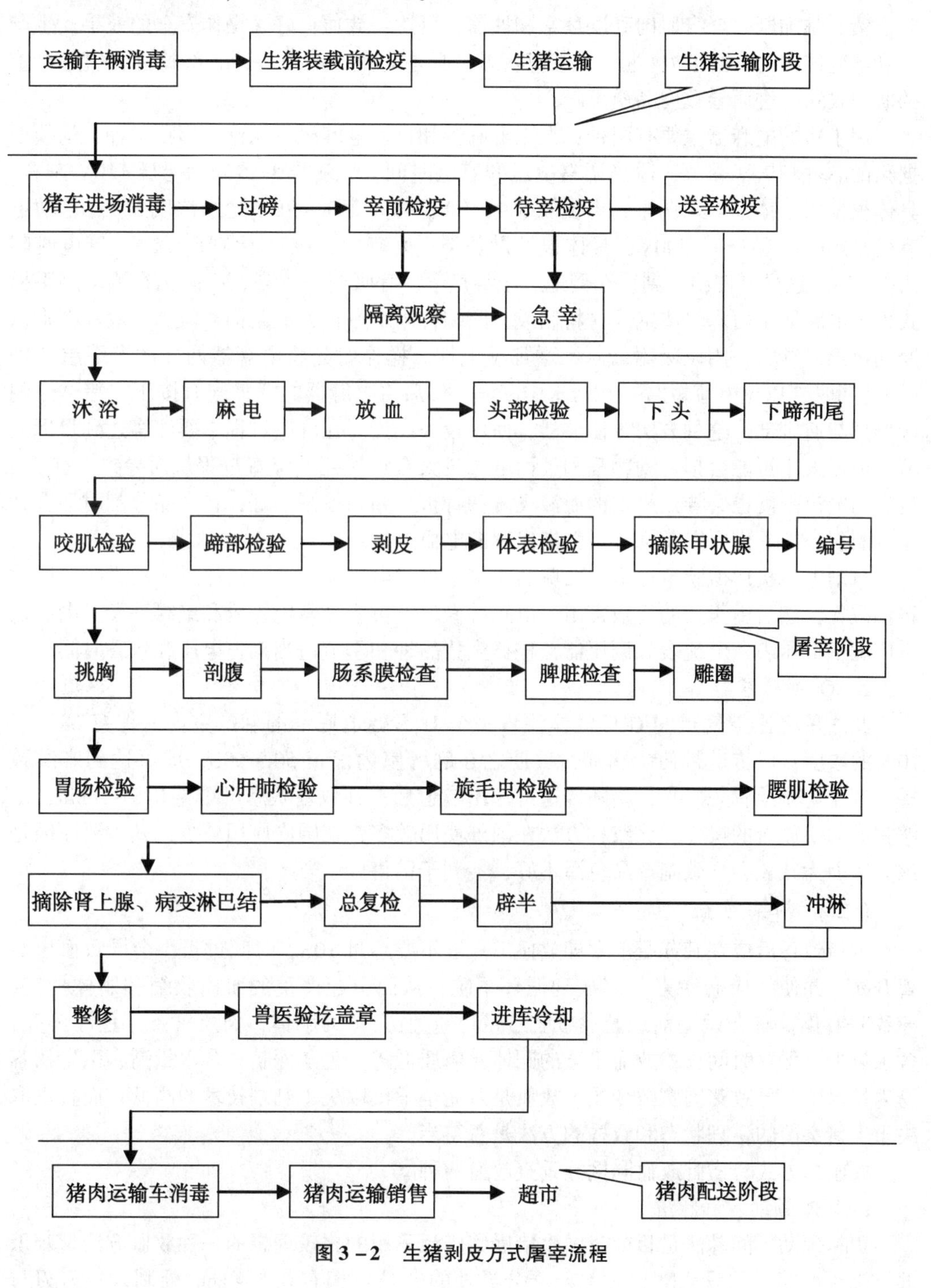

图3-2 生猪剥皮方式屠宰流程

1. 电致昏法

电致昏法是目前广泛使用于生猪屠宰的一种致昏法。电致昏的原理是使电流最短的距离通过猪的大部，造成实验性癫痫状态，使生猪失去知觉，进入暂时的昏迷状态。此时，猪心跳加剧，全身肌肉高度痉挛和抽搐，可达到放血良好、操作安全的效果。生产中麻电应该在1S内让动物进入无意识状态，必须防止二次致昏，二次致昏会引起严重的肌肉收缩，进而导致肉品质下降。

用于猪的电麻器主要有两种；人工电麻器和自动电麻机。无论使用哪一种，均须根据猪的品种和屠宰季节，适当调整电压和麻电时间。人工电麻器采用电压110V左右，具体根据猪个体大小来调整，电流0.5～1.0A，时间为1～3S，盐水浓度5%。自动电麻机采用电压在150～300V，具体根据设备类型来确定，电流不大于1.5A，麻电时间为1～2S。这样可使猪达到昏迷倒地，全身痉挛，呼吸暂停状态，心脏仍在跳动。手提式人工电麻器是由木料或绝缘材料制成，两端各固定一长方形紫铜片电极，铜片上附以厚的海绵或纱布，用以吸附盐水，增加导电性。操作时先将电麻器两极的海绵层分别（不能同时，以免电流短路）在盐水中浸润，然后将电麻器的两极同时按压在猪体一侧额颞部与肩胛部。这种方法方便灵活，使用较为广泛。在麻电过程中要注意达到目标电流，电流太小可能会损害动物福利，而电流过大会加速死后降直过程从而导致PSE肉。过高的电流强度也会导致严重的血液飞溅和骨折，如果控制不好，在产品分割时会看到尾骨断裂、严重出血以及部分后腿肉出现麻电血点。

自动电麻机形似狭窄通道，两侧装有多个铜片电极夹板，当猪体进入夹道时，即被自动致昏，然后由滚动的托板带出。电致昏操作人员应穿戴绝缘靴和绝缘乎套。电麻设备应配备电压表、电流表和调压器，根据生猪品种和季节适当调整电压和致昏时间。

2. CO_2致昏法

此法是将比空气重的CO_2气体注入一个U形隧道底部的麻醉室内并保持68%～70%的浓度；以传送带使生猪通过，使之在麻醉室内停留50～60S，即可达到麻醉致昏，呈完全松弛状态。当生猪随传送带送出隧道后，其致昏状态可维持0.5～3min，足够完成刺杀放血的操作。该致昏方法在国外使用较多，在国内应用较少，其主要原因是该方法因为缺氧会导致副产品色泽不好，不利于销售。

（三）刺杀放血

生猪致昏后应在其苏醒前立即放血。一般不要超过10S。时间过长，会导致血压显著升高，并使“应激激素”释放到循环系统，从而引起严重的肌肉收缩和躯体抽搐，导致PSE肉。猪在烫毛前应至少沥血5min，放血完全的胴体，肉质鲜嫩，色泽鲜亮，含水量少，保存时间长；放血不全的胴体，肉质低劣，色泽深暗，含水量高，微生物容易生长繁殖，导致猪肉腐败变质。放血是否完全不仅取决于刺杀技术的高低，而且也取决于生猪宰前的生理状态和致昏的方法是否得当。

放血的方式有横卧放血和倒挂垂直放血两种。

1. 切断颈动、静脉法

切断颈动、静脉法是目前我国生猪屠宰广泛采用的比较理想的一种放血方法。刺杀部位应对准第一肋骨明喉（颈与躯干分界处的中线）偏右0.5～1cm处刺入，刀刃与猪体成15°~20°，抽刀时向外偏转切断血管，同时，扩大刀口至3~4cm，放血时间为6~10min。

2. 真空刀放血法

国外已广泛使用，我国少数肉联厂曾试验应用。所用工具是一种具有抽气装置的“空心刀”。放血时，将刀插入事先在颈部沿气管切开的皮肤切口，穿过第一对肋骨中间直达右心，此时，心脏的血液即通过刀刃孔隙、刀柄腔道沿橡皮管流入容器中。真空刀放血可以获得未经污染的血液，以供食用或医疗用，提高利用价值；真空刀虽刺伤心脏，因有真空抽气装置，故放血仍良好。

（四）浸烫脱毛

放血后的猪体应用喷淋或清洗冲淋，清洗血污、粪便及其他污物，然后浸烫脱毛。浸烫脱毛是加工带皮猪的重要工序。我国普遍采用烫池浸烫后，再行刮毛的方法。烫毛池呈长方形，池上装有推烫机。烫毛时要根据动物的品种、年龄、皮肤厚薄和季节的不同控制和掌握好烫池水的温度和浸烫时间。通常控制水温在58~63℃，浸烫时间3~6min，烫毛时要勤翻动，使猪体各部受热均匀，避免烫生、烫老，防止沉底。使用烫毛机时，每挡放一头，不得多夹。烫好后依次进入下道工序。浸烫池应有溢水口和补充净水的装置。脱毛的方法有两种一是机器脱毛，二是人工脱毛，目前多采用前者。

（五）胴体冷链

胴体冷链直接影响最终的肉质特性，如颜色、滴水损失和肉嫩度，对抑制微生物增长也是非常重要的。宰后胴体的温度也很重要。为了改善肉色，并使滴水损失最小化，屠宰后胴体的冷链应尽快开始。快速冷链（肌肉内部温度低于32℃）将降低PSE肉的发生几率和严重程度。然而，即使这样的快速冷链也不能防止屠宰后30~60min发生PSE肉。

（六）剥皮

部分屠宰加工企业根据生产需要对屠猪进行剥皮加工。剥皮分为机械和手工两种方法。屠体剥皮前应彻底冲洗，除去污物，切除头蹄另行脱毛。剥皮过程中，应避免损伤皮肤，防止污物和皮毛污染胴体。机械剥皮可以减少污染，提高工效，减小劳动强度。

（七）开膛与净腔

屠体在开膛之前应用智能识读器（PDA）扫描每头猪的耳部，并在前腿部外侧用变色笔编号。

开膛、净腔是指剖开猪体胸腹腔并摘除内脏的操作工序，要求在脱毛或剥皮后立即进行，一般要求从刺杀放血开始到胴体入冷库的时间控制在30min内。实践证明，延缓开膛不仅造成某些脏器的自溶分解，还会降低内分泌腺的生物效价，尤其易使肠道微生物向其他脏器和肌肉转移，从而降低肉品的质量和耐储性。开膛、净腔时应沿腹部中线剖开腹腔，摘除内脏，切忌划破胃肠、膀胱、胆囊，避免胆汁、粪汁流出污染胴体。胃肠内容物的污染往往是胴体沾染沙门氏菌、粪链球菌和其他肠道致病菌的主要来源。必须引起加工人员的密切注意。如果刺破以上脏器，胴体应立即修割和冲洗干净，另行处理。

（八）去头蹄与劈半

去头即从头颈连接的环枕关节处卸下头部。在实际生产中多按“平头”规格去头。即齐下颈部向耳根两侧对称各割一刀，使头部皮肤和肌肉在第一颈椎处与胴体分离。去蹄即为从腕关节和跗关节卸下蹄爪。

劈半就是沿脊椎将胴体劈成对称的两半，便于检验和冷冻加工及堆垛冷藏。劈半以劈开椎管，暴露脊椎为好。劈面要求平整，正直，不得左右弯曲或劈断（劈碎）脊椎，以免藏污纳垢。劈半后就立即摘除肾脏，撕下腹腔板油，同时冲洗血污、浮毛、锯末等。劈半的方式根据所用工具的不同可分为手工劈半、手持往复式电锯劈半和桥型电锯劈半。采用手工劈半和手持往复式电锯劈半时应事先进行“描脊”—以刀沿脊椎切开皮肤及皮下软组织。目前，国内大型肉类加工企业采用手持往复式电锯和桥型电锯劈半。

（九）整修

整修是屠宰加工不可少的工序，往往都是与胴体的复验同时进行，主要目的是除去小范围的病变组织、有害组织和影响肉品外观的部分。通常包括修刮胴体上残留毛根、伤痕、脓疮、斑点、淤血部及残留的膈肌、游离的脂肪，修整颈部放血刀口和胸腹边缘，摘除病变淋巴结、甲状腺、肾上腺以及割净奶脯和色素沉着物等。修整好的胴体达到无血、无毛、无污物，具有良好的商品外观。修割下来的肉屑或废弃物，应分别收集于容器内，送往指定的地方进行处理，严禁乱扔。经整修复验合格的胴体加盖检验印章。

（十）内脏整理

内脏器官经检验后，应立即整理，不得积压，尤其是胃肠，应尽快清除其内容物，以防止黏膜自溶后，不良气味和微生物进入胃肠壁内。割取胃时，应将食道和十二指肠留有一定的长度，以免胃内容物流出。分离肠道时，切忌撕裂。摘除附着在脏器上的脂肪组织和胰脏、淋巴结等。胃肠内容物必须集中在容器内或固定地点堆放，不得随地乱倒，污染场地。洗净后的内脏装入容器迅速冷却，不得长时间堆放，以免变质。

（十一）皮张和鬃毛整理

皮张和鬃毛是有价值的工业原料，也是重要的污染源，要及时整理收集。

皮张整理应刮去血污、皮肌和脂肪，并反时送往皮张加工车间进一步处理，不得堆放或日晒，以免变质。加工带皮猪所得的鬃毛，应除去混杂的皮屑，按毛色收集，及时运出车间摊开晾晒，待干后送加工点进一步加工整理。

二、宰后检验

（一）生猪胴体标志转换与注销

生猪经屠宰形成分割猪肉产品后所进行的标志转换，也就是二维码的信息转换成条形码的信息。生猪屠宰去头时，动物检疫员在利用智能识读器（PDA）读取生猪二维条码标志，在线进行查验和注销；通过系统自动进行标志转换，将二维码标志传递给一维条码打印机，并转换为标准一维条码（图 3－3），以产品标签形式随同动物胴体出厂，并通过网络上传屠宰检疫信息、注销废弃二维码标志（图3-4）。

图3-3　标准一维条码

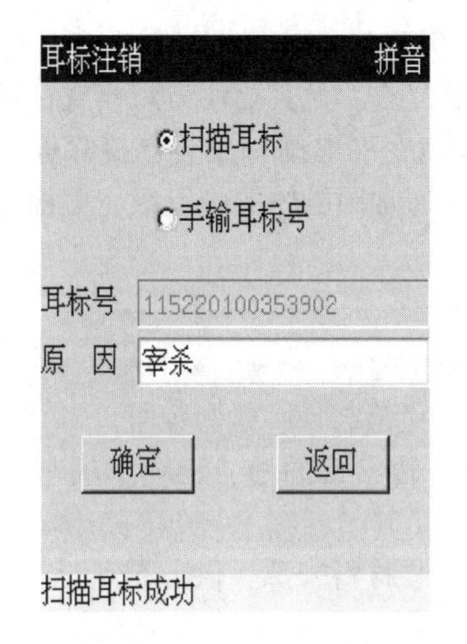

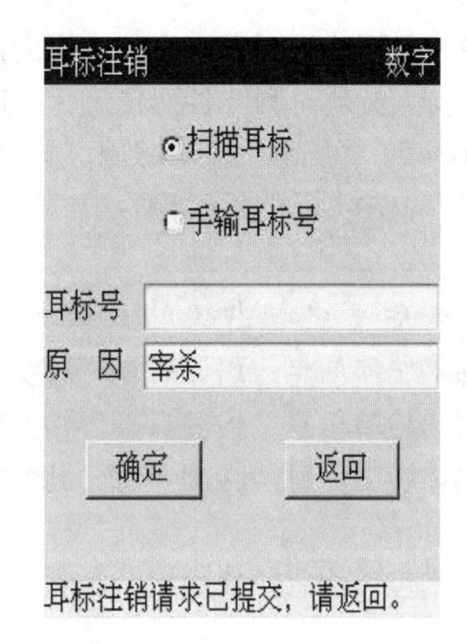

图3-4　耳标扫描及注销

（二）宰后检验要领

同一屠体的肉尸、内脏、头和皮应均为同一号码，并进行下列各项检验。

1. 头部检验

检查口腔及咽喉黏膜。放血后入汤池前先剖检颌下淋巴结，检验肉尸时切开检查外咬肌。

2. 肉尸检验

检验皮肤和尸表、脂肪、肌肉、胸膜及腹膜等有无异常；主要剖检浅腹股沟淋巴结及深腹股沟淋巴结，必要时剖检腘淋巴结及颈深淋巴结。

3. 内脏检验

观察肺部外表色泽、大小、弹性（必要时切开检查），并剖检支气管淋巴结和纵隔淋巴结；检查心包及心肌，并沿动脉管剖检心室及心内膜，同时，注意血液的凝固状态；触检肝脏弹性，剖检肝门淋巴结，必要时切开检查并剖检胆囊；检验脾脏有无肿胀、弹性，必要时切开检验；切开胃肠，检查胃淋巴结及肠系膜淋巴结，并观察胃、肠浆膜，必要时剖检胃、肠黏膜；观察肾脏色泽、大小、弹性，必要时纵剖检验（需连在肉尸上一同检验）；触检乳房，并切开观察乳房淋巴结有无病变。必要时检验子宫、睾丸、膀胱等。

4. 寄生虫检验

（1）旋毛虫。在横膈膜肌脚各取一小块肉（与肉尸同一号码），先撕去肌膜肉眼观察，然后在肉样上剪取 24 个小片，进行镜检；如发现旋毛虫时应根据号码查对肉尸、头部及内脏。

（2）囊尾蚴。主要检验部位为咬肌、深腰肌和膈肌，其他可检部位为心肌、肩胛外侧肌和股部内侧肌等。

（3）住肉孢子虫。镜检横膈膜肌脚（与旋毛虫一同检查）。

5. 复检

为了最大限度地控制有害肉和劣质肉出厂（场），胴体经上述检验后，还须经过一道复验。检验人员须对胴体各部位进行一次全面复查，尤其要注意观察脊柱骨断面有无脓肿、出血病变，“三腺”（甲状腺、肾上腺和病变淋巴结）是否已摘除等，并作出最终的卫生评价。在实际的宰后检验中，这项工作通常同胴体的打等级、盖检印结合起来进行。

（三）宰后可追溯系统的关键溯源信息

（1）标签转换信息。屠宰日期、耳标号、胴体号。

（2）猪肉检验信息。检验日期、检验部门、检验结果、检验证号。

（3）胴体转出信息。转出日期、出库温度、转出目的地、运输车辆车牌号、车辆消毒证号。

（4）分割包装信息。使用包装材料名称、包装材料来源、供方企业是否通过 QS 生产许可认证。

（5）溯源码打印信息。分割包装日期、分割班组号、胴体标签号、溯源条码号。

第三节　安全猪肉的检测

目前，威胁肉品安全的主要违禁激素有盐酸克伦特罗、莱克多巴胺、沙丁胺醇和雌激素等，威胁肉品安全的重金属有铅、砷、汞、镉、铬和铜等元素。本节重点介绍了猪肉中盐酸克伦特罗和莱克多巴胺残留的检测方法以及猪肉中重金属汞、铅、总砷和镉的检测方法。

一、猪肉中激素残留的检测

（一）猪肉中盐酸克伦特罗残留的检测方法

1. 盐酸克伦特罗胶体金法快速检测（第一法）

胶体金法是一种不需要任何仪器设备的组织检测法，应用单克隆抗体技术从而特异性地定性检测组织中的盐酸克伦特罗。

（1）检测设备及试剂。离心机、电炉、烧杯或者水浴锅或其他加热设备；盐酸克伦特罗胶体金检测卡；组织提取液；一次性塑料滴管。

（2）测定原理。运用抗原抗体的特异性反应以及侧向层析和胶体金技术进行样本中克伦特罗分子的快速定性检测。用 BSA 偶联的盐酸克伦特罗分子与胶体金颗粒结合后，包被在醋酸纤维素膜上，在硝酸纤维素膜上将盐酸克伦特罗 BSA 偶联抗原和羊抗鼠二抗分别包被在检测区（T）和质控区（C）。当组织样本加样后，样本中的盐酸克伦特罗分子与克伦特罗-BSA-胶体金偶联物一起层析泳动到检测区竞争与盐酸克伦特罗抗体结合，剩余的盐酸克伦特罗-BSA-胶体金继续泳动到质控区与抗体结合。因此，当样本中的盐酸克伦特罗浓度超过一定量后，胶体金偶联物就不能与盐酸克伦特罗抗体结合，此时，检测区不出现紫红色线条；当样本中盐酸克伦特罗浓度低于一定值或样本中没有盐酸克伦特罗时，胶体金偶联物就与盐酸克伦特罗抗体结合，从而在检测区显示出一条紫红色线条；而无论样本中是否含有盐酸克伦特罗分子，质控区都会出现紫红色线条，以示检测有效。判定阈值为 3ng/mL。

（3）样本收集。取精肉样本立即检测或收集在塑料袋中送检。若不能及时检测，样本在 2～8℃冷藏可保存 24h，－20℃冷冻保存 1 周，冷冻时忌反复冻融。将精肉样本剪碎，称取 0.5g 精肉样本装入配套的组织提取液中。充分混匀，然后将离心管放入 90℃以上沸水浴加热 10min 便有液汁浸出，取出此离心管放至室温（如条件具备，将离心管放入小离心机中，4 000转离心 5min 后，取上清为待检液），如果没有离心机，需将离心管静置 15min，此离心管中的样本渗出液为待检样品，检测时应尽量取上清液。

（4）操作步骤。

① 从原包装铝箔袋中取出检测卡，在 1h 内应尽快地使用。

② 将测试卡置于干净平坦的台面上，用塑料吸管吸取离心管中事先准备好的检测样本，垂直滴加 2 滴浸出液（约 60μL～80μL）于加样孔（S）内。

③ 等待紫红色条带的出现，测试效果应在 5min 时读取，30min 后判定结果。

（5）判断结果。

阳性（＋）：质控区（C）出现一条紫红色条带，在测试区（T）内无紫红色条带出现。阳性结果表明：盐酸克伦特罗含量在阈值（3ng/mL）以上。

阴性（－）：两条紫红色条带出现。一条位于测试区（T）内，另一条位于质控区（C）内。阴性结果表明：盐酸克伦特罗含量在阈值（3ng/mL）以下。

无效：质控区（C）未出现紫红色条带，表明不正确的操作过程或检测卡已变质损坏。

（6）注意事项。

① 本法仅用于体外诊断，必须在有效期内使用，当包装袋被打开后应立刻使用，使用前，需先将检测卡和待检样本置室温复温，蒸馏水或去离子水不能作为阴性对照。

② 操作失误或标本中存在干扰物质，都有可能导致错误的结果，

③ 一定注意未使用产品的防潮保护，确保封口的紧密封口的紧密度，否则会产生错误或者不确定的结果。

④ 滴加样品的过程在一定程度上影响产品的有效判断，因此，请务必严谨操作。

⑤ 当试验操作环境温度过低时，会影响线条浓淡，并可能出现假阳性结果，建议操作环境温度最好不低于 10℃。

⑥ 盐酸克伦特罗胶体金法仅是一种定性的筛选鉴定，不能确定盐酸克伦特罗在组

织中的精确浓度。

2. 盐酸克伦特罗残留的检测—酶联免疫法（第二法）

酶联免疫法是利用抗原抗体的特异性反应。用它能检测猪肉、猪肝、猪尿中的盐酸克伦特罗，其具有灵敏度高、特异性强的特点，可定性也可半定量，但有时会有假阳性出现。一般可利用酶联免疫法对样品先进行筛选，有可疑时再利用其他方法进行确证。

（1）原理。测定的基础为抗原抗体反应。酶联板包被有盐酸克伦特罗特异性抗体的抗体，加入抗盐酸克伦特罗的特异性抗体，两者结合被固定。标样或试样中盐酸克伦特罗与酶（辣根过氧化酶）标记抗原竞争抗克伦特罗的特异性抗体。通过洗涤以除去没有与抗盐酸克伦特罗的特异性抗体结合的酶标记抗原，加入底物和发色剂，结合到酶联板上的酶标记物将无色的发色剂转化力蓝色的产物。加酸终止反应后，颜色由蓝色转变为黄色。在450nm处测定吸光度值，吸光度值与样品中的盐酸克伦特罗浓度成反比。

（2）试剂。除方法另有规定外，试剂均为分析纯，水为二次重蒸水或超纯水。

① 盐酸克伦特罗酶联免疫试剂盒。

② 试剂：甲醇、氢氧化钠、庚烷、50mmol（毫摩尔）HC1、50mmol 磷酸二氢钾缓冲液 pH 值 3.0、5mmol 磷酸二氢钾缓冲液 pH 值 3.0、50mmol Tris 缓冲液 pH 值 8.5。

（3）仪器。酶联免疫反应读数仪（配备450nm 滤光片）、组织均质器、离心机、天平、微型振荡器、微量移液器：单道 20μL、50μL、100μL，多道 50～250μL。

（4）测定步骤。

①试样制备：肌肉、猪肝按照盐酸克伦特罗酶联免疫试剂盒的使用说明书要求制备。

②测定：使用前将试剂盒放置室温（19～25℃）1～2h，按每个标准溶液和试料做两个或两个以上平行实验计算所需酶联板条的数量，插入框架，向微孔中加入 100μL 用缓冲液稀释的抗体，用封口膜封好，室温孵育 15min，倒出孔内液体，将酶联板倒置在吸水纸上拍打，使孔内没有残余液体，加水到酶联板的微孔内，倒出孔内液体，再将酶联板倒置在吸水纸上拍打，重复操作 2 次。精密吸取 20μL 标准溶液或试料至微孔中，并在每孔内加入 100μL 用缓冲液稀释的酶结合物，在微型振荡器上混匀，用封口膜封好，室温孵育 30min，倒出孔内液体，将酶联板倒置在吸水纸上拍打，使孔内没有残余液体，加水到酶联板的微孔内，倒出孔内液体，再将酶联板倒置在吸水纸上拍打，重复操作 2 次。每孔加 50μL 底物缓冲液和 50μL 发色剂，在微型振荡器上充分混匀（也可先将底物和发色剂混匀，每孔加 100μL），室温避光孵育 15min。每孔加 100μL 终止液，混匀。于450nm 处测定吸光度值，60min 内完成读数。

（5）结果报告。按式（3－1）计算百分吸光度值：

$$\text{百分吸光度值} = \frac{\text{标准溶液或供试样品的平均吸光度值}}{\text{零溶液的标准溶液平均吸光度值}} \times 100 \quad (3-1)$$

以 X 轴为标准溶液中盐酸克伦特罗浓度（ng/L）的自然对数，Y 轴为百分吸光度值，在半对数坐标纸上绘制标准曲线图。从标准曲线上查出供试样品中盐酸克伦特罗的浓度（ng/L）。也可以用专业计算机软件求出供试样品中盐酸克伦特罗的浓度。

（二）猪肉中莱克多巴胺残留的检测方法

1. 莱克多巴胺胶体金法快速检测（第一法）

（1）原理。运用抗原抗体的特异反应以及侧向层析和胶体金技术进行动物组织的莱克多巴胺残留的快速定性检测。检测灵敏度为莱克多巴胺：5ng/mL（5ppb）。

（2）检测试剂及设备。离心机、电炉、烧杯或者水浴锅或其他加热设备；莱克多巴胺快速检测卡，组织提取液，一次滴管，一次性手套。

（3）测定步骤。

① 组织样本收集：组织样本（包括精肉、肝脏、肺脏和肾脏）立即检测或收集在塑料袋中送检。若不能及时检测，样本在2～8℃冷藏可保存24h，－20℃冷冻保存1周，冷冻时忌反复冻融。将组织样本剪碎，称取0.5g组织样本装入组织提取液中。充分混匀，然后将离心管放入90℃以上沸水浴加热10min便有液汁浸出，取出此离心管放至室温（如条件具备，将离心管放入小离心机中，4 000转离心5min后，取上清为待检液），如果没有离心机，需将离心管静置15min，此离心管中的样本渗出液为待检样品，检测时应尽量取上清液。

② 将检测卡和组织样本标本恢复至室温。

③ 将试剂盒置于干净平坦的台面上，用塑料吸管垂直滴加2～3滴无空气泡的组织上清液（60～80μL）于加样孔（S孔）内。

④ 在3～5min判定结果，且30min内结果不会有任何改变。

（4）判断结果。

阳性（＋）：质控区（C）出现一条紫红色条带，在测试区（T）内无紫红色条带出现。阳性结果表明：莱克多巴胺含量在阈值（5ng/mL）以上。

阴性（－）：两条紫红色条带出现。一条位于测试区（T）内，另一条位于质控区（C）内。阴性结果表明：莱克多巴胺含量在阈值（5ng/mL）以下。

无效：质控区（C）未出现紫红色条带，表明不正确的操作过程或检测卡已变质损坏。

（5）注意事项。

① 检测卡储存于2～30℃，阴凉避光干燥处，切勿冷冻；有效期18个月。

② 检测时避免阳光直射和空调直吹。

③ 如果组织提取样本出现沉淀或浑浊物，请离心后再检测。

④ 操作失误，以及标本中存在干扰物质，有可能导致错误的结果。

⑤ 自来水、蒸馏水或去离子水不能作为阴性对照。

2. 莱克多巴胺残留检测—酶联免疫吸附法（第二法）

（1）原理。采用间接竞争ELISA方法，在微孔条上包被偶联抗原，试样中残留的莱克多巴胺药物与酶标板上的偶联抗原竞争莱克多巴胺抗体，加酶标记的抗体后，显色剂显色，终止液终止反应。用酶标仪在450nm，处测定吸光度，吸光值与莱克多巴胺残留量成负相关，与标准曲线比较即可得出莱克多巴胺残留含量。

（2）试剂和材料。以下所用的试剂，除特别注明外均为分析纯试剂，水为符合GB/T 6682规定的二级水。

乙腈；正己烷；莱克多巴胺检测试剂盒（2～8℃）保存；包被有莱克多巴胺偶联抗原的96孔板，规格为12条×8孔；莱克多巴胺抗体工作液；酶标记物工作液；20倍浓缩洗涤液；5倍浓缩缓冲液；底物液A液；底物液B液；终止液；莱克多巴胺系列标准溶液（至少有5个倍比稀释浓度水平，外加1个空白）；缓冲工作液：用水将5倍浓缩缓冲液按1：4体积比进行稀释（1份5倍浓缩缓冲液+4份水），用于溶解干燥的残留物，2～8℃保存，有效期1个月；洗涤液工作液：用水将20倍的浓缩洗涤液按1：19体积比进行稀释（1份20倍浓缩洗涤液+19份水），用于酶标板的洗涤，2～8℃保存，有效期1个月。

（3）仪器和设备。酶标仪、配备450nm滤光片、匀浆器、微量振荡器、离心机、微量移液器、单道20μL，50μL，100μL，1 000μL，多道250μL；天平，感量0.01g；氮气吹干装置。

（4）测定步骤。

① 样品的制备：取新鲜或解冻的空白或供试动物组织，剪碎，置于组织匀浆机中高速匀浆，6 000r/min离心5min，取清亮上清液，－20℃冰箱中贮存备用。

② 试料的制备：取制备后的供试样品，作为供试试料；取制备后的空白样品，作为空白试料；取制备后的空白样品，添加适宜浓度的标准溶液作为空白添加试料。

③ 猪肌肉样品前处理：称取试样3g±0.03g于50mL离心管中，加乙腈9mL，振荡10min，4 000r/min离心10min；取上清液4mL于10mL离心管中，50℃水浴下氮气吹干；加正己烷1mL，涡动30s；再加缓冲工作液1mL，涡动1min，4 000r/min离心5min，肌肉组织取下层液100μL与样本缓冲工作液100μL混合；肝组织取下层液50μL与样本缓冲工作液150μL混合，各取50μL分析。肌肉组织的稀释倍数为1.5倍，肝组织的稀释倍数为3倍。

（5）测定。使用前将试剂盒在室温（19～25℃）下放置1～2h。

① 按每个标准溶液和试样溶液至少两个平行计算，将所需数目的酶标板条插入板架中。

② 加标准品或样本50μL/孔后，每孔再加莱克多巴胺抗体工作液50μL，轻轻振荡混匀。用盖板膜盖板，置室温下反应30min。

③ 倒出孔中液体，将酶标板倒置存吸水纸上拍打，以保证完全除去孔中的液体，加250μL洗涤液工作液至每个孔中，5s再倒掉孔中液体，将酶标板倒置在吸水纸上拍打，以保证完全除去孔中的液体。再加250μL洗涤液工作液，重复操作两遍以上（或用洗板机洗涤）。

④ 加酶标记物100μL/孔。用盖板膜盖板后置室温下反应30min，取出重复洗板步骤。

⑤ 加底物液A液和B液各50μL/孔，轻轻振荡混匀丁室温下避光照色15～30min。

⑥ 加终止液50μL/孔，轻轻振荡混匀，置酶标仪于450nm波长处测量吸光度值。

（6）结果判定和表述。用所获得的标准溶液和试样溶液吸光度值的比值进行计算，按式（3－2）计算：

$$相对吸光度值（\%）=\frac{B}{B_0}\times 100\% \qquad (3-2)$$

式中，B——标准（试样）溶液的吸光度值；

B_0——空白（浓度为0标准溶液）的吸光度值。

将计算的相对吸光度值（%）对应莱克多巴胺标准品浓度（μg/L）的自然对数作半对数坐标系统曲线图，对应的试样浓度可从校正曲线算出。

方法筛选结果为阳性的样品，需要用确证方法确证。

（7）检测方法灵敏度、准确度、精密度。

① 灵敏度：本方法在猪肉、猪肝、尿液样品中莱克多巴胺的检测限依次为1.5μg/kg（L）、1.4μg/kg（L）、1.1μg/kg（L）。

② 准确度：本方法在2～10μg/kg（L）添加浓度水平上的回收率均为60%～120%。

③ 精密度：本方法的批内变异系数≤20%，批间变异系数≤30%。

二、猪肉中重金属的检测

（一）食品中总汞的测定

引用GB/T 5009.17—2003的测定方法。该方法不仅适用于猪肉，而且也适用于其他食品。其检测手段有冷原子吸收光谱法和二硫腙比色法，前处理的消解方法也有几种，不同的消解方法与不同的检测手段所能达到的最低检出浓度不同，可根据需要选用。

1. 冷原子吸收光谱法

（1）原理。汞蒸气对波长253.7nm的共振线具有强烈的吸收作用，样品经过硝酸—硫酸或硝酸－硫酸—五氧化二钒消化使汞转为离子状态，在强酸性中以氯化亚锡还原成元素汞，以氮气干燥清洁空气作为载体，将汞吸出，进行冷原子吸收测定，与标准系列比较定量。该方法不仅适用于猪肉，而且也适用于其他食品。

（2）试剂与仪器。

① 试剂：硝酸（优级纯）；硫酸（优级纯）；30%氯化亚锡溶液：称取30g氯化亚锡（$SnCl_2 \cdot 2H_20$）加少量水，再加2mL硫酸使溶解后，加水稀释至100mL，放置冰箱保存；无水氯化钙，干燥用；5N混合酸液：量取10mL硫酸，再加入10mL硝酸，慢慢倒入50mL水中，冷后加水稀释至100mL；五氧化二钒；5%高锰酸钾溶液：配好后煮沸10min，静置过夜，过滤，棕色瓶中；20%盐酸羟胺溶液；汞标准溶液：精密称取0.1354g于干燥器干燥过的二氯化汞，加5N混合酸溶解后移入100mL容量瓶中，并稀释至刻度，混匀，此溶液每毫升相当于1mg汞；汞标准使用液：吸取1.0mL汞标准溶液，置于100mL容量瓶中，加5N混合酸稀释至刻度，此溶液每毫升相当于1μg汞，再吸取此液1.0，置于100mL容量瓶中，加5N混合酸稀释至刻度，此溶液每毫升相当于0.1μg汞，用时现配。

② 仪器：消化装置一套；测汞仪；汞蒸气发生器；抽气装置。

（3）操作方法。

① 样品消化（回流消化法）：

a. 动物油脂　称取10g样品，置于消化装置锥形瓶中，加玻璃珠数粒，加45mL硝酸，10mL硫酸，转动锥形瓶防止局部炭化，装上冷凝管后，小火加热，待开始发泡即停止加热，发泡停止后，加热回流2h。如加热过程中溶液变棕色，再加5mL硝酸，继续回流2h，放冷后从冷凝管上端小心加20mL水，继续加热回流10min，放冷，用适量水冲洗冷凝管，洗液并入消化液中，将消化液经玻璃棉过滤于100mL容量瓶内，用少量水洗锥形瓶，滤器，洗液并入容量瓶内，加水至刻度混匀。取与消化样品相同量的硝酸、硫酸，按同一方法做试剂空白试验。

b. 猪肉　称取10g猪肉捣碎混匀的样品，置于消化装置锥形瓶中，加玻璃数粒及30mL硝酸，5mL硫酸，转动锥形瓶防止局部炭化，装上冷凝管以下按1）自“小火加热”起依法操作。

② 高压消解法：本方法适用于瘦肉类、鱼类、蛋类及乳与乳制品类食品中总汞测定。鲜样用捣碎机或匀浆机打成匀浆，称取匀浆3.00g，置于聚四氟乙烯塑料罐内，加盖留缝，于65℃烘箱中鼓风干燥或一般烘箱至近干，取出，加5mL硝酸浸泡过夜。再加2～3mL过氧化氢（30%）。盖好内盖，旋紧不锈钢外套，放入恒温干燥箱，120～140℃保持3～4h，在箱内自然冷却至室温，用滴定管将消化液洗入或过滤入（视消化后样液的盐分而定）10mL容量瓶中，用水少量多次洗涤，洗液合并于容量瓶中并定容至刻度，混匀备用。同时，做试剂空白试验。

（4）测定。

① 吸取10.0mL样品消化液，置于汞蒸气发生器内，连接抽气装置，沿壁迅速加入2mL 30%氯化亚锡溶液，立即通入流速为1.5L/min的氮气或经活性炭处理的空气，使汞蒸气经过氯化钙干燥管进入测汞仪中，读取测汞仪上最大读数，同时，做试剂空白实验。

②吸取0.00mL，0.10mL、0.20mL、0.30mL、0.40mL、0.50mL汞标准使用液（相当0μg、0.01μg、0.02μg、0.03μg、0.04μg、0.05μg汞）置于试管中，各加10mL 15N混合酸，以下按测定①自“置于汞蒸气发生器内”起依法操作，绘制标准曲线。

（5）计算　按式（3－3）计算：

$$X=\frac{(A_1-A_2)\times 1000}{m\times \frac{v_2}{v_1}1000} \quad (3-3)$$

式中，X——样品中汞的含量（mg/kg）；

A_1——测定用样品消化液中汞的含量（μg）；

A_2——试剂空白液中汞的含量（μg）；

M——样品质量（g或mL）；

V_1——样品消化液总体积（mL）；

V_2——测定用样品消化液体积（mL）。

2. 二硫腙比色法（第二法）

本标准适用于各类食品中总汞的测定。本法最低检出浓度为5mL三氯甲烷中0.5μg。

（1）原理。样品经消化后，汞离子在酸性溶液中可与二硫腙生成橙色络合物，溶于三氯甲烷，与标准系列色定量。

（2）试剂。硝酸；硫酸；硫酸（1+35）：量取5mL硫酸，缓缓倒入175mL水中，渴匀冷却；硫酸（1+19）：量取5mL硫酸，缓缓倒入95mL水中，混匀冷却；氨水；溴麝香草酚蓝—乙醇指示液（1g/L）；盐酸羟胺溶液（200g/L）：吹清洁空气，可使含有的微量汞挥发出去；三氯甲烷：不应含有氧化物；二硫腙—三氯甲烷溶液（0.5g/L）：置冰箱中保存，必要时用下述方法纯化，即称取0.5g研细的二硫腙，溶于50mL三氯甲烷中，如不全溶，可用滤纸过滤于250mL分液漏斗中，用氨水（1+99）提取3次，每次100mL，将提取液用棉花过滤至500mL分液漏斗中，用盐酸（1+1）调至酸性，将深沉出的二硫腙用三氯甲烷提取2~3次，每次20mL，合并三氯甲烷层，用等量水洗涤2次，弃去洗涤液，在50℃水浴上蒸去三氯甲烷，精制的二硫腙置硫酸干燥器中，干燥备用，或将深沉出的二硫腙用200mL、200mL、100mL三氯甲烷提取3次，合并三氯甲烷层为二硫腙溶液；二硫腙使用液：吸取1.0mL二硫腙溶液，加三氯甲烷至10mL，混匀。用1cm比色杯，以三氯甲烷调节零点，于波长510nm处测吸光度（A），用式（3-4），算出配制100mL二硫腙使用液（70%透光率）所需二硫腙溶液的毫升数（V）。汞标准溶液：精密称取0.1354g经干燥器干燥过的二氯化汞，加硫酸（1+35）使期溶解后，移入100mL容量瓶中，并稀释至刻度，此溶液每毫升相当于1.0mg汞；汞标准使用液：吸取1.0mL汞标准溶液，置于100mL容量瓶中，加硫酸（1+35）稀释至刻度，此溶液每毫升相当于10.0mg汞。再吸取此液5.0mL于50mL容量瓶中，加硫酸（1+35）稀释至刻度，此溶液每毫升相当于1.0mg汞。

$$\frac{10(2-\lg 70)}{A}=\frac{1.55}{A} \tag{3-4}$$

（3）仪器。消化装置，分光光度计。

（4）操作方法。

① 样品消化：

a. 动物油脂　称取10.00g样品，置于消化装置锥形瓶中，加玻璃珠数及15mL硫酸，小心混匀至溶液变棕色，然后加入45mL硝酸，装上冷凝管后，小火加热，待开始发泡即停止加热，发泡停止后加热回流2h。如加热过程中溶液变棕色，再加5mL硝酸，继续回流2h，放冷，用适量水洗涤冷凝管，洗液并入消化液中，取下锥形瓶，加水至总体积为150mL。取与消化样品相同量的硝酸、硫酸按一方法做试剂空白试验。

b. 猪肉　称取20.00g猪肉捣碎、混匀样品，置于消化装置锥形瓶中，加玻璃珠数粒及455mL硝酸、155mL硫酸，装上冷凝管后，以下按上述a. 中自“小火加热”起依法操作。

② 测定：

a. 取上述a~b消化液（全量），加20mL水，在电炉上煮沸10min，除去二氧化氮等，放冷。

b. 于样品液及试剂空白液中各加50g/L高锰酸钾溶液至溶液呈紫色，然后再加

200g/L 盐酸羟胺溶液使紫色褪去，加 2 滴麝香草酚蓝指示液，用氨水调节 pH 值，使橙色变为橙黄色（pH 值 1～2）。定量转移至 125mL 分液漏斗中。

c. 吸取 0.0mL、0.5mL、1.0mL、2.0mL、3.0mL、4.0mL、5.0mL、6.0mL 汞标准使用液（相当于 0μg、0.5μg、1.0μg、2.0μg、3.0μg、4.0μg、5.0μg、6.0μg 汞），分别置于 125mL 分液漏斗中，加 10mL 硫酸（1+19），再加水至 40mL，混匀。再各加 1mL200g/L 盐酸羟胺溶液，放置 20min，并时时振摇。

d. 于样品消化液、试剂空白液及标准液振摇放冷后的分液漏斗中加 5.0mL 二硫腙使用液，剧烈振摇 2min，静置分层后，经脱脂棉将三氯甲烷层滤入 1cm 比色杯中，以三氯甲烷调节零点，在波长 490nm 处测吸光度，标准管吸光度减去零管吸光度，绘制成标准曲线。

（5）计算。样品中汞的含量按式（3－5）计算：

$$X_2 = \frac{(A_3 - A_4) \times 1\,000}{m_2 \times 1\,000} \qquad (3-5)$$

式中，X_2——样品中汞的含量（mg/kg）；

A_3——样品消化液中汞的质量（μg）；

A_4——试剂空白液中汞的质量（μg）；

m_2——样品质量（g）。

（6）说明。本法最低检出浓度为 5mL 三氯甲烷中 0.5μg。

（二）食品中铅的测定

引用 GB/T 5009.12—2010 的测定方法。该方法可以测定各类食品中铅的含量。铅的测定有石墨炉原子吸收光谱法和火焰原子吸收光谱法以及比色法，其中，石墨炉原子吸收光谱法灵敏度最高，火焰原子吸收光谱法次之，比色法最差。

1. 石墨炉原子吸收光谱法（第一法）

（1）原理。样品经灰化或酸消解后，导入原子吸收分光光度计石墨炉中，电热原子化吸收 283.3nm 共振线，在一定浓度范围，其吸收值与铅含量成正比，可与标准系列比较定量。

（2）试剂。除非另有规定，本方法所用试剂均为分析纯，水为 GB/T 6682 规定的一级水。过硫酸铵；过氧化氢（30%）；高氯酸（优级纯）；硝酸（优级纯）；硝酸溶液（1+1）：取 50mL 硝酸慢慢加入 50mL 水中；硝酸溶液（0.5mol/L）：取 3.2mL 硝酸，加入水中稀释至 100mL；硝酸溶液（1.0mol/L）：取 6.4mL 硝酸，加入水中稀释至 100mL。磷酸二氢铵溶液（20g/L）：称取 2.0g 磷酸二氢铵，以水溶解稀释至 100mL；混合酸：硝酸十高氯酸（9+1），即取 9 份硝酸与 1 份高氯酸混合；铅标准储备液：准确称取 1 000g 金属铅（99.99%），分次加少量硝酸溶液（1+1），加热溶解，总量不超过 37mL，移入 1 000mL 容量瓶，加水至刻度，混匀，此溶液含 1.0mg/mL 铅；铅标准使用液：每次吸取铅标准储备液 1.0mL 于 100mL 容量瓶中，加硝酸（0.5mol/L）或硝酸（1.0mol/L）至刻度，如此经多次稀释成每 mL 含 10.0ng、20.0ng、40.0ng、60.0ng、80.0ng 铅的标准使用液。

（3）仪器。原子吸收分光光度计（附石墨炉及铅空心阴极灯）；所有玻璃仪器均需以硝酸（1+5）浸泡过夜，用水反复冲洗，最后用去离子水冲洗干净；马弗炉或干燥恒温箱；天平：感应量1mg；瓷坩埚；压力消解器、压力消解罐或压力溶弹；可调式电热板、可调式电炉。

（4）操作方法。

① 样品预处理：采样和制备过程中，应注意不使样品污染。肉类及蛋类等水分含量高的鲜样，用食品加工机或匀浆机打成匀浆，储于塑料瓶中，保存备用。

② 样品消解（根据试验条件可任选一方法）。

a. 压力消解罐消解法　称取1.00~2.00g样品（动物性样品控制在2g以内，水分大的样品称样后先蒸水分至近干）于聚四氟乙烯内罐，加硝酸（优级纯）2~4mL浸泡过夜，再加过氧化氢（30%）2~3mL（总量不能超过内罐容积的1/3）。盖好内盖，旋紧外盖，放入恒温箱，120~140℃保持3~4h，自然冷却。将消化液转移至10mL（或25mL）容量瓶中，用少量水洗涤内罐，洗液合并于容量瓶中并定容至刻度，混匀备用；同时，做试剂空白。

b. 干法灰化　称取1.00~5.00g样品（精确到0.001g，根据铅含量而定）于瓷坩埚中，先在可调式电热板上小火炭化至无烟，移入马弗炉500℃灰化6~8h时，冷却。若个别样品灰化不彻底，则加1mL混合酸在可调式电炉上小火加热，反复多次直到消化完全，冷却，用硝酸（0.5mol/L）将灰分溶解，用滴管将试样消化液洗入或过滤入（视消化后试样的盐分而定）10~25mL容量瓶中，用水少量多次洗涤瓷坩埚，洗液合并于容量瓶中并定容至刻度，混匀备用；同时，做试剂空白。

c. 过硫酸铵灰化法　称取1.00~5.00g试样（精确到0.001g）于瓷坩埚中，加2~4mL硝酸（优级纯）浸泡1h以上，先小火炭化，冷却后取下加2~3g过硫酸铵盖于上面，继续炭化至不冒烟，转入马弗炉，500℃恒温2h，再升至800℃，保持20min，冷却，用2~3mL硝酸溶液（1.0mol/L），用水少量多次洗涤瓷坩埚，洗液合并于容量瓶中并定容至刻度，混匀备用；同时，做试剂空白。

d. 湿式消解法　称取试样1.00~5.00g（精确到0.001g）于锥形瓶或高脚烧杯中，放数粒玻璃珠，加10mL混合酸，加盖浸泡过夜，加一小漏斗于电炉上消解，若变棕黑色，再加混合酸，直到冒白烟，消化液呈无色透明或略带黄色，冷却，用滴管将试样消化液洗入或过滤入（视消化后试样的盐分而定）10~25mL容量瓶中，用水少量多次洗涤锥形瓶或高脚烧杯，洗液合并于容量瓶中并定容至刻度，混匀备用；同时，做试剂空白。

③ 测定：

a. 仪器条件　根据各自仪器性能调至最佳状态。参考条件为波长283.3nm，狭缝0.2~1.0nm，灯电流5~7mA，干燥温度120℃，20s，灰化温度450℃，持续15~20s，原子化温度1 700~2 300℃，持续4~5s，背景校正为氘灯或塞曼效应。

b. 标准曲线绘制　分别吸取上面配制的铅标准使用液10.0ng/mL（或μg/L）、20.0ng/mL（或μg/L）、40.0ng/mL（或μg/L）、60.0ng/mL（或μg/L）、80.0ng/mL（或μg/L）各10μL，注入石墨炉，测得其吸光值，并求得吸光值与浓度关系的一元线性回归方程。

c. 试样测定　分别吸取样液和试剂空白液各 10μL，注入石墨炉，测得其吸光值，代入标准系列的一元线性回归方程中求得样液中铅含量。

d. 基体改进剂的使用　对有干扰试样，则注入适量的磷酸二氢铵溶液（20g/L）（一般为 5μL 或与试样同量）消除干扰。绘制铅标准曲线时也要加入与试样测定时等量的基体改进剂磷酸二氢铵溶液。

（5）计算。试样中铅含量按式（3－6）计算：

$$X = \frac{(C_1 - C_0) \times V \times 1\,000}{m \times 1\,000 \times 1\,000} \quad (3-6)$$

式中，X——试样中铅含量（μg/kg 或 μg/L）；

C_1——测定样液中铅含量（ng/mL）；

C_2——空白液中铅含量（ng/mL）；

V——试样消化液总体积（mL）；

m——试样质量或体积（g 或 mL）。

以重复条件下获得的两次独立测定结果的算术平均值表示，结果保留有效两位数字。

2. 火焰原子吸收光谱法（第二法）

（1）原理。试样经处理后，铅离子在一定 pH 条件下与二乙基二硫代氨基甲酸钠（DDTC）形成络合物，经 4—甲基—2—戊酮（MIBK）萃取分离，导入原子吸收光谱仪中，经火焰原子化后，吸收 283.3nm 共振线，其吸收量与铅含量成正比，与标准系列比较定量

（2）试剂。混合酸：硝酸—高氯酸消化液（9＋1）；硫酸铵溶液（300g/L）：称取 30g 硫酸铵［$(NH_4)_2SO_4$］，用水溶解并加水至 100mL；

柠檬酸铵溶液（250g/L）：称取 25g 柠檬酸铵，用水溶解并加水至 100mL；溴百里酚蓝水溶液（1g/L）；二乙基二硫代氨基甲酸钠（DDTC）溶液（50g/L）：称取 5g 二乙基二硫代氨基甲酸钠，用水溶解并加水至 100mL；氨水（1＋1）；4—甲基—2—戊酮（MIBK）；盐酸溶液（1＋11）：取 10mL 盐酸加入 110mL 水中，混匀；磷酸溶液（1＋10）：取 10mL 磷酸加入 110mL 水中，混匀；铅标准储备液（1.0mg/mL）：精密称取 1 000g 金属铅（99.99%）分次加少量硝酸（1＋1），加热溶解，总量不超过 37mL，移入 1 000mL 容量瓶，加水至刻度，此溶液为 1.0mg/mL 铅。铅标准使用液（10μg/mL）：精确吸取铅标准储备液用亚沸蒸馏水逐级稀释。

（3）仪器。原子吸收分光光度计附火焰原子化器；马弗炉或干燥恒温箱；天平：感应量 1mg；瓷坩埚；压力消解器、压力消解罐或压力溶弹；可调式电热板、可调式电炉。

（4）操作方法。

① 试样处理：猪肉取可食部分充分混匀，称取 5.0～10.0g，置于瓷坩埚中，小火炭化，然后移入马弗炉中，500℃以下灰化 16h 后，取出坩埚，冷却后再加少量混合酸，小火加热，不使干涸，必要时再加少许混合酸，如此反复处理，直至残渣中无炭粒，待坩埚稍冷，加 10mL 盐酸（1＋11），溶解残渣并移入 50mL 容量瓶中，再用水反复洗涤

坩埚，洗液并入容量瓶中，并稀释至刻度，混匀备用；取与样品相同量的混合酸和盐酸（1+11），按同一操作方法操作试剂空白试验。

② 萃取分离：准确吸取25.0~50.0mL上述制备的样液及试剂空白液，分别置于125mL分液漏斗中，补加水至60mL，加2mL柠檬酸铵溶液（250g/L），3~5滴溴百里酚蓝指示剂，用氨水（1+1）调pH至溶液由黄变蓝，加硫酸铵溶液10mL，DDTC溶液10mL，摇匀，放置5min左右，加入10.0mLMIBK，剧烈振摇提取1min，静置分层后，弃去水层，将MIBK层放入10mL带塞刻度管中，备用。分别吸取铅标准使用液0.00mL、0.25mL、0.50mL、1.00mL、1.50mL、2.00（相当于0μg、2.5μg、5.0μg、10.0μg、15.0μg、20.0μg铅）于125mL分液漏斗中。与试样相同萃取后备用。

③ 测定：仪器参考条件：铅空心阴极灯电流8mA，共振线283.3nm，狭缝0.4nm，空气流量8升份钟，燃烧器高度6mm。将仪器狭缝、空气及乙炔的流量、灯头高度、元素灯电流等均按各仪器的说明，参考仪器条件调至最佳状态，待仪器稳定后将铅标准系列的萃取液及试样萃取液直接进样测定。

（5）计算。试样中铅含量按式（3-7）计算：

$$X = \frac{(C_1 - C_0) \times V_1 \times 1\,000}{m \times V_3/V_2 \times 1\,000} \quad (3-7)$$

式中，X——试样中铅含量（mg/kg或mg/L）；

C_1——测定用试样中铅含量（μg/mL）；

C_0——试剂空白液中铅含量（μg/mL）；

m——试样质量或体积（g或mL）；

V_1——试样萃取液体积（mL）；

V_2——试样处理液总体积（mL）；

V_3——测定用试样处理液总体积（mL）；

1 000——换算系数。

以重复条件下获得的两次独立测定结果的算术平均值表示，结果保留有效两位数字。

3. 二硫腙比色法（第三法）

（1）原理。试样经消化后，在pH值8.5~9.0时，铅离子与二硫腙生成红色络合物，溶于三氯甲烷，络合物颜色的深浅与样品中铅的含量成正比。

（2）试剂。氨水（1+1）：氨水与水等体积混合；盐酸（1+1）：量取100mL盐酸，加水100mL稀释至200mL；酚红指示液：1g/L酚红乙醇溶液；20%盐酸羟氨溶液（200g/L）：称取20g盐酸羟氨，加水溶解至约50mL，加2滴酚红指示液，加（1+1）氨水，调pH值至8.5~9.0（由黄变红，再多加2滴），用二硫腙-三氯甲烷溶液提取至三氯甲烷层呈绿色不变为止，再用三氯甲烷洗两次，弃去三氯甲烷层，水层加6mol/L盐酸呈酸性，加水至100mL；20%柠檬酸铵溶液（200g/L）：称取50g柠檬酸铵，溶于100mL水中，加2滴酚红指示剂，加（1+1）氨水调pH值8.5~9.0，用二硫腙-三氯甲烷溶液提取数次，每次10~20mL至三氯甲烷层绿色不变为止，弃去三氯甲烷层，再用三氯甲烷洗两次，每次5mL，弃去三氯甲烷层，加水稀至250mL；氰化钾溶液（200g/L）：称取10.0g氰化钾，用水溶解后稀释至100mL；三氯甲烷：不应含氧化物，其检验方法是量取10mL三氯甲烷，加25mL新煮沸过的水，振摇3min，静置分层后，取10mL水液，加数滴15%碘化钾及淀粉指示液，振摇后应不呈蓝色，其处理方法是在三氯甲烷中加入1/20～1/10体积的20%硫代硫酸钠（200g/L）洗涤，再用水洗后加入少量无水氯化钙脱水后进行蒸馏，弃去最初及最后的蒸馏液，收集中间馏出液备用；淀粉指示液：称取0.5g可溶性淀粉，加5mL水搅匀后，慢慢倒入100mL沸水中，随倒随搅拌，煮沸，放冷备用；10g/L硝酸：量取1mL硝酸加水稀释至100mL；二硫腙三氯甲烷溶液：保存冰箱中，必要时纯化，纯化方式为称取0.5g研细的二硫腙溶于50mL三氯甲烷中，如不全溶，可用滤纸滤于250mL分液漏斗中，用（1+99）氨水提取3次，每次100mL，将提取液用棉花过滤至500mL分液漏斗中，用6mol/L盐酸调至酸性，将沉淀出的二硫腙用三氯甲烷提取2～3次，每次20mL，合并三氯甲烷层，用等量水洗涤两次，弃去洗涤液，在50℃水浴上蒸去三氯甲烷，精制的二硫腙置硫酸干燥器中，干燥备用，或将沉淀出的二硫腙用200mL、200mL、100mL三氯甲烷提取3次，合并三氯甲烷层为二硫腙溶液；二硫腙使用液：吸取1.0mL二硫腙溶液，加三氯甲烷至10mL混匀。用1cm比色杯，以三氯甲烷调零点，于波长510nm处测吸光度（A），按式（3－8）算出配制100mL二硫腙使用液（70%透光率）所需双硫腙溶液的毫升数V：

$$V=\frac{10(2-\lg 70)}{A}=\frac{1.55}{A} \quad (3-8)$$

铅标准溶液（1.0mg/mL）：精密称取0.1598g硝酸铅，加10mL 1%硝酸（1+99），全部溶解后，移入100mL容量瓶中并加水稀释至刻度。

铅标准使用液（1.0ug/mL）：吸取1.0mL铅标准液移入100mL容量瓶中，加水稀释至刻度。

（3）操作方法。

① 样品处理：

a. 硝酸—硫酸消化法　根据试样中含水分的多少来确定取样量的不同。含水分较少的固体样品可吸取5.0～10.0g的粉碎样品，将试样转移入250～500mL定氮瓶中，对干燥的试样可先加少许水湿润。加数粒玻璃珠、10～15mL硝酸，放置片刻，在通风橱内小火缓缓加热，待作用缓和，冷却。沿瓶壁缓慢加入5mL或10mL硫酸，再继续加热，至瓶内液体开始变成棕色时，不断沿瓶壁滴加硝酸至有机质分解完全。加大火力，至产生白烟，此时，溶液应透明并无色或微带黄色，冷却。在消化过程中应注意控制热源强度。

在瓶中加入20mL水并煮沸，至产生白烟为止（除去残余的硝酸），如此处理两次，冷却。将溶液移入50mL或100mL容量瓶中，用水洗涤定氮瓶，洗液并入容量瓶中，冷却后加水至刻度，混匀。此液每10mL相当于1～5g样品，相当加入硫酸量1mL。

取与消化样品相同量的硝酸和硫酸，按同一方法作试剂空白试验。

b. 灰化法　称取5.0g或吸取5.0mL样品（液体样品应先在水浴上蒸干）置于坩

埚中，加热至炭化。在高温炉内灰化 3h，取出冷却后，加入 1mL 硝酸润湿灰分，用小火蒸干，在550℃下灼烧 1h，放冷，取出坩埚。然后加入 1mL（1+1）硝酸，加热使灰分溶解，移入 50mL 容量瓶中，用水洗涤坩埚，洗液并入容量瓶中，加水至刻度，混匀备用。

② 测定：吸取 10.0mL 消化液和相同量的试剂空白液，分别置 125mL 分液漏斗中，各加水至 20mL。分别依次加入 200g/L 柠檬酸铵溶液 20mL、200g/L 盐酸羟胺溶液 1mL 和2 滴酚红指示液，用（1+1）氨水调至红色，再各加 100g/L 氰化钾溶液 2mL，混匀。各加入 5.0mL 二硫腙使用液，剧烈振摇 1min，静置分层后，将三氯甲烷层经脱脂棉滤入 1cm 的比色杯中，以零管调节零点，在波长 510nm 处测吸光度。

吸取 0.00mL、0.10mL、0.20mL、0.30mL、0.40mL、0.50mL 铅标准使用液（相当 0μg、1μg、2μg、3μg、4μg、5μg 铅），分别置于 125mL 分液漏斗中，各加入 1% 硝酸溶液至 20mL。以下按样品溶液依次处理，然后分别测定吸光度，绘制标准曲线。

（4）结果计算。

试样中铅的含量按式（3-9）计算：

$$X = \frac{(A_1 - A_2) \times 1\,000}{m \times \frac{V_1}{V_2} \times 1\,000} \quad (3-9)$$

式中，X——试样中铅的含量（mg/kg 或 mg/L）；

A_1——测定用试样消化液中铅的含量（μg）；

A_2——试剂空白液中铅的含量（μg）；

m——试样质量（体积）g（mL）；

V_1——试样消化液的总体积（mL）；

V_2——测定用试样消化液的总体积（mL）。

（5）注意事项。

① 纯二硫腙（或其溶液）应在低温（4~5℃）下避光保存以免被氧化。

② 在测定过程中，溶液的 pH 值对其影响较大，应控制 pH 值 8.5~9.0。

③ 所用试剂应尽可能作提纯处理。柠檬酸铵、二硫腙必须提纯，其余试剂可根据试剂等级或通过空白试验，再决定是否需要提纯。

④ 仪器在使用之前，应用 10%~20% 硝酸处理，再用无铅水冲洗，以防止其对结果的影响。

（三）食品中总砷的测定（银盐法）

引用 GB/T 5009.11—2003 食品中总砷测定的银盐测定方法，该方法可以测定各类食品中总砷的含量。

1. 原理

样品经消化后，利用锌与酸作用所产生原子态氢，在碘化钾和氯化亚锡存在下将样品中高价砷还原成三价砷，与氢作用生成砷化氢，经银盐溶液吸收后，形成红色胶体，溶液的颜色呈红色。颜色的深浅与砷的含量成正比，与标准系列比较定量。

2. 试剂

硝酸；硫酸；盐酸；氧化镁；无砷锌粒；硝酸—高氯酸混合液（4+1）：量取80mL硝酸，加20mL高氯酸混匀；硝酸镁及硝酸镁溶液：称取1.5g硝酸镁［$Mg(NO_3)_2 \cdot 6H_2O$］溶于水中，稀释至100mL；碘化钾溶液（50g/L）；酸性氯化亚锡溶液：称取40g氯化亚锡（$SnCL_2 \cdot 2H_2O$）加盐酸溶解并稀释至100mL，加入数颗金属锡粒；盐酸溶液（6mol/L）：量取50mL盐酸加入稀释至100mL；乙酸铅溶液（100g/L）；乙酸铅棉花：用乙酸铅溶液（100g/L）浸透脱脂棉后，压除多余溶液，并使疏松，在100℃以下干燥后，贮于玻璃瓶中；氢氧化钠溶液（200g/L）；硫酸（100g/L）：量取5.7mL硫酸加入80mL水中，冷却后再加入释释至100mL；二乙氨基二硫代甲酸银—三乙醇胺—三氯甲烷溶液：称取0.25g二乙氨基二硫代甲酸银［$(C_2H_5)_2NCS_2Ag$］置于乳钵中，加少量三氯甲烷研磨，移入100mL量筒中，加入1.8mL三乙醇胺，再用三氯甲烷分次洗涤乳钵，洗液一并移入量筒中，再用三氯甲烷稀释至100mL，放置过夜，滤入棕色瓶中贮存；砷标准溶液：精确称取0.1320g经硫酸干燥器干燥或在100℃干燥2h的三氧化二砷，加5mL 200g/L氢氧化钠溶液5mL，溶解后10%硫酸25mL，转移入1 000mL容量瓶中，用新煮沸冷却的水稀释至刻度，贮存于棕色玻塞瓶中。此溶液每毫升相当于0.1mg砷；砷标准使用液：吸取1.0mL砷标准溶液，置于100mL容量瓶中，加1mL 10%硫酸溶液，加水稀释至刻度，此溶液每毫升相当于1μg。

3. 仪器

分光光度计；砷化氢吸收装置。

4. 操作方法

（1）试样处理。

① 硝酸－高氯酸－硫酸法：根据样品含水量的高低确定取样量的不同。含水分较少的固体食品取5.0～10.0g的粉碎样品；酱类食品称取10.0～20.0g样品；含水分较高的果蔬类称取25.0～50.0g打成匀浆的样品；饮料类可吸取10～20mL。将试样置于250～500mL定氮瓶中，干燥的试样可先加少许水润湿，加数粒玻璃珠，10～15mL硝酸－高氯酸混合液，放置片刻，小心缓缓加热，待作用缓和后放冷。然后沿瓶壁加入5mL或10mL硫酸，再继续加热，直至瓶中开始变成棕色时，不断沿瓶壁滴加硝酸高氯酸混合液使有机物质分解完全。加大火力至产生白烟，溶液呈现澄清无色或微带黄色，放冷。注意操作过程中防止爆炸。

在瓶内加20mL水煮沸来除去残余的硝酸至产生白烟为止。如此处理两次，放冷。将冷却后的溶液移入50mL或100mL容量瓶中，用水洗涤定氨瓶，洗涤并入容量瓶中，冷却，加水至刻度混匀。此溶液每毫升相当于1g样品，相当加入硫酸量1mL。取与消化样品相同量的硝酸高氯酸混合液和硫酸置于另一定氮瓶中，按同一方法作试剂空白试验。

② 灰化法：称取5.0g或吸取5.0mL样品，置于坩埚中（液体样品需先在水浴上蒸干），加1g氧化镁及10mL硝酸镁溶液混匀，浸泡4h（植物油不用浸泡）。在水浴锅上蒸干。在电炉炭化至无烟，再移入550℃高温炉内灼烧3～4h，至灰化完全，冷取后取出。

加入5mL水湿润灰分，再缓慢加入6mol/L盐酸10mL，再转移入50mL容量瓶中，坩埚用6mol/L盐酸洗涤3次，每次3mL，再每次5mL用水洗涤3次，洗液并入容量瓶中。用水定容至刻度，混匀。此溶液10mL相当于1g样品，相当于加入盐酸量（中和需要量除外）1.5mL。

取与灰化样品相同量的硝酸镁和氧化镁，按同一方法作试剂空白试验。

（2）测定。

① 吸取一定量的湿法消化后的定容溶液（相当于5g样品）及等量的试剂空白液，分别置于250mL容量瓶中，补加硫酸至总量为5mL，加水至50～55mL。

吸取0.0mL、2.0mL、4.0mL、6.0mL、8.0mL、10.0mL砷标准使用液（相当0μg、2μg、4μg、6μg、8μg、10μg砷）分别置于150mL锥形瓶中，加水至40mL，再加10mL（1+1）硫酸溶液。

② 吸取一定量的灰化法消化液（相当于5g试样）及等量的试剂空白液，分别置于150mL锥形瓶中。吸取0.0mL、2.0mL、4.0mL、6.0mL、8.0mL、10.0mL砷标使液（相当于0μg、2μg、4μg、6μg、8μg、10μg砷）分别置于150mL锥形瓶中，加水至43.5mL，再加6.5mL盐酸。

③ 于试样消化液、试剂空白液及砷标准溶液中各加3mL 150g/L碘化钾溶液、0.5mL酸性氯化亚锡溶液，混匀后静置15min。各加入3g锌粒，立即分别塞上装有乙酸铅棉花的导气管，并使管的末端插入盛有4mL银盐溶液的吸收管中的液面下（不得漏气），在常温下反应45min，取下吸收管，用三氯甲烷补足4mL。用1cm比色杯，以零管调节零点，在波长520nm处测吸光度，绘制标准曲线。

5. 计算

试样中砷的含量按式（3-10）计算：

$$X = \frac{(A_1 - A_2) \times 1\,000}{m \times \frac{v_2}{v_1} 1\,000} \tag{3-10}$$

式中，X——试样中砷的含量（mg/kg或mg/L）；

A_1——测定用试样消化液中砷的含量（μg）；

A_2——试剂空白液中砷的含量（μg）；

m——试样质量（体积）（g或mL）；

V_1——试样消化液的总体积（mL）；

V_2——测定用试样消化液的体积（mL）。

6. 注意事项

（1）氯化亚锡（$SnCL_2$）试剂不稳定，在空气中能氧化生成不溶性氯氧化物，会失去还原剂作用。配置时加盐酸溶解为酸性氯化亚锡溶液，加入数粒金属锡，持续反应生成氯化亚锡，新生态氢具有还原性，以保持试剂稳定的还原性。氯化亚锡在本试验中的作用是：还原As^{5+}成As^{3+}以及在锌粒表面沉淀层以抑制产生氢气作用过猛。

（2）乙酸铅棉花塞入导气管中，是为吸收可能产生的硫化氢，使其生成硫化铅阻留在棉花上，以免被吸收液吸收产生干扰；因为，硫化物可与银离子生成灰黑色的硫化银。

（3）无砷锌粒不同形状和不同规格，因其表面面积不同，与酸反应的速度就不同，生成氢气气体流速不同，将直接影响吸收效率及测定结果。一般地蜂窝状锌粒3g，或大颗粒锌粒5g均可获得良好结果。一般确定标准曲线与试样均用同一规格的锌粒为宜。

（4）样品消化液中的残余硝酸需设法驱尽，硝酸的存在影响反应与显色，会导致结果偏低，必要时需增加测定用硫酸的加入量。

（5）吸收液吸收砷化氢气体后呈色在150min内比较稳定。

（四）食品中镉的测定

引用GB/T 5009.15—2014的石墨炉原子吸收光谱法，该方法可以测定各类食品中镉的含量。

1. 原理

样品经灰化或酸解后，注入原子吸收分光光度计石墨炉中，电热原子化后吸收228.8nm共振线，在一定浓度范围，其吸光度与镉含量成正比，与标准系列比较定量。

2. 试剂

除非另有规定，本方法所用试剂均为分析纯，水为GB/T 6682规定的一级水。硝酸（优级纯）；盐酸（优级纯）；高氯酸（优级纯）；过氧化氢（30%）；磷酸二氢铵；硝酸溶液（1%）：取10.0mL硝酸，慢慢加入100mL水中，稀释至1000mL；盐酸溶液（1+1）；取50.0mL盐酸，慢慢加入50.0mL水中；硝酸—高氯酸混合溶液（9+1）：取9份硝酸与1份高氯酸混合；磷酸二氢铵溶液（10g/L）：称取10.0g磷酸二氢铵，用100mL硝酸溶液（1%）溶解后移入1 000mL容量瓶，用硝酸溶液（1%）定容至刻度；镉标准储备液（1 000mg/L）：准确称取1g金属镉标准品（精确至0.0001g），分次加20mL盐酸溶液（1+1）溶解，加2滴硝酸，移入1 000mL容量瓶中，加水定容至刻度，混匀；镉标准使用液（100ng/mL）：吸取镉标准储备液10.0mL于100mL容量瓶中，用硝酸溶液（1%）定容至刻度，混匀，如此多次稀释成含100.0ng/mL镉的标准使用液；镉标准曲线工作液：准确吸取镉标准使用液0mL、0.5mL、1.0mL、1.5mL、2.0mL、3.0mL于100mL容量瓶中，用硝酸溶液（1%）定容至刻度，即得到含镉量分别为0ng/mL、0.5ng/mL、1.0ng/mL、1.5ng/mL、2.0ng/mL、3.0ng/mL的标准系列溶液。

3. 仪器

所用玻璃仪器均需已硝酸溶液（1+4）浸泡24h以上，用水反复冲洗，最后用去离子水冲洗干净。原子吸收分光光度计（附石墨炉及镉空心阴极灯）；马弗炉；恒温干燥箱；电子天平：感应量为0.1mg和1mg；瓷坩埚；压力消解器、压力消解罐；可调式电热板、可调式电炉。

4. 操作方法

（1）试样制备。肉类等用食品加工机打成匀浆或碾磨成匀浆，储于洁净的塑料瓶中，并帮忙标记，于-18～-16℃保存备用。

（2）试样消解。可根据实验室条件选用以下任何一种方法消解，称量时应保证试样的均匀性。

① 压力消解罐消解法：称取干试样 0.3g ~ 0.5g（精确至 0.0001g）、鲜（湿）试样 1g ~ 2g（精确至 0.0001g）于聚四氟乙烯内罐，加硝酸 5mL 浸泡过夜。再加过氧化氢（30%）2 ~ 3mL（总量不能超过罐容积的 1/3），盖好内盖，然后旋紧不锈钢外套，放入恒温干燥箱，120 ~ 160℃保持 4 ~ 6h，在箱内自然冷却至室温，打开后加热赶酸至近干，将消化液洗入 10mL 或 25mL 容量瓶中，用少量硝酸溶液（1%）洗涤内罐和内盖 3 次，洗液合并于容量瓶中并用硝酸溶液（1%）定容至刻度，混匀备用。同时，做试剂空白试验。

② 湿式消解法：称取干试样 0.3g ~ 0.5g（精确至 0.0001g）、鲜（湿）试样 1g ~ 2g（精确至 0.0001g）于锥形瓶中，放数粒玻璃珠，加 10mL 硝酸—高氯酸混合溶液（9 + 1），加盖浸泡过夜，加一小漏斗用电炉加热消解，如变棕黑色，再加硝酸，直到冒白烟，消化液呈无色透明或略带黄色，放冷后将消化液洗如 10 ~ 25mL 容量瓶中，并用硝酸溶液（1%）洗涤锥形瓶 3 次，洗液合并于容量瓶中并用硝酸溶液（1%）定容至刻度，混匀备用。同时，做试剂空白试验。

③ 干法灰化：称取干试样 0.3 ~ 0.5g（精确至 0.0001g）、鲜（湿）试样 1 ~ 2g（精确至 0.0001g）于坩埚内，先小火在可调式电热板上炭化至无烟，移入马弗炉 500℃灰化 6 ~ 8h，冷却。若个别样品灰化不完全，则加 1mL 混合酸在可调式电炉上小火加热，将混合酸蒸干后，再转入马弗炉 500℃灰化 1 ~ 2h，直至试样消化完全，呈灰白色或浅灰色，放冷，用硝酸溶液（1%）将灰分溶解，将试样消化液移入 10mL 或 25mL 容量瓶中，用少量硝酸溶液（1%）洗涤坩埚 3 次，洗液合并于容量瓶中并用硝酸溶液（1%）定容至刻度，混匀备用。同时，做试剂空白试验。

（3）测定。

① 仪器条件：将原子吸收分光光度计调至最佳状态。测定参考条件为波长 228.8nm，狭缝 0.2 ~ 1.0nm，灯电流 2mA ~ 10mA，干燥温度 105℃，20s；灰化温度 400 ~ 700℃，灰化时间 20 ~ 40s；原子化温度 1 300 ~ 2 300℃，原子化时间 3 ~ 5s；背景校正为氘灯或塞曼效应。

② 标准曲线绘制：吸取镉标准使用液 0mL、1.0mL、3.0mL、5.0mL、7.0mL、10.0mL 于 100mL 容量瓶中，加硝酸溶液（1%）稀释至刻度，相当于 0ng/mL、1.0ng/mL、3.0ng/mL、5.0ng/mL、7.0ng/mL、10.0ng/mL，各吸取 10uL 注入石墨炉，测得其吸光度，并求得与浓度关系的一元线性回归方程。

③ 试样测定：将样液和空白液分别吸取 10uL 注入石墨炉，必要时可注入适量的磷酸二氢铵溶液（10g/L）作为基体改进剂，测得的吸光度，代入回归方程计算样品中镉含量。

5. 计算

试样中镉含量按式（3 - 11）计算：

$$X = \frac{(C_1 - C_0) \times V}{m \times 1\,000} \tag{3-11}$$

式中，X——试样中镉含量（mg/kg）；

C_1——为试样消化液中镉的含量（ng/mL）；

C_0——为试样空白液中镉的含量（ng/mL）；

V——为试样消化液总体积（mL）；

m——为试样质量或体积（g 或 mL）。

1 000——换算系数

以重复条件下获得的两次独立测定结果的算术平均值表示，结果保留有效两位数字。

6. 其他

方法检出限为 0.001mg/kg，定量限为 0.003mg/kg。

第四节　屠宰加工安全风险来源及控制

一、屠宰加工安全风险来源

（一）管理风险

（1）检疫。检疫是控制猪肉安全最重要的环节，是控制病猪、死猪流入市场的重要手段。如果屠宰前和屠宰中没有进行检疫或者检疫不规范，会增加猪肉质量安全的风险。

（2）肉品品质检验。屠宰加工后，需要对肉品品质做检验，如果没有检验或检验不符合规范，就会使不合格猪肉流入市场，造成安全隐患。

（3）管理人员素质。屠宰加工的安全控制以及企业对风险的抵御能力的搞定，在很大程度上取决于管理人员的管理理念、管理水平、安全意识等因素，因此，管理人员素质的高低是影响猪肉安全的重要因素。

（4）消毒计划执行。屠宰加工过程中，猪内脏、猪粪等都会对猪肉造成污染，甚至会造成严重的安全事故。除了要采取合理工艺以外，消毒是很重要的措施。如果企业不认真执行消毒计划，势必会大大增加猪肉的安全风险。

（5）信息获取。屠宰加工企业对生猪供应信息、市场对猪肉的需求信息、生猪疫病流行信息等都需要较好地把握，以便于企业采取相应的措施来应对各种风险。如果信息获取不当，也会增加猪肉的安全风险。

（6）工艺过程记录。屠宰加工的工艺过程比较复杂，环节较多，需要控制质量的关键点也比较多，因此，需要对整个过程进行记录，尤其是对关键控制点的记录，监控这些环节，以便必要时采取纠偏措施。若工艺工程不记录或记录不符合要求，会增加该过程的安全风险。

（二）设备风险

（1）车间卫生设计。车间的设计要符合国家相关规定以控制屠宰加工过程的污染问题，才能降低猪肉的安全风险。

（2）屠宰设备。屠宰设备出现故障，会增加猪肉被污染或产品达不到要求的后果而带来风险。

（3）搬运设备。如果搬运设备出现故障或者收到污染，就会造成被搬运猪肉的二次污染，带来猪肉的安全风险。

(4) 制冷设备。排酸库的温度合理控制是保证肉品屠宰后肉质的重要因素，要经常检查制冷设备，避免突发情况导致不制冷而引起屠宰后肉品质问题。

(5) 检测设备。检测设备若出现故障，会影响检测结果的真实性而不能准确把握产品的质量，带来入市猪肉的安全风险。

(6) 消毒设备。消毒设备出现故障，会影响设备和环境的消毒效果而达不到控制微生物污染的目的，从而带来卫生安全隐患。

(三) 技术风险

(1) 屠宰操作卫生控制。屠宰操作的卫生控制措施的合理与否，是决定猪肉产品质量安全的重要影响因素。

(2) 检疫检验技术。合理的检疫检验技术可以良好地控制产品的安全，先进性的检疫检验技术更能高效控制产品安全。若检疫检验技术不合理。势必影响结果的可靠性。

(3) 操作人员素质。操作人员的知识、经验、责任心和安全意识都会影响整个工艺过程的安全控制效果。

(4) 污物处理不当。污物处理不当的话会造成猪肉受染，给猪肉的卫生安全带来风险。

(四) 环境风险

(1) 空气污染。屠宰过程的空气质量对猪肉染菌程度有一定的影响。

(2) 水源污染。屠宰加工过程需用到大量的水来洗涤，如果水源受微生物或化学污染物的污染，势必增加猪肉的安全风险。

(3) 政府。政府的监管力度是影响屠宰加工企业把握猪肉安全的重要因素。若政府能从严执法、加大监管力度，有利于行业规范和品质保证，从而降低安全风险。

(4) 政策法规。政策、法规、标准等的合理与否，都会影响屠宰加工企业的安全控制行为。2008 年的新《生猪屠宰管理条例》就是为适应当前的屠宰状况、降低屠宰环节的安全风险而颁布的。

(5) 消费者认知。消费者对屠宰加工过程的了解和关注，是督促这些企业采取措施降低猪肉安全风险的动力之一。

二、屠宰加工安全风险控制

(一) 管理及操作人员素质

管理人员的卫生安全意识直接影响到企业是否采取积极的安全风险控制措施，因此，需加强企业管理人员的安全风险意识和安全管理水平，从管理人员做起，执行标准的卫生操作程序，通过培训提高操作人员的安全意识和安全管理水平，加强产品出厂检验，才可控制整个屠宰加工环节的安全风险；管理人员应制定并实施职工培训计划并做好培训记录，保证不同岗位的人员熟练完成本职工作；要建立内部审核和管理评审制度，定期进行内部审核和管理评审。应加强操作人员的安全防范意识，尤其是卫生意识。操作的时候，要严格执行卫生消毒程序，以防止大肠杆菌、沙门氏菌、金黄色葡萄球菌等有害菌的污染。

（二）消毒计划执行

要建立洗手消毒及卫生间设施，这些设施要保持清洁并有专人负责；车间入口有鞋、靴消毒池；消毒剂应具有良好的杀菌效果；制定明确的洗手消毒程序及相应的方法、时间和频率；质检部门要对洗手消毒进行监控并做好记录；洗涤剂、消毒剂应符合卫生要求，不得与产品接触，消毒后的车间地面、墙面、工器具、操作台要用清水洗净洗涤剂、消毒剂的残留物；每天班前和班后将所有工器具和操作台进行全面清洗消毒。应加强消毒设备，如CIP系统、消毒器等的日常维护管理，保证日常消毒计划的正常执行，可以降低猪肉的微生物安全风险。

（三）车间卫生设计

屠宰车间内禁止使用竹、木器具，禁止堆放与生产无关的物品；清洁区、非清洁区用隔离门分开，两区工作人员不得串岗；加工车间通风良好，通风道清洁，车间温度控制在要求的范围内，并有专人负责；设备与产品接触面出现凹陷或裂缝，不光滑并影响残留清洗应及时修补、更换，防止造成污染；要加强对昆虫、老鼠等的控制，确保车间、库房等区域无苍蝇、蚊子、老鼠等虫害；应采用风幕、纱窗、暗道、水封等措施，防止虫害进入车间；车间内墙壁、屋顶或天花板使用无毒、浅色、防水、防霉、不脱落、易于清洗的材料修建，墙角具有弧度；车间应根据工艺要求控制环境的温度和湿度；厂区内禁止使用灭鼠药。

（四）屠宰设备问题

屠宰设备的操作要按照不同设备的操作规程进行；执行定期检修和保养设备制度；应注意屠宰设备的清洗和消毒。

（五）屠宰操作卫生控制

要控制产品接触面卫生安全，要监测接触产品的传送带、工器具、手套、围裙、加工用碎冰的清洁；工作台、运输车、刀具等要用不易生锈的材质和无毒白色塑料制成；要对加工车间内的空气进行消毒；接触面和车间空气要进行微生物抽样检测，一旦发现问题要及时纠正；手、设备、器械等在接触了不卫生的物品后应及时清洗消毒，防止交叉污染。

（六）污物处理

生产中产生的废水、废料的排放或处理要符合国家有关规定；车间废水排放应从清洁度高的区域流向清洁度低的区域，污水可直接排入下水道中；要设有专区域用于贮存胃肠内容物和其他废料，所有加工中产生的废弃物要用专用容器收集、盛放，并及时清除，处理时要防止交叉污染。

（七）水源污染

生产用自来水或自备深水井等水源，由当地卫生防疫部门每半年检测一次；要每月一次对生产用水管道及污水管道进行检查，重点对可能出现问题的交叉连接进行检查，软管使用后应盘起挂在架子或墙壁上，管口不许接触地面。

（八）检疫管理

生猪应来自非疫区，并经官方兽医的进场检验合格后方可屠宰；禁止在非定点屠宰厂进行私宰或借用定点屠宰场的名义进行私宰。

（九）肉品品质检验管理

肉品品质检验，是猪肉出厂前的必要环节，屠宰加工企业应对肉品品质进行感官、微生物和理化检验，因此，管理层必须加强这方面的管理。

（十）检测设备

检测设备的准确度、故障率、方便性都会影响检测效果。屠宰加工企业应采用准确度高、故障率低的设备进行检验，以防止因设备故障或设备失真造成检测结果的不可靠而带来的安全风险。

第五节 猪肉质量安全可追溯系统的建立

一、屠宰加工过程危害分析

屠宰加工过程危害分析，见表 3－1。

表 3－1 屠宰加工过程 HACCP 危害分析

工艺流程	安全危害	危害是否显著	对第三例的判断依据	应用何种措施来防止显著危害	是否 CCP
活猪运输	生物危害	否		查验《动物和动物产品运否载工具消毒证明》，保证运输车辆卫生	否
	化学危害	否			
	物理危害	否			
生猪验收/宰前检验/候宰	生物危害	是	生猪在饲养过程中可能感染疫病，带有病原体	提供查验检验证明，根据临床、留养检查，采猪尿检测药残	是
	化学危害	是	生猪养殖过程中可能因饲料、兽药等控制不合适，而造成药物（瘦肉精、激素、药物）残留超标	对产品进行抽查瘦肉精，检查瘦肉精等残留，对养猪场实行合格评定	
	物理危害	否			
电麻/放血/浸烫	生物危害	否		SSOP 控制车间环境和操作	
	化学危害	否			
	物理危害	否			

（续表）

工艺流程	安全危害	危害是否显著	对第三例的判断依据	应用何种措施来防止显著危害	是否CCP
挂钩/脱毛	生物危害	否	脱毛可能会造成病原菌如沙门氏菌的交叉污染、交叉感染	通过开膛前冲洗进行控制	
	化学危害	否			
	物理危害	否			
开膛/净腔	生物危害	否	易划破胃肠、膀胱、胆囊	SSOP 进行控制潜在的微生物污染	
	化学危害	否			
	物理危害	否			
去　头/尾（肛）	生物危害	否		刀具消毒和 SSOP 控制	
	化学危害	否			
	物理危害	否			
去内脏	生物危害	否		刀具消毒和 SSOP 控制	
	化学危害	否			
	物理危害	否			
劈半	生物危害	否		通过冲洗及 SSOP 控制潜在微生物污染	否
	化学危害	否			
	物理危害	否			
最后胴体清洗	生物危害	否			否
	化学危害	否			
	物理危害	否			
修整复检（猪肉检验）	生物危害	是	依据前各道检验情况，综合判定	综合判定，合格的加盖验讫章，必要时进行实验室检验	
	化学危害	否	盖戳使用的色素可能带来隐性化学污染	保证使用食用色素，避免是盖戳使用的色素可能带来隐性化学污染	
	物理危害	否			
	化学危害	是	包装材料使用不当，可能造成潜在污染源	对包装材料进行 QS 审查，对包装过程进行 SSOP 控制	
	物理危害	否			

二、屠宰加工过程的可追溯系统操作

（一）可追溯系统溯源关键信息的采集框架

屠宰加工可追溯子系统数据采集和信息录入框架，如图 3－5 所示。系统信息传输与监控包括生猪个体标志与胴体之间信息的转换；生猪屠宰档案记录与保存；猪肉检验结果监控；猪肉储藏与猪肉的运输监控；对违规现象警级预报，并在数据库中进行记录；同时，保存来自养猪场的生猪生长基本档案信息及生猪运输监控信息。

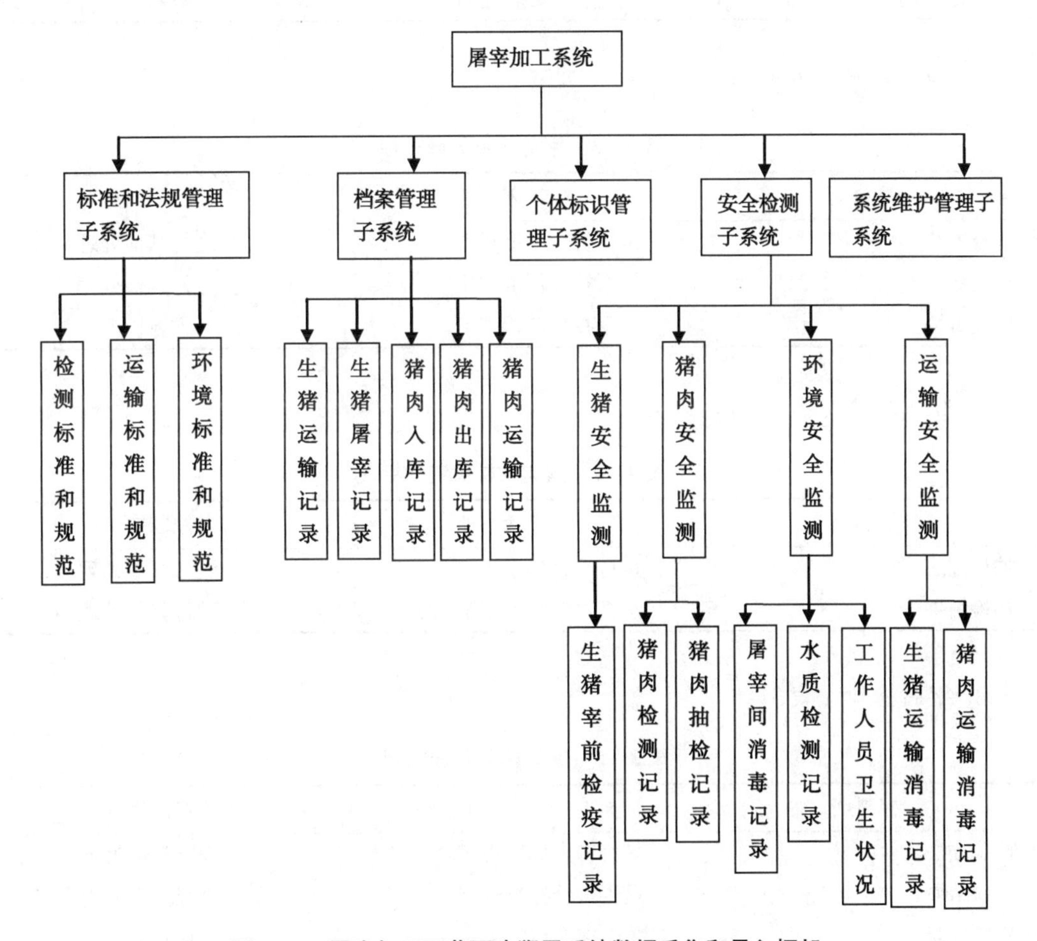

图 3－5　屠宰加工环节可追溯子系统数据采集和录入框架

（二）屠宰加工过程的可追溯系统溯源关键信息

屠宰加工环节可追溯系统溯源信息包括宰前检疫信息和宰后检验信息，本章第一节、第二节已叙。根据生猪屠宰流程和屠宰加工过程危害分析可以看出，屠宰阶段的关键信息主要包括生猪检疫方法和结果、猪肉检验方法和结果、运输工具消毒情况、屠宰工人的健康状况和检验人员的资格等以及对不合格生猪或猪肉的处理是否符合要求。

1. 运输工具消毒（表3－2）

表3－2　运输工具消毒关键指标

控制点	限　值	控制措施
消毒证明编号	是否具有消毒证明	进行消毒
消毒药品名称	产品是否合格	更换消毒药
消毒单位	是否属于权威机构	重新消毒
消毒日期	是否在有效期范围	重新消毒

2. 宰前检疫（表3－3）

表3－3　宰前检疫关键指标

控制点	限　值	控制措施
检疫方法	是否符合标准规定	进行其他处理
检疫结果	是否符合标准规定	进行其他处理
检疫日期	是否在宰前检疫	重新检疫

3. 猪肉抽检（表3－4）

表3－4　猪肉抽检关键指标

控制点	限　值	控制措施
抽检方法	是否符合标准规定	进行其他处理
抽检结果	是否符合标准规定	进行其他处理

4. 宰后检验（表3－5）

表3－5　宰后检验关键指标

控制点	限　值	控制措施
检验方法	是否符合标准规定	进行其他处理
检验结果	是否符合标准规定	进行其他处理
检验日期	是否在宰后检验	重新检验

5. 屠宰间消毒（表3－6）

表3－6　屠宰间消毒关键指标

控制点	限　值	控制措施
消毒药名称	是否合格	更换消毒药
消毒方法	是否符合有关规定	重新消毒

6. 工作人员健康状况（表3－7）

表3－7　健康状况关键监控点

控制点	限　值	控制措施
是否具有健康证明	是否合格	进行必要的治疗
发证单位	是否属于权威机构	重新体检

（三）屠宰加工过程的可追溯系统操作实例

1. 生猪胴体标志转换

在生猪屠宰过程中，动物检疫员使用移动智能识读器（PDA）设备读取生猪二维码标志，由系统自动进行标志转换，将二维码标志转换为标准条码（图3－6），以产品标签形式随同生猪胴体出厂，从而达到追溯到已屠宰的生猪。

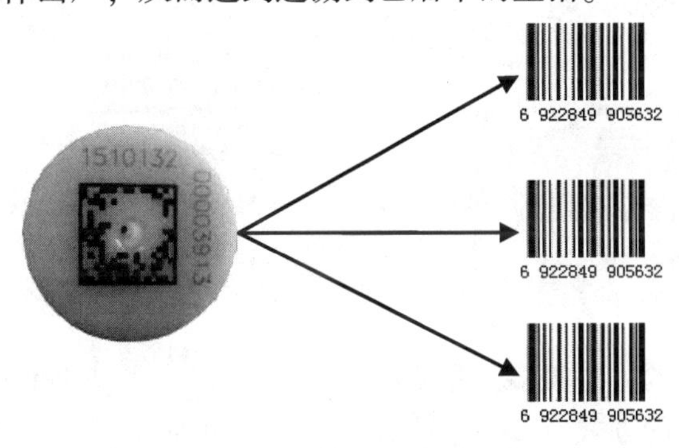

图3－6　生猪胴体标志转换

2. 分割猪肉产品标志分发

在分割猪肉产品过程中，由相关人员使用移动智能识读器（PDA）设备识读、用便携式票据打印机或台式票证打印机打印生猪胴体标准条码（图3－7、图3－8），粘贴于分割产品包装上，达到能追溯到生猪胴体的目的。由于屠宰加工企业每天的屠宰量有限，移动智能识读器（PDA）设备、用便携式票据打印机或台式票证打印机需要的量不大，成本不高，而且可循环使用。当胴体下屠宰线后，根据电子标志的编码读取对应的耳标编码，用一维条形码对生猪胴体或分割肉进行标志，直到超市出售，有效地保证了猪肉标志的唯一性和实用性。

图3－7　生猪胴体标准条码

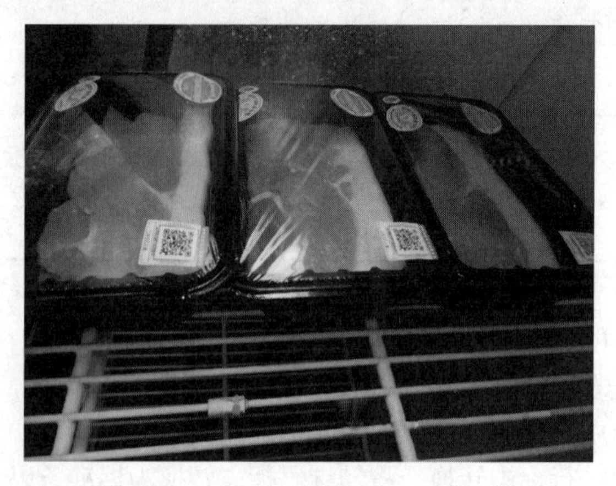

图3－8　分割猪肉标准条码

思考与自测

（一）名词解释

宰前检疫　宰后检验　致昏　标准条码

（二）填空题

1. 生猪一般在宰前________停食。
2. 生猪屠宰致昏的方法很多，主要有________和________两种。
3. 生猪屠宰放血的方式有________和________两种。
4. 人工电麻器采用电压________，电流________，时间为________，盐水浓度________。
5. 自动电麻机采用电压不超过________、电流不大于________，麻电时间为________。
6. 肉品盐酸克伦特罗残留的检测时阳性，质控区________出现一条紫红色条带，在测试区________内无紫红色条带出现。
7. 肉品盐酸克伦特罗残留的检测时阴性，两条紫红色条带出现，一条位于测试区________内，另一条位于质控区________内。
8. 肉品盐酸克伦特罗残留的检测时质控区（C）未出现紫红色条带，表明________________。
9. 摘除“三腺”是指________、________、________。

（三）简答题

1. 简述生猪屠宰前的安全管理。
2. 生猪宰前可追溯系统溯源信息从哪些方面确定？
3. 怎样进行宰前检疫？
4. 简述生猪胴体标志转换与注销过程。
5. 简述旋毛虫检验方法。

6. 简述猪肉中盐酸克伦特罗胶体金法快速检测的原理。
7. 简述猪肉中盐酸克伦特罗胶体金法快速检测的注意事项。
8. 简述猪肉中莱克多巴胺胶体金法快速检测的原理。
9. 简述猪肉中莱克多巴胺胶体金法快速检测的注意事项。
10. 简述食品中总汞冷原子吸收光谱法的测定原理。
11. 简述食品中总汞二硫腙比色法的测定原理。
12. 简述食品中铅石墨炉原子吸收光谱法的测定原理。
13. 简述食品中铅火焰原子吸收光谱法的测定原理。
14. 简述食品中总砷银盐法的测定原理。
15. 简述食品中总砷银盐法测定的注意事项。
16. 简述食品中镉的测定原理。
17. 简述生猪宰后可追溯系统溯源信息的确定。
18. 简述屠宰加工安全风险来源。
19. 简述屠宰加工环节可追溯系统的操作。

（四）论述题

1. 试述生猪屠宰加工工艺流程。
2. 试述宰后检验要领。
3. 试述屠宰加工安全风险控制。

第四章　猪肉冷库贮藏监测与控制技术

本章学习目标

【能力目标】

掌握猪肉品质感官检验，猪胴体金属探测检验，猪肉挥发性盐基氮的测定。

【知识目标】

（1）熟悉和理解冷却猪肉概念，猪肉冷却过程安全管理，冷库贮藏的安全风险控制。

（2）了解肉类冷库贮藏的原理，冷库贮藏的安全风险来源。

第一节　猪肉的冷却

随着人们经济收入和消费水平的提高和生活节奏的加快，人们越来越喜爱选购分割肉。近年来，冷却猪肉在一些大中城市的市场上悄然出现，将成为我国肉类消费的主流。据资料显示，目前，在欧美一些发达国家，小包装冷却肉已经发展成为肉类消费的主要品种，占肉类总产量的60%以上，这些国家都已拥有了科学的加工工艺和流通技术以及完善有效的质量控制体系，在他们的超级市场里展售的基本上是冷却肉。

一、冷却猪肉概念

冷却肉是指对严格执行检疫制度屠宰后的胴体迅速进行冷却处理，使胴体中心温度（以后腿内部为测量点）在12～24h内降为0～4℃，并在后续的加工、流通和零售过程中始终保持在0～4℃范围内的鲜肉，又称为冷鲜肉、排酸肉。猪在屠宰后30min内进入排酸库冷却，胴体内的糖原酵解产生乳酸，胴体pH值下降，酸度增加，故而俗称排酸。排酸肉在冷环境下先后经过了尸僵、解僵和成熟的3个过程。因此，排酸到位的冷鲜肉口感、嫩度都明显优于热鲜肉，其消化吸收率也好。

由于冷却肉从原料检疫、屠宰、快速分割、剔骨、包装、运输、贮藏到销售的全过程始终处于冷链状态，迅速排除肉体热量，降低深层温度，并在肉的表面形成一层干燥膜，减缓肉体内部水分的蒸发，从而延长了肉的保藏期限，阻止了微生物的生长和繁殖，使大多数微生物（尤其是腐败菌和致病菌）被抑制。另外，冷却肉中肌糖原酵解生成的乳酸，也可抑制或杀死肉中的部分微生物，安全和卫生方面得到一定保障，延长了肉的保藏期限。冷却肉从屠宰到销售，大约要经过2天时间，这是一个自然成熟的过程，遵循了肉类生物化学的基本规律。

二、肉类冷库贮藏的原理

（一）低温对微生物的作用

微生物在生长繁殖时受很多的因素影响，温度的影响是最主要的。适宜的温度可促进微生物的生命活动，改变温度超出微生物生长繁殖所需温度范围可减弱其生命活动甚至使微生物死亡。各种微生物都有一定的最适生长温度和变动范围。根据适合各种细菌发育的温度大致可分低温、中温、高温性菌，见表 4－1。

表 4－1　微生物生长温度范围

类　别	生长温度（℃）			举　例
	最低	最适	最高	
低温菌	－10～5	10～20	25～30	冷藏环境及水中微生物
中温菌	10～20	25～30	40～45	腐生菌
	10～20	37～40	40～45	寄生于人和动物的微生物
高温菌	25～45	50～55	70～80	嗜热菌及产芽孢菌

在最适的温度范围内，细菌繁殖的速度快，增代的时间短，最高或最低温度是极限温度，在这个温度范围内，细菌虽然可以生长，但繁殖速度缓慢，增代时间长，超过这个温度范围，细菌生命活动即受到抑制甚至死亡。

大多数致病菌和腐败菌属于嗜温菌，温度降低至 10℃以下可延缓其增殖速度，在 0℃左右条件下基本上停止生长发育。许多嗜冷菌和嗜温菌的最低生长温度低于 0℃，有时可达－8℃。降到最低温度后，再进一步降温时，就会导致微生物死亡，不过在低温下它们的死亡速度比在高温下缓慢得多。但有些微生物对低温有一定抗性。如嗜冷菌在－12～－6℃仍可以增殖。实践中可以观察到肉在－6℃以上贮存时，细菌很快即能繁殖；低于－6℃时 2～3 月内细菌数减少，随着时间延长细菌数又增多，这是耐低温细菌增殖的结果。在低温环境下，缓慢冷冻比快速冷冻易遭致细菌死亡。

（二）低温对酶的作用

酶是有生命机体组织内的一种特殊蛋白质，负有生物催化剂的使命。酶的活性与温度有密切关系。大多数酶的适宜活动温度为 30～40℃。动物屠宰后如不很快降低肉尸温度，会在组织酶的作用下，引起自身溶解而变质。低温可抑制酶的活性，延缓肉内化学反应的进程。

低温对酶并不起完全的抑制作用，酶仍能保持部分活性，因而催化作用实际上也未停止，只是进行得非常缓慢而已。例如，胰蛋白酶在－30℃下仍然有微弱的反应，脂肪分解酶在－20℃下仍然能引起脂肪水解。一般在－18℃即可将酶的活性减弱到很小。因此，低温贮藏能延长肉的保存时间。

三、猪肉冷却过程安全管理

猪肉经修整、检验和分级后，应立即送入冷却间，肉体在冷却间的管理及装载包括以下几方面。

（1）冷却间在入货前应保持清洁，必要时还要进行消毒。

（2）装载应一次进行，速度愈快愈好；不同等级的肉类，尽可能分别冷却，使全库胴体能在相近时间内冷却完毕。如同等级而体重有显著差异的，则应将体重大的挂在靠近排风口，使其易于形成干燥膜。半胴体的肉表面，应迎向排风口，使其易形成干燥膜。

（3）在吊轨上的胴体，互不相碰，并保持间距3～5cm，在平行轨道上，按品字形排列，以保证空气的均匀流通。

（4）肉类冷却终点以位于胴体后腿最厚部中心的肉温不高于7℃为标准。

（5）整个冷却过程中，尽量少开门，减少人员出入，以维持稳定的冷却温度和减少微生物污染。

（6）为减少微生物的污染，确保冷却产品的卫生要求，可在冷却间内安装紫外灯，紫外灯功率平均1W/m^2，每昼夜连续或间隔照射5h。

第二节　猪肉品质感官检验及检测

肉新鲜度的检验，一般是从感官性状、腐败分解产物的特性和数量、细菌的污染程度等3方面来进行的。肉的腐败是一个复杂的变化过程，并且受多种因素影响，采用单一的方法很难获得正确的结果，只有采用包括感官检验和实验室检验在内的综合方法，才能比较客观地对肉的卫生状况作正确的判断。

一、感官检验

感官检验是借助人的嗅觉、视觉、触觉、味觉来鉴定肉的卫生质量。根据肉在腐败变质时，由于组织成分的分解，首先使肉感官性状发生令人难以接受的改变，如强烈的臭味、异常的色泽、黏液的形成，组织结构的崩解或其他变化等。感官检验项目包括：色泽、黏度、弹性、组织状态、气味、肉汤，最后进行综合分析（表4－2）。

表4－2　肉新鲜度的感官检验

类别 鉴别项目	新鲜猪肉	次鲜猪肉	变质猪肉
色泽、黏度	表面有一层微干或微湿润的外膜，呈淡红色，有光泽，切断面稍湿、不粘手、肉汁透明	表面有一层风干或潮湿的外膜，呈暗灰色，无光泽，切断面的色泽比新鲜的肉暗，有黏性，肉汁混浊	表面外膜极度干燥或黏手，呈灰色或淡绿色，发黏并有霉变现象，切断面也呈暗灰或淡绿色、很黏、肉汁严重混浊
气味	具有鲜猪肉正常的气味	在肉的表面能嗅到轻微的氨味、酸味或酸霉味，但在肉的深层却没有这些气味	腐败变质的肉，不论在肉的表层还是深层均有腐臭气味

（续表）

鉴别项目 \ 类别	新鲜猪肉	次鲜猪肉	变质猪肉
弹性	肉质地紧密且富有弹性，用手指按压陷后会立即复原	肉质比新鲜肉柔软，弹性小，用指头按压凹陷后不能完全复原	指头按压后凹陷，不但不复原，有时手指还可以把肉刺穿
脂肪	脂肪呈白色，具有光泽，有时呈肌肉红色，柔软而富于弹性	脂肪呈灰色，无光泽，容易粘手，有时略带酸败味和哈喇味	脂肪表面污秽，有黏液，常霉变呈淡绿色，脂肪组织很软，具有油脂酸败气味
肉汤	肉汤透明、芳香，汤表面聚集大量油滴，油脂的气味和滋味鲜美	肉汤混浊，汤表面浮油滴较少，没有鲜香的滋味，常略有轻微的油脂酸败和霉变气味及味道	肉汤极混浊，汤内漂浮着有如絮状的烂肉片，汤表面几乎无油滴，具有浓厚的油脂酸败或显著的腐败臭味

二、金属探测检验

（一）金属探测意义

生猪在生产过程中注射治疗针头或吞食饲料中的金属碎片可能遗留在体内，屠宰加工过程中生产设备和器具损坏等产生的金属碎片混入猪肉中，金属碎片等一旦被消费者误食，会造成消费者的直接伤害。通过金属探测器可以有效地将含有可探测出的金属碎片的猪肉分辨出来，从而将金属碎片控制在可以接受的水平，降低对消费者的危害程度。

（二）猪肉金属探测仪及检验

1. 猪肉金属探测仪

猪肉金属探测仪主要用于鲜猪肉检测是否有铁丝、铁碎屑或铝、铜、不锈钢等各种金属杂质夹杂或失落于肉品中。猪肉金属探测仪采用双路信号检测电路合并技术，具有高灵敏度与高抗干扰能力；具有双路信号显示功能，当有金属物通过时，信号电平指示灯会根据金属的大小显示不同的感应强度；当没有检测物体通过时，金属探测仪处于睡眠工作状态；可与流水生产线连接配套使用，实行流水线自动检测肉品中的金属碎片。

2. 金属探测检验

屠宰加工企业一般在鲜猪肉进入冷库贮藏前，必须进行金属探测检验，以确保猪肉质量，降低对消费者的直接伤害。

三、挥发性盐基氮的测定（半微量凯氏定氮法）

（一）原理

挥发性盐基氮是指动物性食品由于酶和细菌的作用，在腐败过程中，使蛋白质分解而产生氨以及胺类等碱性含氮物质。此类物质具有挥发性，在碱性溶液中蒸出后，用标准酸滴定，计算含量。

(二) 试剂

10g/L 氧化镁混悬液：称取 1.0g 氧化镁，加 100mL 水振摇成混悬液；20g/L 硼酸吸收液；甲基红—次甲基蓝混合指示液：以 2g/100mL 甲基红乙醇溶液和 1g/100mL 甲基蓝乙醇溶液临用时等体积混合；0.01mol/L 盐酸标准溶液。

(三) 仪器及用具

半微量凯氏定氮装置；微量滴定管：最小分度为 0.01mL。

(四) 操作方法

将试样除去脂肪、骨及键后，切碎搅匀，称取 10g 置于三角瓶中，加 100mL 水，浸渍 30min，期间不断振摇。然后过滤，滤液置冰箱中备用。预先将盛有 10mL10g/L 硼酸溶液并加有 5～6 滴混合指示剂的锥形瓶至于冷凝管下端，并使其下端插入锥形瓶内吸收液的液面下。吸取 5.0mL 上述试样滤液于蒸馏器反应室内，加 5mL10g/L 氧化镁悬液，迅速盖塞，并加水以防漏气，通入蒸汽，待蒸汽充满蒸馏器内时即关闭蒸汽出口管，由冷凝管出现第一滴冷凝水开始计时，蒸馏 5min 即停止，吸收液用 0.01mol/L 盐酸标准溶液滴定，至蓝紫色。同时作空白试验。

(五) 计算

试样中挥发性盐基氮的含量按式（4－1）计算：

$$X = \frac{(V_1 - V_2) \times C \times 14}{m \times \frac{5}{100}} \times 100 \qquad (4-1)$$

式中，X——试样中挥发性盐基氮的含量（mg/100g）；

V_1——测定用样液消耗盐酸标准溶液体积（mL）；

V_2——试剂空白消耗盐酸标准溶液体积（mL）；

C——盐酸标准溶液的摩尔浓度（mol/L）；

14——1mol/L 盐酸标准溶液 1mL 相当氮的 mg 数。

第三节　冷库贮藏环节的安全风险来源及控制

一、冷库贮藏的安全风险来源

(一) 管理风险

(1) 消毒计划执行。冷库、搬运工具、操作人员和月台的清洗消毒有助于防治疫病传染，若消毒计划执行不周，会造成疫病传染或细菌污染。

(2) 检查一维条码。冷库工作人员对猪肉产品逐一检查一维条码是必要的。一旦发现某产地有传染疾病传播，技术人员可通过移动智能识读器扫描一维条码信息进行溯源，对产自疫区的猪肉产品追踪，并采取必要的措施，以防止传染病在异地传染。

(3) 贮藏过程记录。贮藏过程中猪肉和环境的温度状态以及随时出现的问题都需要记录，若不记录或记录不全，就不能对贮藏过程进行监测，不能保障猪肉安全。

（4）管理人员素质。冷库管理人员的管理理念、管理水平和经验知识，是冷藏过程安全管理的重要影响因素。

（5）异常情况处理。由于冷藏过程中随时有可能出现异常情况，如设备故障、产品污染，出现这些情况后，如何正确处理以降低损失，是影响猪肉产品质量的重要因素。

（二）设备风险

（1）制冷及控温设备故障。制冷及控温设备如果出现异常，也是要特别注意的，无论是氨制冷还是氟利昂制冷的方式，一旦泄露都是有安全及质量风险的，在管理中要有应激处理措施。贮藏过程中若制冷或控温设备若出现故障，将不得不停机检修时，将会带来冷库温度波动，影响猪肉质量。

（2）围护结构问题。围护结构是保证冷库内温度稳定的重要条件，若围护结构出现问题，将破坏库温的稳定，就会打破猪肉冷藏的合理条件要求，造成猪肉腐败菌的大量繁殖生长，从而增加了猪肉变质的安全风险。

（3）搬运设备问题。叉车、拖车等搬运设备出现故障时，延长产品入库的时间，将会给猪肉产品带来更大幅度的温升，影响猪肉质量。

（4）消毒设备问题。消毒设备出现问题时，库内外、搬运工具等不能按计划消毒，会增加疫病传染和细菌污染的风险，造成二次污染。

（5）品质检测设备问题。检测设备出现故障或者精度下降，将会影响猪肉产品品质测定工作。

（三）技术风险

（1）温度控制措施。温度控制是保证猪肉冷藏品质的核心内容，若温度失控将对猪肉安全带来很大的影响。例如，操作人员频繁开启冷库门，造成温度波动，对冻肉的品质影响就很大。例如，冷库门由于长时间使用密合度不高时会出现长时间冷气泄露现象，这不仅会让制冷设备长时间处于工作状态，而且成本高，冷库温度到不到要求，影响产品品质。

（2）消毒措施合理性。正确的消毒措施能达到防止疫病传染和细菌污染的作用，若消毒程序、消毒水选择等因素不合理，将会影响消毒效果，从而影响猪肉安全。

（3）操作人员素质。操作人员的卫生消毒意识以及出现故障时的处理措施、维修经验水平，都会影响猪肉质量。

（四）环境风险

（1）地理灾害。若冷库所在地发生水灾、地震等地理灾害，将会带来毁灭性的损失。

（2）政府。政府对贮藏过程的卫生监管力度，在一定程度上影响生猪运输的安全水平。

（3）政策法规。贮藏过程的卫生、标准、操作规范等会影响产品质量。

（4）消费者认知。消费者对贮藏过程的了解程度和对猪肉产品安全性的要求，都会影响猪肉贮藏商对猪肉安全水平的控制。

二、冷库贮藏的安全风险控制

猪肉冷库贮藏的安全风险主要来自管理人员素质、消毒措施合理性、制冷及控温设备故障和异常情况处理问题等因素，这些因素需要重点控制。

（一）管理人员素质

冷库经营管理人员应提高科学管理水平，加强冷库操作人员的卫生意识教育及冷库卫生管理，通过企业制度的制定和执行来规范员工操作程序，采取各种激励或惩罚措施，防止因员工违规操作造成的猪肉产品损害。

（二）消毒措施合理性

合理的消毒措施应包括合理的消毒管理制度、月台消毒程序、库内消毒程序、搬运设备消毒程序、操作人员卫生消毒程序、消毒液成分等内容，相关管理者应科学评价消毒措施的合理性。

（三）制冷及控温设备故障

制冷及控温设备是保证冷库正常运转最重要的条件。相关设备操作和维护人员应定期检查并记录设备运转情况，监测设备是否正常运转，若出现故障或潜在故障，应组织相关人员采取措施排除故障。

（四）冷藏温度控制

屠宰加工企业生产的猪肉需要进入冷库才可保证猪肉的安全性。冷库分为3种：第一种是0～4℃的排酸库，用于白条屠宰后降温及熟化使用，一般12～24h即可达到熟化要求。第二种是－28℃以下的速冻库，对于需要长期保存的冻品，在装盘后首先进入速冻库迅速降温，降温的时间根据产品数量及厚度来定，具体是检测冻肉中心温度达到－18℃以下时就可转入冷藏库保存。第三种就是－18℃以下的冷藏库，用于冻品的较长期保存，一般冻品保质期不得超过一年，具体要根据产品及要求来定。冷库温度是肉品保证的第一要素，因此，需要严格控制冷藏温度，可执行冷库日常维修制度和冷库管理制度、尽量减少冷库开关门次数和时间、冷库门口要挂门帘、冻肉较多时要采用合理的堆码方式、保持墙距、顶距等要求以符合气流组织要求等。

（五）异常情况处理

应重视培养员工处理异常情况的能力。当冷库出现设备或产品异常时，相关主管应指挥各岗位工作人员按照合理的程序，在最短的时间内排除异常因素，使冷库回复正常运转。

思考与自测

（一）名词解释

冷却肉　挥发性盐基氮

（二）填空题

1. 根据适合各种细菌发育的温度，细菌大致可分________、________、________。

2. 猪肉感官检验包括________、________、________、________、________。

(三) 简答题

1. 简述低温对微生物的作用。
2. 简述低温对酶的作用。
3. 简述猪肉冷却过程安全管理。
4. 简述猪肉金属探测仪。
5. 简述金属探测意义。
6. 简述猪肉挥发性盐基氮的测定原理。
7. 简述屠宰加工安全风险来源。
8. 简述屠宰加工环节可追溯系统的操作。

(四) 论述题

1. 试述冷库贮藏的安全风险来源。
2. 试述冷库贮藏的安全风险控制。

第五章　猪肉配送监测与控制技术

本章学习目标

【能力目标】

掌握猪肉配送可追溯系统信息采集与录入。

【知识目标】

（1）熟悉猪肉配送时运输工具的选择与卫生要求，猪肉配送的安全风险控制。

（2）了解猪肉配送过程危害分析，猪肉配送的安全风险来源。

第一节　猪肉配送的安全管理

一、运输工具的选择与卫生要求

（一）运输工具的选择

根据冷却肉或冷冻肉的特点和卫生需要，为确保猪肉的质星，猪肉在运输过程中应保持冷藏状态，运输车辆在整个运输过程中必须保持一定的温度要求。冷却猪肉（胴体劈半肉或分割肉）短途运输可采用保温车，长途运输应采用冷藏车，吊挂式运输，装卸时严禁脚踏、触地。冷冻分割肉应采用保温车运输，肉始终处于冻结状态，到目的地时，肉温不得高于 -8℃。

冷藏车在使用前应检查保温设施，温度显示装置处于良好状态。在运输前还应对待装猪肉产品的温度进行检查，使猪肉产品的温度低于车厢内的温度，为控制温度上升在最小范围，装卸工作要迅速。

猪肉运输必须使用专用车辆，严禁与农药、化肥、化工产品及其他有毒有害物质混载，也不得使用运载过上述物品的运输工具。运输肉品的车辆，不得用于运输活的动物或其他可能影响肉品质量或污染肉品的产品，也不得同车运输其他产品。

（二）运输工具的卫生要求

运输车辆在上货前和卸货后应及时进行清洗和消毒。发货前，检疫人员必须对运输车辆及搬运条件进行检查，检查是否符合卫生要求，检查胴体劈半肉或分割肉一维条码是否完整，并签发运输检疫证明。运输车辆要求如下。

（1）内表面以及可能与肉品接触的部分必须用防腐材料制成，从而不会改变肉品的理化特性，或危害人体健康。内表面必须光滑，易于清洗和消毒。

（2）配备适当装置，防止肉品与昆虫、灰尘接触，且要防水。

（3）对于运输的冷却片猪肉，必须用防腐支架装置，以悬挂式运输，其高度以鲜肉不接触车厢底为宜。

二、猪肉配送可追溯管理子系统信息录入

（一）猪肉配送过程危害分析

猪肉配送过程危害分析，见表5－1。

表5－1　猪肉配送过程HACCP危害分析

工艺流程	安全危害	危害是否显著	对第三例的判断依据	应用何种措施来防止显著危害	是否CCP
配送	生物危害	是	如果温度不保持或低于一定温度进行控制，就可能造成病原菌的滋生和腐败	对温度进行控制，确保运输过程中始终处于低温	是
	化学危害	否			
	物理危害	否			

（二）猪肉配送可追溯系统信息录入

流通是实现猪肉产品的位移与存储，其主要功能是记录猪肉产品移动的轨迹以及当前的位置，可即时召回有问题的猪肉产品。猪肉配送管理可追溯子系统（图5－1）主要是把物流企业的基本信息、猪肉产品流通信息输入可溯源管理子系统，并将物流过程中产生的流通信息上报至中心管理平台系统。主要上报信息包括：猪肉条形码信息；运输企业信息、运输车辆信息、运输过程温度信息、出发地与目的地信息等。由相关技术人员将上述信息数据及时上报至中心管理平台系统的数据库中。

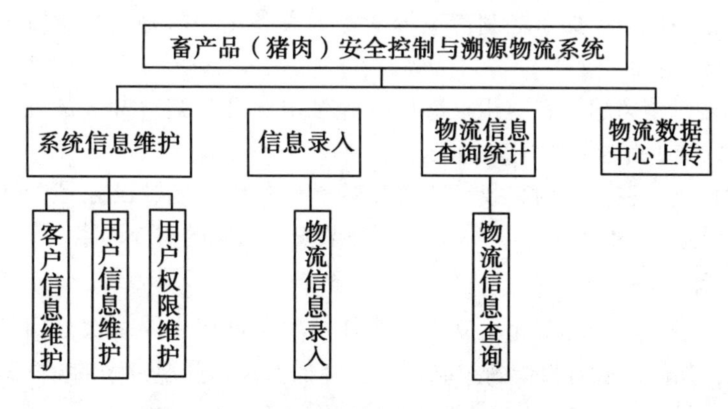

图5－1　猪肉配送管理可追溯子系统框架

第二节　猪肉配送的安全风险来源与控制

一、猪肉配送的安全风险来源

（一）管理风险

（1）管理人员素质。配送企业管理人员的卫生意识、管理理念和管理水平都会影响整个企业的安全风险控制水平。

（2）猪肉品质检测。由于配送环节比较复杂，猪肉配送前后的品质会有所不同，配送前和配送后的品质检测，即使是最简单的感官检测，也有利于降低不安全猪肉流入市场的风险。

（3）消毒计划执行。对冷藏车的消毒是保证猪肉配送过程免受污染的必要条件，若没有消毒计划或消毒计划执行不周，都会带来安全风险。

（4）异常情况处理。配送是比较复杂的过程，除了猪肉产品本身要求的温度控制外，时间、卫生污染、交通堵塞等问题，都会在一定程度上影响猪肉的质量安全。

（5）贮运过程记录。配送过程中对产品在贮存和运输控制的参数要进行记录，以控制贮运过程中产品不会因为升温或受污染而增加安全风险。

（二）设备风险

（1）运输工具故障。运输工具出现故障，会带来猪肉的安全风险。若车辆因为出现故障而不能行驶，则会拖延配送时间，也会带来一定的安全风险。

（2）贮存设施卫生。贮存间若缺乏卫生控制设施，可能会造成贮存猪肉受微生物或化学污染物污染，增加安全风险。

（3）温度记录仪问题。温度记录仪若出现故障，就不能准确监控猪肉配送过程的温度变化，达不到过程控制的目的。

（4）控温设备问题。如车辆制冷系统的控温设备出现故障，则运输的猪肉会因为升温而达不到质量要求。

（5）直接接触猪肉的材料卫生。冻肉的包装材料和吊挂冷却肉的挂钩，都需要进行卫生控制，以减少配送过程中的污染。

（6）接驳设施。在猪肉的装载、卸载和转运过程中，接驳设施是否达到既能控制污染又能保持低温的操作环境，是降低接驳环节安全风险的重要因素。

（三）技术风险

（1）温度控制。配送环节比较复杂，尤其是配送过程中要多次开门卸货，会造成货物温度波动，如何采取有效措施控制货温，降低猪肉因升温带来的安全风险，是控制猪肉安全的关键因素之一。

（2）时间控制。是否能按时配送至目的地，是配送过程中需要注意的问题。若配送时间过长，会增加猪肉尤其是冷却肉的安全风险。

（3）装载合理性。配送车辆中猪肉如何装载，会影响车内猪肉温度是否能全面得到控制的关键因素之一。如装载密度过高，会造成车厢各个部位猪肉温度不均，若装载密度过低又会造成浪费，如何选择合理的装载密度，是保证猪肉高效配送的重要因素。

（4）消毒措施合理性。仓库和车辆的消毒方式如果不合理，达不到卫生要求，会造成猪肉受污染，影响产品质量安全。

（5）技术人员素质。相关技术人员在配送路途中的操作过程难以被企业监控，若技术人员因为意识、技术、能力等原因，不能有效控制产品运输要求的话，势必会增加安全风险。

（四）环境风险

（1）地理灾害。仓库和配送车辆若遇到水灾、地震等灾害，会带来很大的损失。

（2）交通事故。若配送车辆遇到交通事故，或车辆本身发生交通事故，都会延误产品配送，甚至造成毁灭性破坏。

（3）政府。政府对配送车辆的卫生监管力度和政府的猪肉运输绿色通道制度，都会影响配送过程。

（4）政策法规。目前，我国的易腐食品的运输与配送法规、标准都还比较落后，能否制定合理有效的标准与法规，是影响猪肉配送安全的重要因素。

（5）消费者认知。消费者对猪肉安全的要求和对猪肉配送过程的认知，都会影响企业对猪肉质量安全的重视程度。

二、猪肉配送的安全风险控制

（一）猪肉品质检测管理

由于猪肉配送途中不适合用常规的实验室仪器设备进行检测，一般都采用感官检测。但目前很多配送企业的检测意识差，因此，管理人员应提高检测管理意识，加强配送和仓储中猪肉的便捷检测管理，以控制猪肉配送的安全风险。

（二）贮运过程记录

配送企业应使用温度记录仪对配送过程中的温度进行必要的一记录，各流程接口应交接相关记录并做好交接记录，以便随时监控配送过程中猪肉的品质，降低安全风险。

（三）控温设备

冷却猪肉配送需要将温度控制在0～4℃，冷冻肉则需要控制在－15℃或更低的温度。配送过程中使用的温控设备应能使猪肉保持在以上温度范围，必须强化温控设备的检修和校正制度。

（四）消毒计划执行

运输工具在装在前和卸载后应及时清洗消毒，才能保证运输工具内不会大量滋长微生物。必须做到按时消毒、按程序消毒。

（五）操作人员素质

配送操作人员素质是决定猪肉配送安全的关键因素，应加强操作人员的安全知识培训，增强其安全意识，并做好过程记录。实行业绩考核，将出现安全问题的次数作为其业绩考核的重要依据。

（六）异常情况处理

配送企业应具有一定的应急反应能力，在出现设备故障、交通事故等异常情况时，配送人员应采取及时措施将损失降低到最低程度，尽可能优先保证货柜内温度，以降低猪肉安全风险。

（七）直接接触猪肉的材料卫生

直接接触猪肉的材料包括车厢内壁、冷却肉的吊挂钩、冻肉的包装材料等，这些材料应符合食品包装卫生要求，必须为无毒、不释放有毒气体的材料，才不会对猪肉造成化学污染；同时，在配送前后应对这些材料尤其是吊挂钩做彻底的清洗，防止微生物对猪肉的二次污染。

思考与自测

（一）简答题

1. 简述猪肉运输工具的卫生要求。
2. 简述猪肉配送过程有哪些危害？
3. 猪肉配送可追溯系统信息包括哪些？

（二）论述题

1. 试述猪肉配送的安全风险来源。
2. 试述猪肉配送的安全风险控制。

第六章 猪肉销售安全控制

本章学习目标

【能力目标】

掌握猪肉销售可追溯系统的应用。

【知识目标】

(1) 熟悉猪肉销售环节的安全监测，猪肉销售环节的安全风险控制。

(2) 了解目前我国生鲜猪肉超市或专卖店销售现状，猪肉销售环节的安全风险来源。

第一节 猪肉销售的质量控制

随着人民生活水平不断提高和市场体系的完善，猪肉销售已由传统的露水市场、农贸市场逐步向超市或专卖店迈进，越来越多的肉类联合加工企业纷纷借助于超市或专卖店这个平台销售品牌猪肉。安全猪肉生产的过程是质量提高、优化的过程，从目前形势和发展趋势来看，超市或猪肉专卖店是安全猪肉的销售平台。猪肉销售阶段是指从屠宰加工企业运输猪肉到消费者购买猪肉的阶段。

一、目前我国生鲜猪肉超市或专卖店销售现状

近几年来，超市或专卖店生鲜肉品销售发展迅速。其猪肉质量与农贸市场肉品相比已有较大的提高，来源单纯，具备品牌，清洁包装，在百姓心中已有较好的口碑。但是从本质上讲，有的超市或专卖店仅在销售形式上得到改善，而猪肉内在质量与露水市场、农贸市场猪肉并无多大区别，超市或专卖店猪肉产品质量仍存在着一定隐患，主要表现有：一是质量监督检验跟不上，尤其在销售环节缺乏快速检验设备与快速检验方法；二是猪肉生产源头质量控制难，生猪养殖基地在饲料添加剂、药物等投入品使用上缺乏规范，致使药物残留、重金属含量超标；三是产加销链式传送缺少资料传递，质量反馈追踪处理困难，一旦质量出了问题，无法追溯。

二、猪肉销售环节的安全监控

(一) 销售人员监控

(1) 超市或专卖店所有猪肉产品销售人员必须实行专人负责，每年必须进行一次健康检查，体检合格者方可从事销售工作，如在日常工作中发现患有有碍食品卫生疾病

的，及时调离。

（2）销售人员上岗工作时衣帽穿戴整洁，佩戴工号牌，讲究个人卫生，保持手的清洁，不蓄留长指甲，工作时不得戴首饰，不得化妆，做到工作前和便后洗手消毒，头发不外露，不抽烟和随地吐痰。

（二）销售环境监控

（1）超市或专卖店必须具有不同基地来源猪肉的统一配备的贮藏冷柜，猪肉进入超市或专卖店后，不得靠墙着地，不得与有毒有害物品一起堆放，盛放猪肉的容器和使用工具需经常洗刷消毒，绞肉机使用前后也应洗刷消毒，保持清洁。

（2）操作间必须配备防蝇、灭蝇、防虫、防鼠设施和空调设备，操作台采用不锈钢材料制成，操作台面采用符合食品安全要求的无毒塑料板或木砧板，包装材料符合食品安全要求。

（三）实行市场准入制

凡是进入超市或专卖店的猪肉产品实行市场准入制，没有经过安全无公害认证的肉品不得进入超市或专卖店销售。同时，超市主管领导要组织有关专家对养猪场、加工基地环境及生产、加工过程进行考察论证。

（四）猪肉产品监控

（1）具有包装标志猪肉进入超市或专卖店全部实行分等分级，不同部位猪肉实行不同价格销售。

（2）猪肉（包括分割肉）必须粘贴有一维标准条码，随时供消费者查验猪肉产品质量安全信息。

第二节　猪肉销售环节的安全风险来源与控制

一、猪肉销售环节的安全风险来源

（一）管理风险

（1）消毒计划执行。与猪肉接触的设备、器具都需要清洗消毒，有助于猪肉销售过程的污染控制。

（2）采购的包装材料安全性。包装分割猪肉的塑料袋必须符合食品卫生要求。如现在大部分大超市已将原来的 PVC 袋改成 PP 袋，以保证包装材料的安全性。

（3）保质期管理。生鲜猪肉的保质期短，销售商需要制定严格的保质期管理制度，及时做好记录及现场管理，防止销售过期猪肉。

（4）管理人员素质。销售管理人员的理念、水平、经验都会影响猪肉销售过程的安全。

（5）异常情况处理。销售过程中若出现设备、产品等方面的异常，需要妥善的处理，才能防止不安全猪肉流入消费者手中。

（6）过程记录。销售过程的记录，尤其是温度记录，有助于管理人员随时把握所销售猪肉的品质状况，保证货架上一直供应新鲜的猪肉。

（二）设备风险

（1）冷藏库卫生。冷藏库卫生控制设备有助于控制猪肉在冷藏库的卫生安全。

（2）冷藏库设备故障。若冷藏库设备尤其是制冷系统出现故障，势必影响猪肉的正常贮存，增加猪肉的安全风险。

（3）冷藏柜卫生。由于冷藏柜是敞开的，并与消费者直接接触，并且贮藏时间越长，微生物在冷藏柜的积累也越多，若不采取措施控制冷藏柜的卫生，会造成冷藏柜对猪肉的微生物污染。因此，应该制定冷藏柜定期清洗消毒的措施，以确保肉品销售的安全。

（4）冷藏柜故障。冷藏柜的制冷系统、风帘送风系统都是保证冷藏柜正常运转的关键单元，若这些设备出现故障，会使肉温上升，大大增加安全风险。

（5）搬运设备卫生。搬运车若是被大量腐败菌污染，则猪肉在搬运过程中也容易受到污染。

（6）分割间及分割工具卫生。猪肉在分割间分割时，是直接与空气接触的，若分割间没有空气净化设施，会增加猪肉被污染的几率。分割工具，如刀、砧板，需要定期清洗、消毒，否则，会造成对分割肉的微生物污染。

（7）消毒设施问题。消毒设施若出现故障，会影响上述消毒环节的正常运作，带来安全隐患。

（三）技术风险

（1）温度控制。销售过程中，猪肉经历了冷藏、搬运、分割、陈列等过程，这些过程尤其是各个过程的接口，都需要控制肉温，任何一个环节失控都会增加安全风险。最好的方式是全程不要离开冷链环境，如果做不到，也要尽量降低离开冷链的时间，夏季更好注意。

（2）称重与包装卫生控制。称重和包装的卫生操作程序有助于控制微生物的污染。

（3）操作人员素质。销售的环节较多，各个环节都需要人来操作，这些操作人员的卫生意识、操作经验都与猪肉的安全风险控制有关。

（四）环境风险

（1）水源污染。销售商多个环节的操作需要用水清洗，若水源被污染，势必影响猪肉的安全性。

（2）政府。政府对猪肉销售环节的监管力度，是决定销售商尤其是小型销售商是否按照卫生操作程序运作的关键因素。

（3）消费者认知。在猪肉销售环节，消费者直接目击大部分操作过程，消费者对猪肉销售环节安全性的了解和关注程度，直接影响销售商是否采取有利于降低安全风险的措施。

二、猪肉销售环节的安全风险控制

（一）猪肉采购品质保证

销售商应采取一定的措施保证所采购的猪肉为品质安全的猪肉，这可以通过索取猪肉条形码、合格证明、猪肉运输记录、猪肉品质检测等措施来实现。这方面对超市或专卖店来说，一般都具备这方面的管理，而农贸市场则较难做到。超市或专卖店采购猪肉时应对供货商的资质单证、商品质量、送货能力等进行查询和评价，包括企业法人营业执照、生产许可证、产品准产证、卫生许可证、猪肉官方检验合格证明、产品标准号、有关认证证明、定点屠宰加工企业证明等。

（二）消毒计划执行

销售商应执行严格的消毒计划，才能保证每次销售的猪肉少受器具和空气的污染。很多销售商没有执行消毒管理和监督措施，这势必增加猪肉的安全风险。

（三）管理人员素质

超市或专卖店管理人员应增强自身的食品安全意识，对企业执行严格的质量管理，从场地卫生、人员培训、消毒控制、产品检测等方面进行全面的质量管理。

（四）过程记录

大超市或专卖店应做到销售过程记录，包括常规的商业记录和品质控制记录，特别是销售过程中猪肉温度的记录，并在出现偏差时及时采取纠偏措施。

（五）温度控制技术

温度控制技术是销售商控制猪肉品质与安全的关键技术之一。在猪肉销售的每个环节都要尽可能使猪肉保持低温状态。超市和专卖店的封闭式冷柜一般都能较好地控制温度，但敞开式冷柜需要开启风幕，方能保证冷柜外部猪肉处于低温。

（六）操作人员素质

操作人员应参加食品安全相关培训，获得一定的资质，并通过健康体检合格方可从业，尤其是分割、称重和包装等操作人员应有合理的操作规范，方可减少猪肉安全风险。

（七）政府和政策法规

政府相关部门应制定相关的法规和标准，对销售商的安全行为加以一定的规范，并严格执行日常监管，执行猪肉产品抽检制度。

（八）消费者认知

消费者在购买猪肉过程中经常会用手接触猪肉，应给消费者提供不修改架子、托盘等物品；此外，应在卖场通过宣传、引导等方式增强消费者的安全风险意识，这也是销售企业应尽的社会义务。

三、猪肉销售可追溯系统应用

图6－1显示销售子系统的框架结构图。猪肉销售环节的环境安全监控、销售人员的健康状况和猪肉储存是否符合相关法规和标准，同时，保存来自屠宰加工企业的生猪从出生到屠宰的基本档案信息，提供消费者信息查询系统，实现猪肉销售可追溯性。

当地政府、超市或专卖店须建立猪肉产品消费查询网络平台，消费者可通过互联网、手机、移动智能识读器（PDA）查询信息，了解生猪的品种、养殖栏、饲喂料、饲养环境、免疫、检疫、检验和猪肉的质量安全状况，更详细的内容包括各种投入品的

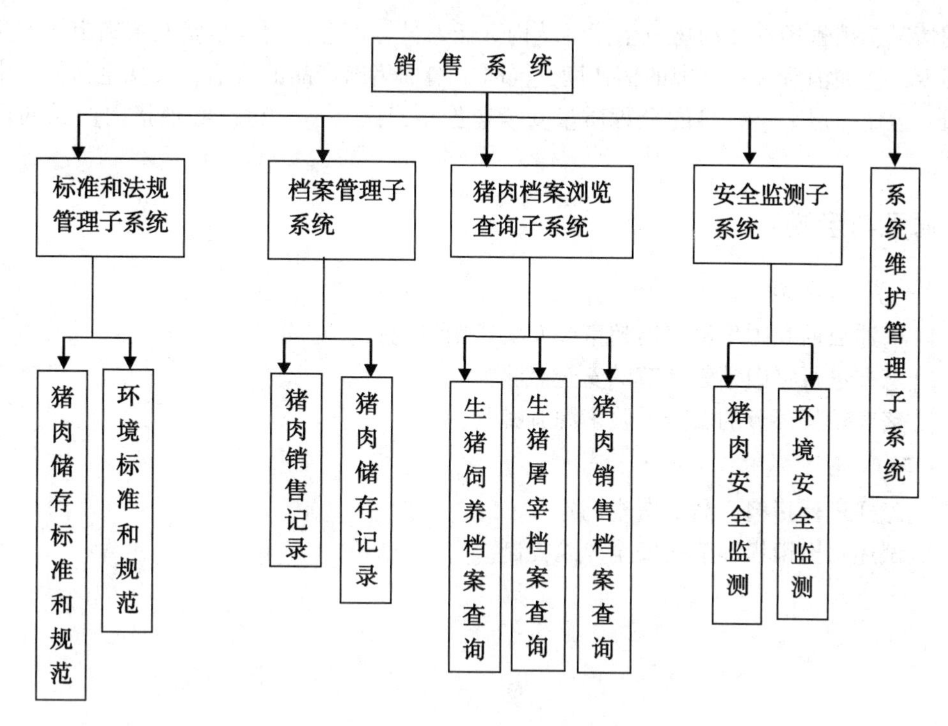

图 6－1　销售子系统的框架结构

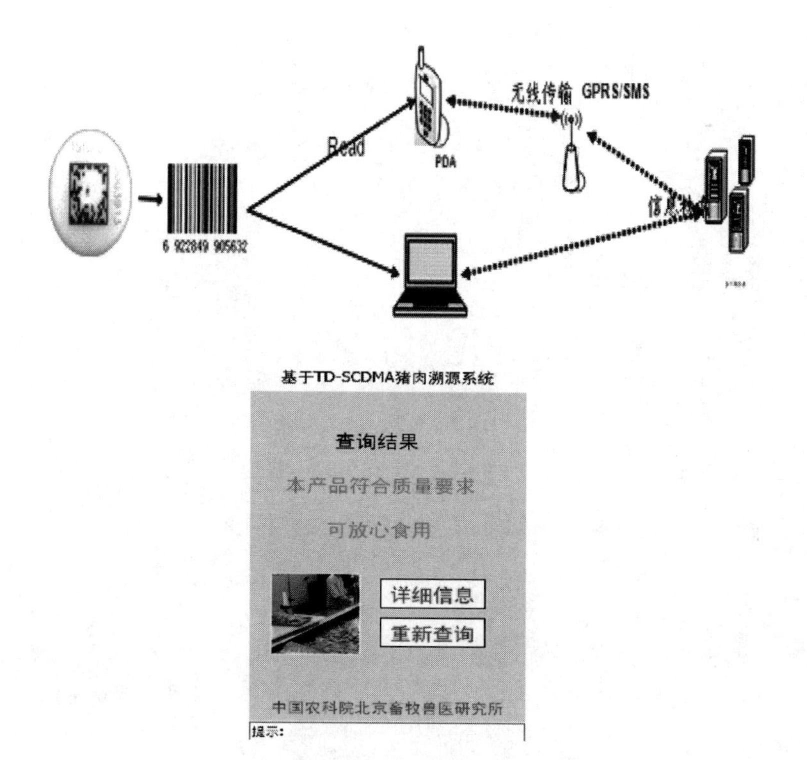

图 6－2　猪肉安全信息查询及查询结果

使用情况、销售场景和动物卫生监督结构责任人员等信息，提高生猪及猪肉市场的质量透明度，增加消费者对猪肉的信任度，同时，增加猪肉产品的价值，实现生猪从出生→养殖→运输→屠宰→餐桌的全程质量安全监控信息（图 6－2），实现猪肉产品的可追溯性。

思考与自测

（一）简答题

1. 简述目前我国生鲜猪肉超市或专卖店销售现状。
2. 怎样进行猪肉销售环节的安全监测?
3. 猪肉销售环节的安全风险来源有哪些?

（二）论述题

1. 怎样进行猪肉产品消费查询?
2. 试述猪肉销售环节的安全风险控制。

附录一　饲料、饲料添加剂的卫生指标及试验方法

序号	卫生指标项目	产品名称	指标	实验方法	备注
1	砷（以总砷计）的允许量（每 kg 产品中）（mg）	石粉	≤2.0	GB/T 13079	
		磷酸盐	≤20		不包括国家主管部门批准使用的有机砷制剂中的砷含量
		沸石粉、膨润土、麦饭石	≤10.0		
		鱼粉、肉粉、肉骨粉	≤10.0		
		猪配合饲料	≤2.0		
		猪浓缩饲料	≤10.0		以在配合饲料中 20% 的添加量计
		猪添加剂预混合饲料			以在配合饲料中 1% 的添加量计
2	铅（以 Pb 计）的允许量（每 kg 产品中）（mg）	猪配合饲料	≤5	GB/T 13080	
		仔猪、生长肥育猪浓缩饲料	≤13		以在配合饲料中 20% 的添加量计
		骨粉、肉骨粉、鱼粉、石粉	≤10		
		磷酸盐	≤30		
		仔猪、生长肥育猪复合预混合饲料	≤40		以在配合饲料中 1% 的添加量计
3	真菌的允许量（每 g 产品中），真菌数 ×103 个	玉米	<40	GB/T 13092	限量饲用：40 ~ 100 禁用：>100
		小麦麸、米糠			限量饲用：40 ~ 80 禁用：>80
		豆饼（粕）、棉籽饼（粕）、菜籽饼（粕）	<50		限量饲用：50 ~ 100 禁用：>100
		鱼粉、肉骨粉	<20		限量饲用：20 ~ 50 禁用：>50
		猪配合饲料猪	<45		
4	黄曲霉毒素 B1 允许量（每 kg 产品中）（μg）	玉米　花生饼（粕）、棉籽饼（粕）、菜籽饼（粕）	≤50	GB/T 17480 或 GB/T 8381	
		豆粕	≤30		
		仔猪配合饲料及浓缩饲料	≤10		
		生长肥育猪、种猪配合饲料及浓缩饲料	≤20		

（续表）

序号	卫生指标项目	产品名称	指标	实验方法	备注
5	铬（以Cr计）的允许量（每kg产品中）（mg）	皮革蛋白粉	≤200	GB/T 13088	
		猪配合饲料	≤10		
6	汞（以Hg计）的允许量（每kg产品中）（mg）	鱼粉	≤0.5	GB/T 13081	
		石粉	≤0.1		
7	镉（以Cd计）的允许量（每kg产品中）（mg）	米糠	≤1.0	GB/T 13082	
		鱼粉	≤2.0		
		石粉	≤0.75		
		猪配合饲料	≤0.5		
		胡麻饼、粕	≤350		
		猪配合饲料	≤50		
		鸡配合饲料，猪配合饲料	≤15		
8	细菌总数的允许量（每g产品中），细菌总数×106个	鱼粉	<2	GB/T 13093	限量饲用：2～5 禁用：>5

注：①所列允许量均为以干物质含量为88%的饲料为基础计算

②浓缩饲料、添加剂预混合饲料添加比例与本标准备注不同时，其卫生指标允许量可进行折算

附录二　禁止使用的药物，在动物性食品中不得检出

药物名称	禁用动物种类	靶组织
氯霉素及其盐、酯（包括：琥珀氯霉素）	所有食品动物	所有可食组织
克伦特罗及其盐、酯	所有食品动物	所有可食组织
沙丁胺醇及其盐、酯	所有食品动物	所有可食组织
西马特罗及其盐、酯	所有食品动物	所有可食组织
氨苯砜	所有食品动物	所有可食组织
已烯雌酚及其盐、酯	所有食品动物	所有可食组织
呋喃它酮	所有食品动物	所有可食组织
呋喃唑酮	所有食品动物	所有可食组织
呋喃苯烯酸钠	所有食品动物	所有可食组织
安眠酮	所有食品动物	所有可食组织
洛硝达唑	所有食品动物	所有可食组织
玉米赤霉醇	所有食品动物	所有可食组织
去甲雄三烯醇酮	所有食品动物	所有可食组织
醋酸甲孕酮	所有食品动物	所有可食组织
硝基酚钠	所有食品动物	所有可食组织
硝呋烯腙	所有食品动物	所有可食组织
毒杀芬（氯化烯）	所有食品动物	所有可食组织
呋喃丹（克百威）	所有食品动物	所有可食组织
双甲脒	水生食品动物	所有可食组织
酒石酸锑钾	所有食品动物	所有可食组织
锥虫砷胺	所有食品动物	所有可食组织
五氯酚酸钠	所有食品动物	所有可食组织
氯化亚汞（甘汞）	所有食品动物	所有可食组织
硝酸亚汞	所有食品动物	所有可食组织
醋酸汞	所有食品动物	所有可食组织
吡啶基醋酸汞	所有食品动物	所有可食组织
甲基睾丸酮	所有食品动物	所有可食组织

附录三　允许作治疗用，但不得在动物性食品中检出的药物

药物名称	标志残留物	动物种类	靶组织
氯丙嗪	Chlorpromazine	所有食品动物	所有可食组织
地西泮（安定）	Diazepam	所有食品动物	所有可食组织
地美硝唑	Dimetridazole	所有食品动物	所有可食组织
苯甲酸雌二醇	Estradiol	所有食品动物	所有可食组织
潮霉素 B	Hygromycin B	猪/鸡 鸡	可食组织 蛋
甲硝唑	Metronidazole	所有食品动物	所有可食组织
苯丙酸诺龙	Nadrolone	所有食品动物	所有可食组织
丙酸睾酮	Testosterone	所有食品动物	所有可食组织
塞拉嗪	Xylazine	产奶动物	奶

附录四　食品中重金属限量标准

重金属	食品类别（名称）	限量（mg/kg）
总汞	肉及肉制品	0. 05
总砷	肉及肉制品	0. 5
铅	肉及肉制品	0. 5
镉	肉及肉制品	0. 1
铬	肉及肉制品	1. 0

附录五　畜禽标志和养殖档案管理办法

《畜禽标志和养殖档案管理办法》业经2006年6月16日农业部第14次常务会议审议通过，现予公布，自2006年7月1日起施行。2002年5月24日农业部发布的《动物免疫标志管理办法》（农业部令第13号）同时废止。

部　长：杜青林

二〇〇六年六月二十六日

第一章　总　则

第一条　为了规范畜牧业生产经营行为，加强畜禽标志和养殖档案管理，建立畜禽及畜禽产品可追溯制度，有效防控重大动物疫病，保障畜禽产品质量安全，依据《中华人民共和国畜牧法》《中华人民共和国动物防疫法》和《中华人民共和国农产品质量安全法》，制定本办法。

第二条　本办法所称畜禽标志是指经农业部批准使用的耳标、电子标签、脚环以及其他承载畜禽信息的标志物。

第三条　在中华人民共和国境内从事畜禽及畜禽产品生产、经营、运输等活动，应当遵守本办法。

第四条　农业部负责全国畜禽标志和养殖档案的监督管理工作。县级以上地方人民政府畜牧兽医行政主管部门负责本行政区域内畜禽标志和养殖档案的监督管理工作。

第五条　畜禽标志制度应当坚持统一规划、分类指导、分步实施、稳步推进的原则。

第六条　畜禽标志所需费用列入省级人民政府财政预算。

第二章　畜禽标志管理

第七条　畜禽标志实行一畜一标，编码应当具有唯一性。

第八条　畜禽标志编码由畜禽种类代码、县级行政区域代码、标志顺序号共15位数字及专用条码组成。

猪、牛、羊的畜禽种类代码分别为1、2、3。

编码形式为：×（种类代码）－××××××（县级行政区域代码）－××××××××（标志顺序号）。

第九条　农业部制定并公布畜禽标志技术规范，生产企业生产的畜禽标志应当符合该规范规定。

省级动物疫病预防控制机构统一采购畜禽标志，逐级供应。

第十条　畜禽标志生产企业不得向省级动物疫病预防控制机构以外的单位和个人提供畜禽标志。

第十一条　畜禽养殖者应当向当地县级动物疫病预防控制机构申领畜禽标志，并按照下列规定对畜禽加施畜禽标志：

（一）新出生畜禽，在出生后30d内加施畜禽标志；30d内离开饲养地的，在离开饲养地前加施畜禽标志；从国外引进畜禽，在畜禽到达目的地10日内加施畜禽标志。

（二）猪、牛、羊在左耳中部加施畜禽标志，需要再次加施畜禽标志的，在右耳中部加施。

第十二条　畜禽标志严重磨损、破损、脱落后，应当及时加施新的标志，并在养殖档案中记录新标志编码。

第十三条　动物卫生监督机构实施产地检疫时，应当查验畜禽标志。没有加施畜禽标志的，不得出具检疫合格证明。

第十四条　动物卫生监督机构应当在畜禽屠宰前，查验、登记畜禽标志。

畜禽屠宰经营者应当在畜禽屠宰时回收畜禽标志，由动物卫生监督机构保存、销毁。

第十五条　畜禽经屠宰检疫合格后，动物卫生监督机构应当在畜禽产品检疫标志中注明畜禽标志编码。

第十六条　省级人民政府畜牧兽医行政主管部门应当建立畜禽标志及所需配套设备的采购、保管、发放、使用、登记、回收、销毁等制度。

第十七条　畜禽标志不得重复使用。

第三章　养殖档案管理

第十八条　畜禽养殖场应当建立养殖档案，载明以下内容：

（一）畜禽的品种、数量、繁殖记录、标志情况、来源和进出场日期；

（二）饲料、饲料添加剂等投入品和兽药的来源、名称、使用对象、时间和用量等有关情况；

（三）检疫、免疫、监测、消毒情况；

（四）畜禽发病、诊疗、死亡和无害化处理情况；

（五）畜禽养殖代码；

（六）农业部规定的其他内容。

第十九条　县级动物疫病预防控制机构应当建立畜禽防疫档案，载明以下内容：

（一）畜禽养殖场：名称、地址、畜禽种类、数量、免疫日期、疫苗名称、畜禽养殖代码、畜禽标志顺序号、免疫人员以及用药记录等。

（二）畜禽散养户：户主姓名、地址、畜禽种类、数量、免疫日期、疫苗名称、畜禽标志顺序号、免疫人员以及用药记录等。

第二十条 畜禽养殖场、养殖小区应当依法向所在地县级人民政府畜牧兽医行政主管部门备案，取得畜禽养殖代码。

畜禽养殖代码由县级人民政府畜牧兽医行政主管部门按照备案顺序统一编号，每个畜禽养殖场、养殖小区只有一个畜禽养殖代码。

畜禽养殖代码由6位县级行政区域代码和4位顺序号组成，作为养殖档案编号。

第二十一条 饲养种畜应当建立个体养殖档案，注明标志编码、性别、出生日期、父系和母系品种类型、母本的标志编码等信息。

种畜调运时应当在个体养殖档案上注明调出和调入地，个体养殖档案应当随同调运。

第二十二条 养殖档案和防疫档案保存时间：商品猪、禽为2年，牛为20年，羊为10年，种畜禽长期保存。

第二十三条 从事畜禽经营的销售者和购买者应当向所在地县级动物疫病预防控制机构报告更新防疫档案相关内容。

销售者或购买者属于养殖场的，应及时在畜禽养殖档案中登记畜禽标志编码及相关信息变化情况。

第二十四条 畜禽养殖场养殖档案及种畜个体养殖档案格式由农业部统一制定。

第四章　信息管理

第二十五条 国家实施畜禽标志及养殖档案信息化管理，实现畜禽及畜禽产品可追溯。

第二十六条 农业部建立包括国家畜禽标志信息中央数据库在内的国家畜禽标志信息管理系统。

省级人民政府畜牧兽医行政主管部门建立本行政区域畜禽标志信息数据库，并成为国家畜禽标志信息中央数据库的子数据库。

第二十七条 县级以上人民政府畜牧兽医行政主管部门根据数据采集要求，组织畜禽养殖相关信息的录入、上传和更新工作。

第五章　监督管理

第二十八条 县级以上地方人民政府畜牧兽医行政主管部门所属动物卫生监督机构具体承担本行政区域内畜禽标志的监督管理工作。

第二十九条 畜禽标志和养殖档案记载的信息应当连续、完整、真实。

第三十条 有下列情形之一的，应当对畜禽、畜禽产品实施追溯：

（一）标志与畜禽、畜禽产品不符；

（二）畜禽、畜禽产品染疫；

（三）畜禽、畜禽产品没有检疫证明；

（四）违规使用兽药及其他有毒、有害物质；

（五）发生重大动物卫生安全事件；

（六）其他应当实施追溯的情形。

第三十一条　县级以上人民政府畜牧兽医行政主管部门应当根据畜禽标志、养殖档案等信息对畜禽及畜禽产品实施追溯和处理。

第三十二条　国外引进的畜禽在国内发生重大动物疫情，由农业部会同有关部门进行追溯。

第三十三条　任何单位和个人不得销售、收购、运输、屠宰应当加施标志而没有标志的畜禽。

第六章　附　则

第三十四条　违反本办法规定的，按照《中华人民共和国畜牧法》《中华人民共和国动物防疫法》和《中华人民共和国农产品质量安全法》的有关规定处罚。

第三十五条　本办法自2006年7月1日起施行，2002年5月24日农业部发布的《动物免疫标志管理办法》（农业部令第13号）同时废止。

猪、牛、羊以外其他畜禽标志实施时间和具体措施由农业部另行规定。

主要参考文献

[1]《饲料卫生标准》(GB 13078—2001)

[2]《饲料中黄曲霉毒素 B_1 的测定——半定量薄层色谱法》(GB/T 8381—2008)

[3]《饲料中莱克多巴胺的测定——高效液相色谱法》(GB/T 20189—2006)

[4]《饲料中盐酸克伦特罗的测定》(NY438—2001)

[5]《饲料中汞的测定》(GB/T 13081—2006)

[6]《饲料中铅的测定——原子吸收光谱法》(GB/T 13080—2004)

[7]《饲料中总砷的测定》(GB/T 13079—2006)

[8]《动物食品中盐酸克仑特罗的测定》(GB/T 5009—2003)

[9]《动物性食品中莱克多巴胺残留检测》(农业部 1025 号公告 -6 -2008)

[10]《食品中测定金属的标准》(GB 5009—2003)

[11]《食品中总汞的测定》(GB/T 5009. 17—2003)

[12]《食品中铅的测定》(GB/T 5009. 12—2010)

[13]《食品中总砷的测定》(GB/T 5009. 11—2003)

[14]《食品中镉的测定》(GB/T 5009. 15—2014)

[15]《畜禽标志和养殖档案管理办法》((农业部令第 67 号 -2006)

[16] 蔡辉益. 饲料安全及其监测技术 [M]. 北京：化学工业出版社，2005：179 -192

[17] 张丽英. 饲料分析及饲料质量检测技术 (第 3 版) [M]. 北京：中国农业出版社，2007：245 -258

[18] 常碧影，张萍. 饲料质量与安全检测技术 [M]. 北京：化学工业出版社，2008：234 -242

[19] 黄焱，明勇. 安全猪肉全程质量控制技术 [M]. 北京：中国农业出版社，2004：191 -226

[20] 李长强，李童，闫益波. 生猪标准化规模养殖技术 [M]. 北京：中国农业科学技术出版社，2013：252 -315

[21] 季大平. 无公害猪肉安全生产技术 [M]. 北京：化学工业出版社，2014：198 -222

[22] 陆昌华，王长江，胡肄农. 动物及动物产品标志技术与可追溯管理 [M]. 北京：中国农业科学技术出版社，2007：94 -128

[23] 刘成，陈松明，唐慧稳. 浅谈规模猪场综合防疫体系的操作误区及对策 [J].《畜牧兽医科技信息》，2006 (12)：24 -25

[24] 刘成. 规模化猪场药物消毒效果的影响因素浅析 [J]. 《畜牧兽医科技信息》, 2007 (3): 53-54

[25] 姜利红. 猪肉安全控制与可追溯系统的研究 [J]. 上海海洋大学, 2008: 8-45

[26] 林朝朋. 生鲜猪肉供应链安全风险及控制研究 [J]. 中南大学, 2009: 40-92

[27] 熊本海, 罗清尧, 杨亮, 等. 基于3G技术的生猪及其产品溯源移动系统的开发 [J]. 《农产品质量安全与现代农业发展专家论坛论文集》, 2011: 1-8